国家自然科学基金项目（编号：U1609203、41471004）资助成果

浙江省哲学社会科学重点研究基地
—— 浙江省海洋文化与经济研究中心2014年度重大招标项目
（编号：14HYJDYY03）资助成果

浙江省哲学社会科学重点研究基地

海洋资源环境与浙江海洋经济丛书

The evolution of shoreline and coastal landscape resources
in Zhejiang Province under the influence of human activities
—— Concurrently on the comparison between
Xiangshan Harbour and Tampa Bay

人类活动影响下的浙江省海岸线 与海岸带景观资源演化

—— 兼论象山港与坦帕湾岸线及景观资源的演化对比

◎ 李加林　徐谅慧　袁麒翔　刘永超　著

ZHEJIANG UNIVERSITY PRESS
浙江大学出版社

前　言

　　为了强调近现代人类活动对地球环境演化的影响,诺贝尔化学奖得主荷兰大气化学家 Paul Crutzen 提出了"人类世"的概念。尽管人类世没有准确的开始年份,但工业革命以来的人类活动对地球系统造成的各种环境影响在不断加剧已被普遍接受,在未来很长的一段时间内人类仍然会是促进地球系统演化的主要地质推动力。环境变化是全球性的研究课题,人类活动对地球自然生态系统的改变使得气候变化和环境变化的脆弱性表现得更为明显,并加剧各种极端事件发生的规模和频率。人类活动对区域环境的影响已成为当今全球变化研究的主流之一,当代地理学的研究对象也由自然引起的环境变化转向自然和人类活动共同引起的环境变化,围绕"人地关系地域系统"探讨人类活动与环境变化的关系是地理学的核心科学问题。环境变化研究中,地理学关注的核心是百年、十年尺度自然环境变化以及人-地相互作用过程,着力认识地球表层在自然、社会、经济共同作用下的变化规律。揭示人类对环境变化的感知和响应,以及人类对环境的利用和影响;探讨人地关系地域系统演化过程中,人类对环境的影响、适应、调控与改造,都是地理学的前沿研究领域。而全球变化研究的关键是地球系统中各种界面过程的综合研究。

　　海岸带作为地球系统中陆地、大气、海洋系统的界面,是物质、能量、信息交换最频繁、最集中的区域之一,海岸带同时又是人口与经济活动的密集带和生态环境的脆弱带,资源环境问题的冲突特别尖锐。国际地圈和生物圈计划(IGBP)和全球环境变化人文因素计划(IHDP)都把海岸带的陆海相互作用(LOICZ)列为核心计划之一。LOICZ 研究的第一阶段(1994—2004 年)在外界作用力或边界层条件的变化对海岸带通量的效应、沿岸生物地貌和全球变化、碳通量和痕量气体释放及沿岸系统全球变化的经济社会冲击等方面已取得许多阶段性成果。2005 年开始进入海岸带陆海相互作用研究的第二阶段,其研究重点是"利用地球系统科学的方法,探讨人类活动影响下海岸带物质循环过程、系统演化过程以及对未来海岸带的意义"。陆海相互作用研究被列为我国海洋科学近中期的主攻方向和重点领域,国家自然科学基金会也加强了这方面的优先资助,旨在剖析我国沿海典型地区在全球变化中人文因素和自然因素的作用方式及其强度,揭示陆海相互作用机理,为全球变化背景下我国沿海地区的持续发展提供决策依据。

随着社会经济的发展及陆域资源不断被耗竭,海岸带及海洋资源的开发利用已被各沿海国家摆上议事日程。海岸带及其港湾地区往往相对于外海具有一定的掩蔽条件,形成资源、区位、环境等诸多优势,自古以来各国人民就在海岸及港湾之中兴渔盐之利,行舟楫之便。优越的航泊条件,使其逐渐成为海陆交通枢纽,丰富的渔业资源使其成为渔业基地和集散中心,区位优势使其成为临海工业中心,众多的自然和人文景观使其成为滨海旅游中心。海岸带地区的海洋资源,特别是海岸地貌、岸线、空间、景观等不可更新资源的形成一般在地质营力作用的基础上,与海洋水动力条件的作用直接相关。随着海岸带开发利用的深入,农牧渔业的发展、盐田的围垦、城市围海造地、码头工程和海岸建设、港内水产养殖都明显影响着海岸带地区的自然环境及海域流场条件,并造成海岸带自净能力减弱、生态环境问题恶化、海洋生物生产力下降等。一旦流场或风浪条件发生变化,岸线地形、地貌及沉积特征就将发生改变,岸线功能、空间及景观资源也将发生相应变化,使海岸带的功能发生不可逆转的变化。在海洋资源开发热潮下,人类活动对海岸带地区的影响已远超过自然营力的作用。

海岸带作为海洋开发的前沿区域,是沿海地区人类与海、陆、气系统相互作用的界面,海岸地貌过程在人类开发活动影响下发生着显著的变化,人类作为现代地表过程和生态演化中最活跃的因素,人类活动不但塑造了许多海岸人工地貌,同时,影响着自然海岸的现代过程。因此,海岸带地区的人类活动过程及其对海岸线与海岸带景观资源演化的影响研究已成为海岸带开发研究的前沿领域。

浙江作为我国的海洋大省,海域广阔,岛屿星罗棋布。海岸线总长 6486km,居全国第一。海域面积 4.24 万 km^2,其中内海面积为 3.09 万 km^2,领海面积 1.15 万 km^2。浙江省是中国海岛最多的省份,面积在 $500m^2$ 以上的海岛有 3061 个,占全国海岛总数的 40% 以上。浙江拥有丰富的海洋资源,海岸带开发有着悠久的历史,发展海洋经济具有得天独厚的条件。20 世纪以来,浙江省海岸带开发和海洋经济快速发展,沿海地区重大交通工程的建设,特别是杭州湾大通道、舟山大陆连岛工程、温州洞头半岛工程的建设,为浙江海岸带地区社会经济的发展增增添了新的活力。2011 年,浙江海洋经济发展建设示范区规划获得国务院批复。同年,国务院正式批复《浙江舟山群岛新区发展规划》,这也是我国首个以海洋经济为主题的国家战略性区域规划。海洋经济的快速发展及沿海地区人口的急速膨胀,资源短缺、环境恶化等问题给浙江省海岸带生态环境带来了越来越大的压力和冲击,严重地影响着浙江省海洋经济的持续发展。同时,人类大规模、超强度的不合理开发也使海岸带生境退化与丧失,成为制约浙江海洋经济可持续发展的关键因素,导致海岸带生态环境的脆弱性和人类高强度开发利用之间的矛盾日渐突出。

在这样的背景下,我们多年以来一直关注浙江省的海岸带开发利用与资源环境保护研究。本书是在2014年以来李加林主持的国家自然科学基金面上项目《人工地貌建设对港湾海岸地貌景观演化的影响比较研究——以中国浙江象山港与美国佛罗里达坦帕湾为例》(编号:41471004)和国家自然科学基金重点支持项目《基于多源/多时相异质影像集成的滨海湿地演化遥感监测技术与应用研究》(编号:U1609203)等相关研究成果的基础上,在浙江省哲学社会科学重点研究基地——浙江省海洋文化与经济研究中心2014年度重大招标课题《经济开发影响下的浙江海岸带资源演化研究》(编号:14HYJDYY03)资助下完成的。

本书采用史料查阅及野外实地调研相结合的方法,运用遥感和地理信息技术获取海岸带资源环境开发利用及其对资源环境存量影响的基本信息,以空间拓扑分析为支持,进行人类活动影响下的浙江省海岸带空间格局演化研究,分析近20年来浙江省围填海工程的空间格局,进行浙江省岸线资源经济开发的综合适宜性评价,探讨岸线开发对浙江省海岸带景观格局演化影响及其驱动力,并进行浙江省海岸带景观生态风险评价。在此基础上,以中国象山港与美国坦帕湾为例,探讨人类活动影响下的港湾岸线与海岸带景观资源演化过程与特征,借鉴美国坦帕湾的先进经验,服务于我国海岸带资源的开发利用。

本书由李加林负责拟定提纲、组织研讨,并负责全书的写作。徐谅慧、刘永超参与了本书上篇部分章节的写作,袁麒翔、刘永超参与了下篇部分章节的写作,最后由李加林完成全书的统稿工作。书稿在撰写过程中参考、引用了大量文献,但限于篇幅未能在本书中一一注出,在此表示深深的歉意,并谨向这些文献的作者表示敬意和感谢。

作者感谢浙江省测绘与地理信息局地理信息开发利用处(地图管理处)和浙江省测绘质量监督检验站对全书中示意性地图编制给予的审查、修订工作给予的帮助。

由于受作者学术水平所限,加之撰写时间较短,书中难免存在疏漏之处,敬请读者谅解和指正。

著者
2017年2月6日

目　　录

下篇：中国象山港与美国坦帕湾岸线与景观资源演化对比

上篇 | **人类活动影响下的浙江省海岸线与海岸带景观资源演化**

1 绪 论

1.1 选题背景及意义

1.1.1 海岸带的定义及特征

海岸带是大陆向海洋逐渐过渡的地带,同时也是海陆相互作用、影响的地带(钟兆站,1997),蕴藏着很高的自然能量和生物生产能力,是地球各大系统中唯一的连接大气圈、水圈、生物圈以及岩石圈的地带,兼有陆、海两种不同属性的环境特征。此外,海岸带地区各类生物资源、海洋能源丰富,自然环境条件良好,地理区位优势突出,已经越来越受到人类的关注,成为人类最集中,开发活动最剧烈的地区。据统计,当前全球有超过 50% 的人口聚集在仅占全球陆地面积 10% 的沿海地区(Ahana,2000)。

从现今的研究情况来看,对于海岸带的定义,通常有狭义的和广义的之分,地貌学角度定义的海岸带即狭义的海岸带,通常是指以岸线为基准,分别向海、向陆延伸的狭长的区域,一般包括三个基本部分:(1)陆岸,即位于多年平均高潮线之上的岸线向陆区域,也被称为潮上带;(2)潮间带,泛指位于多年平均高潮位线与多年平均低潮位线之间的区域;(3)水下大陆坡,指位于多年平均低潮位线以下的大陆架浅水区域,通常被称为潮下带(吴志峰等,1999)。而广义的海岸带则通常指行政区域涉及归其管辖的海岸带范围,向海一侧扩展到沿海国家海上管辖权的外边界,即 200 海里(约 370.4km)专属经济区外边界,向陆一侧则包括距离海岸线超过 10km 的范围,有的甚至可以到达沿海县、市、省等行政区域的行政边界(吴志峰,1998)。

从近几十年的研究成果来看,对于海岸带的定义存在较大差异。1995

年,国际地圈生物圈计划将海岸带的范围界定为:向陆一侧范围大致为 200m 等高线,向海一侧则包括－200m 等深线所包围的大陆架边坡。世界各国的海岸带调查范围一般向海大致是 20m 等深线(即中等浪潮 1/2 波长)所包括的区域,向陆则缓冲 10km 左右,或近历史时期的大潮高潮线上(钟兆站,1997)。1981 年,在我国的全国性规模海岸带和海涂资源调查过程中,将海岸带的范围界定为向海一侧－15m 至－10m 等深线,向陆一侧则为 10km 缓冲带(Earth system science committee NASA advisory council,1998)。

　　对于海岸带相关概念的定义,除了用于理论研究外,更多地体现在实际应用和管理上。从实际管理应用角度入手,海岸带一般可以被理解为一条几百至几千米宽的海陆过渡带,有的甚至可以向陆侧延伸至县、市及省的行政边界,向海延伸至国家 12 海里领海线。John 等(2004)指出对于海岸带的界定可以结合研究的目的、内容以及相关地区海域的自然地理特征而定。Robert 等(2010)在他的著作中指出海岸带的定义方式大致可以分为四种:(1)固定间距定义式,即国家政府部门根据一定的需要规定海岸线向陆向海的固定间距所包括的范围即为海岸带;(2)不固定间距定义式,即对于海岸带的间距范围没有特定的数值限定,而是根据不同区域海岸线附近的自然地貌特征、人工建筑物构筑物特点以及生物的特征来具体确定海岸带的相关范围;(3)相关用途定义式,即根据研究或调查等不同需要来划定海岸带的具体范围;(4)混合定义式,即根据海岸带区域向陆向海边界经过混合计算而得到的海岸带的具体范围。

　　综上,目前关于海岸带的界定,国内外学者还未形成统一的标准,但总体来看,这些描述都有一个共同的特点,即海岸带是陆地与海洋之间的交界地带,指的是海岸线向海陆方向扩展一定距离后所形成的狭长的条状地带,其兼备了陆地和海洋的双重地理特性,不仅具有自然属性,还具有社会属性。但是对于其宽度的界定,既受到所在区域自然环境、经济基础、技术条件、政治需要等的影响,同时也应考虑海洋与陆地之间相互作用的影响范围。

　　据此,海岸带有着以下几方面的特征(熊永柱,2011):

　　(1)地貌类型复杂多样:海岸带由于其比较独特的地理位置,因此包括了地球上众多的地貌类型,主要有山地(丘陵)、河口、平原、海湾、滩涂、沼泽、湿地、浅海等。

　　(2)资源能源种类繁多:海岸带位于海陆交汇地带,拥有着陆地和海洋双重的资源,主要包括各种耕地资源、潮汐和油气能源资源、盐类资源、海生和陆生生物资源、矿产资源、滨海旅游资源以及可供利用的其他海洋资源。

　　(3)人类活动比较活跃:世界上较发达城市或地区大多位于沿海地带,故世界人口也大多集中在海岸带区域,为此,海岸带地区社会经济、科技文化高度发达,成为人类活动最频繁的地区,同时也是人类土地变动及社会经济发展相对集中的区域。

(4)生态脆弱、灾害多发地带:海岸带的资源环境不仅受到陆地活动的影响,同时也受到了海洋活动的影响,容易受到陆源和海洋资源开发等造成的污染相互叠加,生态环境最容易遭受破坏,是全球变化影响下的生态环境恶化的敏感地带。同时,海岸带多为大陆板块和大洋板块的撞击地带,地震、海啸、风暴潮等灾害更为频繁。

1.1.2　选题背景

20 世纪 50 年代以来,世界经济进入到一个高速腾飞的工业化时期,经济发展与环境之间出现了不可调和的矛盾,伴随着全国 GDP 的上升,越来越多的生态环境遭到前所未有的破坏,已经成为一个尖锐而不可回避的问题摆在人类眼前(吴开亚,2003)。近年来,全球各地自然灾害频繁发生,地震、洪水、地面沉降、土地荒漠化、干旱、水土流失、酸雨等已经严重威胁到了人类的生存和发展,同时也加剧了贫困,影响了社会的稳定,引起了国际社会的高度警觉与忧虑(王洪翠等,2006)。20 世纪 80 年代之后,围绕生态安全、环境保护等课题,国内外学者对此展开了大量的研究工作,国家和政府部门也越来越关注人类发展与环境变化之间的内在关系(汪小钦和陈崇成,2000)。

海岸带由于其特殊的区位条件,深受大陆和海洋双重的物质、能量、结构和功能体系的影响,为此,成了国内外学者和专家高度关注的领域。海岸带地区受到海域与陆域双重作用的影响,导致该地区地理环境属性和地理因子与单纯陆域或海域地带相比有着较大的差异,由此造成了生态环境的脆弱性(钟兆站,1997)。此外,海岸带地区大多是海洋自然保护区、水产养殖区以及各种鱼虾等产卵场等重要的渔业水域地区,不少海岸带区域还分布着珊瑚礁、海草床等敏感类生物群落,由于受到陆源排污以及近海海域环境污染等因素的影响,海岸带地区更加成为一个生态脆弱与生态敏感区。加之近年来,人类过度开发和不合理利用海岸带资源,更加加剧了海岸带生态脆弱性,使其成了一个人为的生态脆弱区。20 世纪 80 年代初,北美的 Burgess 和 Sharpe 合作出版了《人类主导的景观中的森林岛动态》一书,使得景观学的动态变化研究在国内外得到了蓬勃的发展。但是,人类对海岸带动态景观的研究起步较晚,且对于其研究也主要侧重于资源的宏观调查、物种的微观分析以及研究物种的空间分布等(吴计生,2006)。2001 年,国际地圈生物圈计划、全球环境变化的人文因素计划和世界气候研究计划联合召开的全球变化国际会议上,把海岸带区域的陆海交互作用列为重要议题,其具体的研究内容包括四个方面:(1)在建立动态模型的基础上,通过模拟外界环境的变化,得到海岸系统的响应变化,从而完善对外界条件演变的预测机制;(2)研究海岸带各生物系统及地形地貌因素对外界环境变化的响应情况以及海岸带地貌发育再造能力;(3)通过碳通量以及痕量气体的排放,来评价生态系统的再生产能力;(4)外界环境变化导致的海岸带区域社会和经济等因素的变化(李凡,1996)。

此外,进入 21 世纪以后,GIS、RS 和 GPS 等技术被更多地运用到海岸带的研究当中来,和传统的技术相比,3S 技术能更快、更准确、更及时地获取海岸带生态环境状况的实时信息,也更能及时地反映海岸带土地利用、景观格局变化甚至海洋污染程度的最新变化,在海岸带地貌景观演化的研究中具有巨大的优势。

1.1.3　选题依据

1.1.3.1　景观演化是全球变化研究的热点和前沿

在全球变化领域的研究过程中,景观演化是受自然因素和社会人文因素交互影响最显著的,同时也能有效反映人地之间的相互作用关系。在社会经济持续快速发展的全球化背景下,引起景观格局演变的因素已经不仅仅是纯粹的自然因素了,相反,景观演化更多地受到社会人文因素的干扰,甚至是两者共同作用的结果。为此,在区域用地类型以及土地资源属性变化的带动下,导致区域整体环境以及全球范围内生态系统的演化。这种演化主要体现在两个不同的方向:其一是向着有利方向演化,即由于人类活动合理利用土地资源,改善了区域的土壤属性和生态系统结构,从而能够有效促进生态系统的良性循环,对水土保持以及生态功能的提升均起到正面推动作用;其二是人类对土地的不合理改造,破坏了原有的生态系统,导致区域植被覆盖率下降,引起一系列水土流失以及生态功能下降等问题。因此,科学合理的景观格局演化分析能够引导人类正确合理的开发利用自然资源,从而为今后保持自然社会经济的良性循环和协调人地关系提供可参考的科学依据。

1.1.3.2　海岸带地区岸线及景观演化研究在地球系统研究中占据重要地位

海岸带地区以占全球陆地面积 8% 的区域生产着全球 90% 以上的水产、生物以及能源资源,体现了其巨大的自然生产能力和生物制造能力。此外,海岸带地区凭借其良好的区位条件,适宜的自然环境和优厚的区域政策等,使得该地区土地利用方式趋于多样化、集约化方向发展,为人类提供了丰富的资源、生活及居住场所、活动空间。由于海岸带地区受到海域与陆域双重作用的影响,该地区地理环境属性和地理因子与单纯陆域或海域地带相比有着较大的差异,由此造成了生态环境的脆弱性。为此,人类活动的不合理开发利用,将直接导致海岸带地区生态环境污染,生态平衡破坏以及生物多样性锐减等。

正是由于海岸带在全球经济发展及人类生产生活中发挥着重要的作用,全球各国的政府及学者对此的研究也相当关注。早在 20 世纪 70 年代时,美国的自然科学基金会就拨款并组织美国各州开展了美国岸线调查研究,此项调查能够为当时在海岸带管理过程中出现的难题提供有力的数据资料和科学参考(Vims,1976)。此外,在国内,为了全面有效地开发利用中国海岸线资源和海涂资源,20 世纪 80 年代初国务院也审批并通过了"全国海岸带和海涂资源综合调查"项目,以此对我国岸线及滩涂资源的数量、质量及利用现状有了比较全面的认识,也为海岸带地区各项开发利用工作的开展提供了真实可靠的数据来源(全国海岸带和海涂资源综合调查成果编委会,1991;徐鸿儒,2004)。2004 年,国家投入重金开展 908 专项,该项目的审批及开展能够有效促进我国海洋经济及海岸带环境健康有序发展,对于我国成为海洋强国有着重大的现实意义和长远的历史意义(倪晨华,2012)。海岸带调查工作在世界范围内的开展为沿海地区的景观格局演变研究积累了大量的科学资料,陆海相互作用研究已成为地球系统研究中的重要方向。

1.1.3.3 浙江省海洋经济发展示范区建设

2011 年 2 月,随着国务院对《浙江海洋经济发展示范区规划》(以下简称《规划》)文件的批复,浙江海洋经济发展示范区建设成为未来我国发展海洋经济的国家战略。《规划》对未来几年内浙江省海洋经济建设目标做了总体的部署,包括通过构建"一核两翼三圈九区多岛"的总格布局来优化浙江省海洋空间的开发格局,在原有的港口物流基础上打造"三位一体"的港航物流服务新体系,推动现代海洋产业的新生和发展,加快舟山海洋综合开发试验区建设等(孙书利,2013)。为此,本书的研究能够有效为今后浙江省海洋经济发展示范区建设以及浙江省海岸带管理、海岸带土地的合理利用提供理论依据和合理的数据参考。

1.1.4 选题意义

海岸带作为大陆和海洋的交汇地带,有着陆地和海洋双重的特征,承载了地球上 60% 的人口。中国拥有海岸线总长超过 320000km,是全球各国中海岸线最长的国家之一。全国有 12 个省(自治区、直辖市)(除海南省和台湾地区外)位于沿海地区,在面积不到 15% 的土地上集中了全国 40% 的人口,成为中国经济发展的主力军。而据《中国海洋环境公报(2008)》的调查结果显示,我国海岸线人工化指数为 0.38,特别是我国工业较为发达的沿海省市(如天津市、上海市、江苏省、浙江省、广东省等)已经进入了海岸带及岸线高强度开发利用状态。在开发的同时,随着人类活动规模的日益增大,开发技术手段的不断深入,海岸带地区所承受的压力越来越重,由此也引发了一系列的海洋生态环境问题,如海岸侵蚀、海水倒灌、地面沉降、台风增多、海水污染、生物多样性锐减等(王建功,1994;梁修存和丁登山,2002;Kuji,1991;李文权等,1993)。

面对海岸带所承受的巨大压力及生态风险,人类的目光已经开始从仅仅追求经济利益向着同时兼顾生态、环境效益转变。为此,本书以浙江省海岸带的岸线资源开发为例,从浙江海岸带岸线资源特征及海岸带景观开发利用的现状出发,研究浙江海岸带开发对海岸线及海岸带景观格局演化的影响及其社会经济效益,在此基础上,对浙江省岸线开发利用空间格局、围填海空间格局、岸线综合适宜性等进行分析评价,对浙江省海岸带景观格局响应,景观格局演变驱动力进行分析,并对此作出生态风险评价。为此,本书的研究意义归纳起来主要有以下几方面:

(1)理论意义:从前人的研究成果来看,海岸线提取以及海岸带景观类型分类的方法通常包括实测以及遥感影像提取等。但由于实测数据费时费钱,且测量过程中存在过多的误差,而遥感提取又受到影像处理工作量大、目视解译费时等一系列因素的制约,故前人对于海岸带岸线变化以及景观格局演变的研究大多集中在如辽东湾、杭州湾、胶州湾等小区域方面(李建佳,2013;寇征,2013;刘林,2008),这不能很好地体现省域乃至更大区域的变化特征,因此,以省域为研究对象,既能很好地体现大区域海岸线及海岸带景观的变化趋势,同时也能反映不同小区域变化中的差别,以此,能够更好地加强宏观与微观的结合,这对于海岸带管理研究也显得尤为重要;另外,已有研究大多集中在单一的岸线变化研究或景观变化研究,且研究多以单学科为主,将两者相结合且从多学科角度切入的研究相对较少,本研究结合地理学、生态学、经济学、环境学等多学科的理论对岸线开发影响下的海岸带岸线及景观格局进行研究和评估,有助于推动海岸带开发与生态评价的深入,丰富海岸带开发与评价的理论体系。此外,浙江省海岸带岸线变化及景观格局演变的研究对建立我国沿海地区该类研究的大区域经验模型也具有重要的理论意义。

(2)现实意义:从前人的研究区域来看,国内的研究大多集中在海岸经济发展较快起步较早的辽宁、天津、上海及广东等区域,而对于海洋产业起步较晚的浙江而言,此类研究较少也较为零散,而本研究通过对浙江海岸带资源特征、开发现状及其与浙江海洋经济发展的关系的分析,定量评价海岸人工化对海岸资源的综合影响,以及生态风险的评价。研究成果不仅可为《规划》中提出的关于通过构建"一核两翼三圈九区多岛"的总格局布局来优化浙江省海洋空间的开发格局的计划、打造"三位一体"的港航物流服务新体系目标,以及加快推进舟山海洋综合开发试验区建设的项目等提供科学的对策选择和参考,同时,也可促进我国海岸带开发及其综合管理理论研究的深入,为我国沿海其他地区海岸带开发与管理对策选择提供参考。

1.2 国内外研究进展

1.2.1 岸线变化国内外研究现状

海岸线作为海陆分界线,对于海岸带的研究意义重大。近几年来,不同的学者对海岸线的提取方法各异。为此,随着人类对海岸带研究的不断深入,研究领域日益扩大,越来越多的研究手段和方法被运用到岸线变化的研究中来,并且正在逐步得到完善和成熟,已经出现了大量的研究成果。

1.2.1.1 岸线变化研究尺度

国外学者对于岸线变化的研究相对于国内要更早且更为深入,其中,运用多学科理论,从多角度来探讨不同时间尺度上的海岸线变化及其对周边环境的影响已经成为这一领域探讨和研究的热点和重点。

1.2.1.1.1 时间维度

从时间维度上来看,目前的研究大多集中在十年、百年维度上,由于受到相关数据源收集难度的限制,对于千年维度上的研究相对较少。Adrian 等(2007)利用遥感影像和地形图研究了在过去的 150 年间苏利纳湾岸线的侵蚀和淤积情况,得出罗马尼亚沿岸的侵蚀速率达到最大,超过20m/a,而苏利纳湾北部则淤积明显,并预测其最终将演变为泻湖。孙伟富等(2010)以 31 年的时间跨度为研究间隔,通过解译遥感影像获得研究期岸线数据,在此基础上分析岸线变化情况以及不同类型岸线之间的转化情况。姜义等(2003)整理了20 世纪 50 年代通过航拍得到的黑白影像数据至 2000 年的 ETM 遥感影像数据,从百年的跨度出发,研究渤海湾地区淤泥质岸线的侵蚀、淤积以及相对稳定等变化方向,得出近百年来渤海湾岸线变化总体以缓慢变化中的快速变化为主。

从各类研究来看,对于较大时间尺度下的岸线变化分析,由于所选时段的遥感影像数据缺乏,无法获得第一手资料等的限制,研究文献相对较少。为此,对于大时间跨度下海岸线变迁的研究,有学者也尝试通过对研究区域岸滩及潮间带、大陆架等沉积物物质、主要成分、沉积年代和厚度等的分析,来揭示岸线演变的特征和趋势。Robert 等(2007)对美国西海岸的威拉帕湾地区入海口的地貌类型、沉积物特征、淤积厚度等的分析,得出在地质作用较为稳定的条件下,气候变暖、极端天气频发、当地政府的治沙活动等是影响该地区海岸大规模侵蚀的最主要因素。

1.2.1.1.2   空间维度

空间维度上,国内外学者选取的研究区域大多以海湾、河口(如三角洲河口、莱州湾、渤海湾、杭州湾)等岸线变化明显的淤泥质海岸为主,主要的研究成果有:White 等(1999)通过遥感等 3S 技术对 1984—1991 年的岸线进行动态监测,从而揭示了埃及尼罗河三角洲河口处岸线变化的情况。Joo 等(2014)尝试运用归一化植被指数原理,对韩国 Gomso 湾的淤泥质海岸通过除去海水表面的悬浮泥沙,从而对其进行海岸线解译及演化分析。朱小鸽(2002)在多时相遥感影像作为数据源的基础上,结合神经网络分类法,对珠江口、香港和澳门附近海岸线的演变情况进行检测,并计算出陆地面积增长情况,从中得出人为的围垦、填海造陆等是该区域海岸线变化的最主要原因。

此外,国内学者对于海岸线的空间尺度研究以省为研究对象,基本集中在河北、辽宁、江苏等海岸研究发展较早,研究较为成熟的区域,大范围的研究由于工作量过大而研究成果鲜见。孙才志和李明昱(2010)选取 1978—2008 年间的 10 期遥感影像,利用人机交互式解译方式提取了辽宁省海岸线进行分析,并在此基础上建立了辽宁岸线变化与该省自然、经济和社会的灰色关联模型,并得出岸线变化是三者共同作用的结果,但这三者在空间上存在着分异。姜义等(2003)选取了渤海湾为研究对象,利用不同时期的史料记载、地形图、航空相片以及时相不同搭载平台的遥感数据,通过计算机的信息增强和复合,从百年的时间维度来研究岸线变化情况,研究结果显示渤海湾西海岸近百年来已经发生了"相对较快速的变化"。徐进勇等(2013)选取中国北方的"三省一市"作为整体的研究区域,采用网格法计算 2000 年以来 12 年间海岸线变化特征及分形维数,得出人类围垦工程建设是影响北方岸线变化的主导因素,而自然变化对其影响却相对比较小。

1.2.1.2   岸线变化研究方法

从研究方法来看,对于岸线提取及其变化的分析研究,最为常用也最为有效的方法是利用区域地形图结合不同时段的遥感影像,通过相应的波谱分析,提取海岸线以此来分析岸线的演变。此外,还有结合航拍相片或通过研究区域岸滩及潮间带、大陆架等沉积物物质、主要成分、沉积年代和厚度等的分析,来揭示岸线演变的特征和趋势,Lantuit 等(2008)在利用地形图、遥感数据的基础上,结合航空航天影像,以加拿大南部的 Herschel 为研究区域,对其在近50 年间(1952—2000 年)的海岸侵蚀和淤积状况进行了研究。

从国内外近几年的研究成果来看,利用遥感影像的不同原理和方法对岸线(水边线)进行提取的方法最为常用,主要运用到的提取方法大致可以归纳为以下几类:

1.2.1.2.1 人机交互式目视解译法

目视解译主要是指利用遥感影像的相关波谱特征以及空间特征等,通过人眼等对遥感影像进行相关解译,这种方法操作简单、灵活,且准确率较高,但对于大尺度的研究工作量较大,费力费时。而人机交互解译主要是指运用人工智能和模式识别技术,结合人工的目视解译方式,运用计算机的相关软件对遥感影像进行判读,大大提高了判读的效率。在国土资源调查过程中,该方法被广泛地应用,提高了土地利用现状调查的成果质量,同时也能为研究者提供真实可靠的土地利用基础数据(杨毅柠和宋微,2009)。而在岸线提取的研究过程中,很多学者也运用了人机交互解译的方法,如姚晓静等(2013)运用3S等相关技术,通过目视解译以及人机交互式解译等手段,提取了海南岛自1980年后30年来的海岸线变迁数据,对30年来海南岛地区岸线时空变化特征进行分析。

1.2.1.2.2 多光谱分类方法

由于不同岸线类型在遥感影像不同波段下成像的特殊性,可以利用可见光及近红外影像对岸线进行提取。如由于基岩岸线、砂砾质岸线以及人工岸线和海水在可见光以及近红外光波段下反射率差别较大,为此,可以在这两类波段下准确确定该三类岸线的具体位置。Blodget等(1991)利用MSS近红外波段影像,以3年为间隔,对1972—1987年的15年内埃及尼罗河三角洲的岸线变化进行了分析,并提出在海潮作用明显的岸线区域,利用高分辨率影像做波段的增强处理有利于更好地提取该类型岸线。王琳等(2005)通过运用分类后变化检测法和直接光谱对比法等,研究厦门市1989—2000年间的岸线变化状况。张志龙等(2010)通过不断试验,提出了一种基于内港岸线特征光谱的岸线识别方法。孙美仙和张伟(2004)通过运用第7波段对海水与陆地进行信息分离,在栅格矢量化的基础上形成线状数据,通过人工目视解译以及结合地形图、海岸带调查资料等方式,对福建省海岸线的现状进行研究分析。

1.2.1.2.3 阈值分割法

阈值分割法即将整个研究区域划分成较小的若干个图像,并根据不同的子图像的局部特征设定不同的特征阈值,通过不同的阈值进行分割。罗仁燕和陈刚(2006)运用多波段阈值法以及单波段阈值法分别提取了1986年和2001年罗源湾地区的岸线,分析其变迁的特点,并据此研究岸线变迁的影响因素以及合理开发和保护岸线的措施。朱长明等(2013)在NDWI模型的支撑下,通过全局阈值分割提出了一套基于样本自动选择与支持向量机的海岸线提取方法,有效增强了对水体的识别能力,提高了岸线的提取精度。

1.2.1.2.4　边缘检测法

边缘检测是图像处理技术研究领域中的一个技术方法。所谓的边缘是指图像中色差变化较为明显的区域,在该方式的支持下,可以有效进行图像分割、特征提取等。而这种边缘检测的基本思想就是计算局部的微分算子,常见的边缘艰涩算法包括经典的 Sobel 算子和 Laplacian 算子。吴迎雪(2012)以舟山群岛新区的衢山港口为研究对象,使用多种边缘检测算法,设计岸线边缘检测流程,对衢山港口海域海岸线进行提取,最终得到了较为清晰的岸线边缘检测成果。于杰等(2009)利用遥感影像数据,通过边缘检测、假彩色合成等方式,提取了近 20 年来大亚湾岸线数据,在此基础上分析了大亚湾岸线变化特征。

通过研究发现,边缘检测方法对于基岩岸线、砂砾质岸线以及人工岸线有较好的识别能力,并且方法简单易操作,通过 ArcGIS 10.0 软件基本能实现计算机自动提取。但是对于淤泥质岸线,由于图像上呈现出较为复杂的边缘,其自动提取效果不太理想。

1.2.1.2.5　神经网络分类法

神经网络分类法其实是一种基于人类神经系统的一阶近似模型。从近几年的研究成果来看,神经网络分类法开始被广泛运用于一些非线性问题的解决上。由于网络间的各类拓扑关系以及算法的差异,神经网络分类法可以被分为各种不同的算法。Ryan 等(1991)过将图像标准化,分块输入分类器中,实现了陆地与海洋的分离,在此基础上成功提取了海岸线。谢华亮等(2012)用径向基神经网络模型,对近 10 年来杭州湾北岸岸线变化方向及其今后的变化趋势进行了分析探讨,其模型预报误差小于 20%,成功实现了对杭州湾北岸岸线动态变化的预报。

与传统的岸线提取方式相比,神经网络分类提取岸线法能够对图像信息进行多级的分类、加工、处理等,从而提高了岸线提取的准确性。

1.2.1.2.6　小波变换法

小波变换法是一种运用于遥感岸线解译中的新的技术手段,其主要是通过识别水域与陆地不同的灰度值,将其转化为数字信号,在此基础上,运用小波技术对这些数字信号进行相关分析,找出信号存在明显差别的位置,并将其连成岸线(马小峰等,2007)。小波变换法保证了岸线提取的连续性与准确性,近几年被广泛应用于岸线提取上。范典等(2002)尝试运用了一种二进制小波变化法,成功消除了 SAR 图像中的斑点和噪声对边缘成像的影响,准确提取出湖岸线。冯兰娣等(2002)以黄河三角洲为研究区域,运用小波变换法通过边缘检测等辅助手段,成功提取了三角洲区域的海岸线信息,得出小波变换对于图像边缘的提取效果比经典边缘检测算子计算结果更佳,同时指出该方法对河口三角洲地区的淤泥质岸线演变规律探索有着重要的意义。

　　综上,近年来越来越多的方法被应用到遥感影像的岸线提取上来,并出现了较多的成果,但总体而言对于基岩岸线、砂砾质岸线以及人工岸线的自动化提取方式较多,而对于淤泥质岸线的探索还有待提高。此外,今后的研究过程中,还应根据不同的海岸地貌选取合适的卫星数据进行相应的方法的选取,以求得到更为理想的效果。

1.2.2　景观格局演变国内外研究状况

　　景观结构(即组成单元的特征及其空间格局)、功能及其动态是景观生态学研究中的三大核心问题。而格局又能决定功能,功能改变将会从格局变化中体现出来,因此,景观格局的研究是三大核心中的核心(李哈滨和Franklin,1988),它能充分体现资源及环境的组成情况和分布特征,同时对于各种景观生态的过程也有着有效的制约作用。景观格局在景观生态学领域中主要指大小和形状不同的景观镶嵌体在一定区域内的排列状况(伍业钢和李哈滨,1992)。对于景观格局的分析是目前景观生态学研究的重点和热点之一,对人类和自然的可持续发展均有重要的意义。通过多学科的融合,分析景观格局演变的时空分异规律以及驱动机制对未来景观的合理规划、资源的有效利用以及生态环境的保护都具有重要的意义。

1.2.2.1　景观分类系统研究现状

　　在一定的研究区域内,相同的景观类型的组分和结构表现出相对的相似性,而不同的景观类型之间存在着一定的异质性。正是由于不同的景观生态系统具有异质性和等级性,所以一定的研究区域内的景观分类成为可能;同时,景观分类是进行景观格局演化分析的基础,故对景观分类又存在着一定的必要性。在景观分类过程中通常将相似组分和结构的景观要素划分为相同的景观,而将具有明显景观异质性的景观要素确定为不同的景观类型。此外,由于研究区以及研究目的存在着差异,对不同区域的景观类型分类在一定程度上也存在着区别。对干旱区流域的景观格局分析,冯异星等(2010)以新疆玛纳斯河流域为例,将景观类型划分为耕地、林地、草地、水域、建设用地以及未利用地等六大类;而彭茹燕等(2003)以新疆和田河中游地区为例,将景观类型划分为不同的九大类。对湿地等景观生态系统的研究,宗秀影等(2009)将黄河三角洲湿地分为人工湿地和天然湿地两大类,人工湿地下又包括水库、坑塘水面、人工水渠、养殖水面、盐田和上农下渔等六个子类别,其中,天然湿地下又分五个子类别。而对城市森林等的研究,李华(2009)将武汉市城市森林的景观动态变化研究分为水域、建设用地、农田、城市森林、草地以及未利用地等六大类。为此,对于不同的研究区域和研究目的,选择合适的景观分类系统尤为重要,将直接决定研究结果价值的大小。

1.2.2.2　景观分类方法研究现状

景观分类对景观格局的研究具有重要的基础意义,景观分类精度的高低将直接影响景观格局分析结果的优劣。早期国内外学者对景观类型的提取主要是通过各区域测绘部门对土地覆被/利用数据的直接应用。近年来,随着3S技术的发展,特别是遥感技术在研究领域的广泛应用,快速有效地获得基础地理数据以及实现大尺度或者跨尺度的景观识别等成了可能。同时,GIS系统的发展也为研究景观格局演变提供了一种极为有效的工具(李博等,2000),能够快速准确地实现地理空间信息的处理。

1.2.2.2.1　监督分类与非监督分类法

运用遥感软件对景观类型进行监督分类和非监督分类是目前比较传统的两种景观分类方式,该两种方式均是通过对遥感影像的波谱信息进行一定的统计计算而得到相关的分类结果。其中,非监督分类的分类精度相对较低,通常在不清楚研究区内景观类型且景观分类数目较少的情况下使用;而监督分类的分类精度相对较高,通过人为建立不同景观类型的若干个训练样区,计算机通过相应波谱的计算将研究区内的景观划分为事先设定好的类型,该类方法一般需要对研究区域的景观类型有比较全面、准确的了解。但是从研究的成果来看,仅仅依靠单一光谱的运算有时候不能准确分类各种景观,造成分类精度相对低下的结果,故近年来,国内外学者通过对该方法的改进(如优化迭代监督分类等)来提高分类精度(李天平等,2008)。

1.2.2.2.2　基于分形纹理特征的分类方法

分形维数分类方法主要通过识别遥感影像中不同地物的纹理以及粗糙程度的差异来区分不同的景观类型,该方法很好地解决了基于光谱的遥感影像分类中异物同谱和同物异谱的问题,能够有效揭示不同景观类型的各自纹理特征。刘路明等(2009)以大山包自然保护区为研究对象,利用RS、GIS技术以及分形理论将景观类型划分为华山松林、农用地、水体、村镇用地、沼泽化草甸以及荒草地六类,对其景观斑块变化进行分析,进一步探讨景观的复杂程度和稳定程度。但是分形维数的稳定性一直是该方法存在的缺陷,在不同的分类精度下差别较大,为此,今后研究过程中应着力于提高分形维数的稳定性,优化计算方式。

此外,近年来也有各类人工智能技术(如人工神经网络分类、专家系统分类等)和一些较为简捷方便的分类软件(如 eCognition Developer 等)也被越来越多地应用到遥感影像的景观分类中。综上,由于景观分类精度的高低将直接影响到景观分析的参考利用价值,故在今后的研究过程中应不断丰富遥感影像的景观提取方法和分类手段,以此提高景观分析的研究效率。

1.2.2.3　景观格局演变研究尺度

国外学者对景观格局的相关研究大多选取大尺度或中尺度的研究区域,而时间的跨度也较大,为几十年甚至几百年间。Parcerisas 等(2012)对 1850—2005 年间地中海沿岸地区的景观变化做了研究,研究表明,地中海沿岸的环境正处于急剧恶化的过程中,其中城市建设以及其他基础设施建设对农田的占用是最主要的驱动力。Solon(2009)对 40 年间华沙大都会地区的景观格局变化进行了研究,通过相应的景观格局指数计算,得出该地区景观变化大多发生在 1950—1970 年,且其变化有一个连续性,主要从城市往四周扩散。此外,Lisa 等(2007)对美国佐治亚州本宁堡的景观格局变化进行了时间和空间分异研究;Joseph 等(2011)以希腊爱琴海上的一个岛屿为例,运用 1987—1999 年的卫星遥感影像,对其景观变化及变化模式进行了探讨。

国内学者对于景观格局演化的研究开始于 20 世纪末期,研究对象大多集中在中小尺度上区域的景观格局变化,研究的时间尺度也大多以中小尺度为主,很少涉及百年尺度的研究。研究领域主要包括森林、湿地、城镇、海岸带、大河流域等。崔晓伟等(2012)以三期的遥感影像为数据源,对三峡库区开县蓄水前后的景观格局进行了研究分析,对库区未来开展土地利用规划提供了有利的借鉴。姜玲玲等(2008)对大连湿地 2000—2006 年 6 年间的景观格局及其驱动因子进行了研究,得出人为因素是造成大连湿地景观演变的主要驱动力。田光进等(2002)以海口市为研究区域,利用三个时期的 TM 遥感影像对其景观格局演化进行了动态分析,研究结果表明 15 年间,海口市景观格局正呈现出从自然景观向人文景观的演化的趋势。

1.2.2.4　景观格局分析方法

景观格局方法即用来研究某一特定的研究区域内不同景观结构的组成状况和空间分布情况的分析方法(韩明臣,2008)。目前,景观格局的分析方法主要包括以下几大类:

1.2.2.4.1　空间统计分析

空间统计方法是一种最为基础也最为常见的景观格局分析方法。该方法主要基于一定区域内遥感影像的景观分类结果,统计不同景观类型的面积、比例以及不同时期各类型景观的面积变化情况等,即对景观类型现状以及不同时期的变化进行定量分析。魏伟等(2014)运用3S技术以及景观分析软件,对石羊河武威、民勤绿洲地区景观结构格局的时空变化进行了分析,归纳景观演变特征。郭泺等(2009)运用景观空间统计等方法,对于快速城镇化背景下的广州市景观格局时空分异特征进行了分析,得出景观格局演变复杂性不断增加,但变化强度、速率和发展趋势则表现出一定的分异特征。

1.2.2.4.2　转移矩阵分析

景观格局演化的转移矩阵分析一般可以采用马尔科夫转移矩阵分析(陈浮等,2001),或通过建立数学转移矩阵模型,运用ArcGIS的叠加分析,得到景观类型变化的转移矩阵。通过转移矩阵的建立,可以直观地体现出不同类型景观的流入来源和流失去向,从而为景观风险评价以及优化提供必要的数据参考(Pan et al.,1999)。贺凌云等(2010)以新疆维吾尔自治区于田县为例,通过构建景观面积转移矩阵,对研究区内平原绿洲的景观转移情况以及面积变化指数进行了分析。

1.2.2.4.3　景观格局指数分析

景观格局指数分析法主要借鉴景观生态学中有关空间格局分析的相关指数来分析和认识土地利用/覆被变化在时间维上的变化,以此来揭示景观格局的演变趋势(Verbutg et al.,2002)。该方法是目前在景观演化研究中应用较多的一种方法。而对于景观格局的特征的分析,一般可以从3个层次上进行把握:(1)单个斑块(patch);(2)由两个及以上个斑块组成的斑块类型(patch type 或 class);(3)包括所有斑块类型在内的整个景观镶嵌体(landscape mosaic)。由此,景观指数也可相应地分为斑块、类型和景观三层尺度的指数。常见的景观指数包括包含斑块、类型以及景观三个维度在内的斑块个数、面积、分形维数、形状指数、周长等,类型和景观维度的破碎度指数、均匀度指数、聚集度等,景观维度的多样性指数、优势度指数等。此外,由于信息技术的不断进步,更多的景观分析软件被开发出来用于景观指数的计算,比较常用的包括 Fragstats、Apack、Parch Analysis 等景观分析软件,且越来越多的景观指数被包含到软件中,方便了学者对此的研究。王根绪等(2002)选定具有代表性的9个定量分析景观格局演化的指标,利用 Fragstats 软件,对黄河源区的不同景观类型的生态结构和格局变化进行了分析和研究。

1.2.2.4.4　基于元胞自动机的景观模拟

元胞自动机是一种时间、空间的相互作用均离散的网络动力学模型。元胞自动机是一种特殊的动力学模型,其通过运用模型构造规则,将符合规则的模型均纳入元胞自动机模型(周成虎等,1999)。将元胞自动机运用到景观生态学的研究过程中来,由于其自身良好的优势和特点,能很好地模拟景观格局与过程。秦向东和闵庆元(2007)指出由于元胞自动机状态的表达在空间和时间上具有一定的离散性,故可以将其应用于景观格局演化和景观格局优化上;何春阳等(2005)利用元胞自动机模型对中国北方地区的 13 个省今后 20 年的土地利用变化的情景进行模拟,一定程度上有利于评判造成用地类型变化的驱动因素以及研究区域土地利用变化的生态效应评价。

区域的景观格局演化研究一直以来都是景观生态学领域所关注和研究的焦点和热点问题,并且随着近几年来各类计算机技术的不断发展,该领域的研究也取得了较大的进展。但由于景观格局演化过程的复杂性,以及受到自然、人为等多重因素的影响,为相关数据资料以及影像的获得造成了一定的困难。在未来研究过程中,如何继续开发新的科学技术,从多尺度多方位揭示、模拟、评价并预测景观格局的演化机制成了今后研究过程中需要解决的问题。

1.2.3　生态风险评价国内外研究现状

1.2.3.1　生态风险评价的定义

"生态风险评价"一词最早出现在 20 世纪 90 年代末美国国家环保局颁布的生态风险评价框架中。近年来,越来越多的学者出于各种不同的研究目的,运用不同的研究方法,对不同的研究区域进行了生态风险评估研究,尽管如此,不同学者给出了不同的定义。1998 年,美国环保局对"生态风险评价"的定义诠释是:生态风险评价即评价负生态效应可能发生或正在发生的可能性(US EPA,1992)。欧洲学者 Maltby(2006)则认为,生态风险评价即是对在某一个或一系列特定的情况下,某个特定的事件发生的可能性以及对这一可能性的概率进行评估,其主要用来为当前或今后的决策作参考,同时预测今后相关风险发生可能性的工具。尽管对于"生态风险评价"的定义表述不同学者有不同的看法,但归结起来其目的均在于为环境的决策提供相应的参考。目前,国内外对生态风险评价的研究相差悬殊,国外对此研究已经经历了较长的时间,且有了比较完善的框架体系和方法,而国内对此的研究尚处于起步阶段。

1.2.3.2　生态风险评价发展历程

在美国,"风险评价"一词最早于 20 世纪 80 年代,被环保局应用于人体健康的保护上(Committee on Risk Assessment of Hazardous Air Pollutants,1989),如致癌风险评价、致畸风险评价等。而 1992 年由美国环保局颁布的生态风险评价的框架(此后在此基础上又进行了增添和完善),形成了现在众多学者所运用的风险评价的基本参考。20 世纪 90 年代之后,风险评价的焦点逐渐从人体健康评价大量转入生态风险评价中,风险压力因子也不断扩充,从原先的单一化学因子向着多种化学因子转化(毛小苓和刘阳生,2003),同时,风险受体也从原本单一的人体水平延伸到了自然界中的生态系统、流域环境、城市景观水平等(如 Skaare 等,2002)。对北极地区有机氯杀虫剂进行生态风险评价,结果表明杀虫剂对北极熊的种群状况和健康安全造成了严重的威胁。此后,生态风险评价进入了区域评价阶段(流域或更大尺度),Adam 等(1999)对美国田纳西州流域进行了生态风险研究,使得生态风险评价应用于大尺度流域成为可能。

我国学者对于生态风险评价的研究起步相对较晚,且目前仍处于起步阶段,有关生态风险评价的各项理论以及应用技术都相对比较落后,且还存在较多的问题。在近几十年的研究发展过程中,我国学者对生态风险评价的研究尺度也已扩展到了景观及区域的范围,其主要集中在对水环境和区域生态风险的评价,如殷浩文(1995)通过研究水环境的相关情况,指出对于水环境的生态风险评价主要可以分为 5 个部分。付在毅等(2001)将盘锦市作为典型的研究区域,重点探讨了辽河三角洲湿地生态风险评价的理论雏形和具体评价方法。

1.2.3.3　生态风险评价框架与方法模型

随着生态风险评价对象由原先的单一生态种群扩展到现在的区域、景观,生态风险评价的风险源从原先的单一生物、化学等污染源发展到多风险源并存,生态风险评价受体由单一受体向多风险评价终点转化,使得传统的生态风险评价方法越来越不能满足学者的研究需要,为此,需要建立新的评价框架和模型来适应新领域、大尺度的生态风险评价需要。

区域的生态风险评价是指在区域尺度上评估不同的风险源集合体(如自然环境变化、人类活动、环境污染等)对区域景观组分等相关受体造成有害影响的可能性及其概率大小的过程,为区域生态风险规划及管理提供可借鉴的理论和实际参考(付在毅等,2001)。

1.2.3.3.1　生态风险评价框架

从现有的研究成果分析,目前对于生态风险评价的框架建立归结起来可以分为 3 类:第一是美国模式,该模式的主要强调与环境管理的相互依存关系,认为生态风险评价的目的即为相关的环保部门服务,因此,该模式比较注重评价的结果以及其与日后环境保护、风险防范之间的相互关系,该模式主要包括制定问题、分析以及风险表征三步骤(USEPA,2008)。第二类是澳大利亚模式,该模式主要将研究对象集中在土壤污染上,且已经有了比较成熟的理论框架模型,该模型主要可分为三个递进的层次,第 1 层次主要是对风险受体进行简单的生态风险评价;第 2 层次主要通过运用改进型的 EILsoil 模型进行风险表征;第 3 层则是通过计算机计算来量化风险暴露水平。第三类为欧洲模式,该模式涉及的国家较多,但以英国和荷兰发展最为成熟,均已建立起了带有各自研究特色的生态风险评价框架,其着力点在于以预防为目的。

1.2.3.3.2 生态风险评价方法与模型

在生态风险评价开始研究的早期,其评价对象往往是针对单一的风险源,而风险评价的受体也往往仅仅只有某一类单一种群、群落等,在该时期运用比较多的方法是熵值法以及暴露—反应法。郭广慧等(2011)基于太湖梅梁湾等区域水体的∑PAHs 等效浓度及其对水生生物的无观察效应浓度,采用熵值法等方法评价该风险源对水生生物种群的生态风险。而暴露—反应方法可以针对相关污染源的浓度大小来估测对区域内生物种群或群落产生负影响的区域范围以及影响的程度。

但是随着近年来不同国家的学者对生态风险评价风险源、风险受体由单一化向多样化的扩展以及研究尺度的不断扩大,传统的风险评价方法越来越无法满足研究目的的要求,因此各种新的研究模型及方法不断被挖掘出来。如因果分析法,该方法通过外部采样考察等,利用等级打分法或权重法等构建压力因子和将会带来的影响之间的因果关系,预测生态风险的大小程度。此外,随着生态风险评价与景观生态学之间的相互渗透,越来越多的多学科综合知识被应用到评价中来,如一系列的数学、统计学手段以及 3S 的先进技术等,对于这些方法,我国学者也有较多的研究。刘宝双等(2009)以鄂陕界至安康高速公路沿线地带为研究区域,主要利用 3S 手段,通过对该区域的景观类型进行研究,从景观学角度分析公路修建给研究区域所带来的生态风险影响。苏文静(2012)以 TM 遥感影像作为数据源,在 RS、GIS 技术的支持下,通过构建土壤侵蚀敏感性指数与景观干扰指数,对左江流域的生态风险进行评价。曾勇(2010)以呼和浩特市区为例,借助 ArcGIS 和 Fragstats 软件,通过空间采样和差值的方法,定量描述研究区景观生态风险的相对大小以及空间分布规律。

综上,当前研究领域所运用到的生态风险评价模型及方法大多是定性的或者半定量的,由于生态风险评价涉及因子较多,其外部变化又存在较多的不确定性,故针对多风险源以及多风险受体的定量评价方法和模型还比较鲜见,这些也将成为今后生态风险评价研究的重点和难点。

1.3 研究思路

1.3.1 研究目的

全球环境变化在很大程度上受人类活动的影响,人类活动对地球自然生态系统的改变使得气候变化和环境变化的脆弱性表现得更为明显,并加剧各种极端事件发生的规模和频率。研究人为活动对区域景观及环境所造成的影响已成为现今全球系统变化研究的焦点之一,当代地理学的研究重点也由以前的纯自然因素引起的环境变化向自然和人为因素共同引起的环境变化转变(宋长青等,2000)。此外,对于环境变化的研究,地理学层面上的研究大多将重心集中在百年、十年等大时间跨度的自然环境变化以及人地交互作用过程,据此分析地球表层在自然因素、人为因素、社会经济因素共同作用下的变化规律,以此来揭示人类对环境的利用和影响程度(蔡运龙等,2004);探讨人地关系地域系统演化过程中,人类对环境的影响、适应、调控与改造,都是地理学的前沿研究领域。全球变化研究的关键是地球系统中界面过程的综合研究。

本篇通过对浙江海岸带资源特征、开发现状及其与浙江海洋经济发展的关系的分析,定量评价海岸人工化对海岸资源的综合影响,以及生态风险的评价。希望通过本篇的研究,能够为浙江省海洋经济强省建设和海岸带地区社会经济可持续发展的对策选择提供科学依据。同时,也希望能够促进我国海岸带开发及其综合管理理论研究的深入,为我国沿海其他地区海岸带开发与管理对策选择提供参考。

1.3.2 研究内容

本篇的研究拟采用史料查阅及野外实地调研相结合的方法,运用遥感和地理信息技术获取海岸带开发利用对资源环境影响的基本信息,以空间拓扑分析为支持,分析岸线开发活动影响下浙江省海岸带地区岸线和景观的演化特征,探讨导致海岸带景观演化的主要驱动机制,在此基础上,对浙江省海岸带景观进行生态风险评价。具体内容如下:

(1)岸线开发影响下的浙江省海岸线空间格局演化及评价:收集五期遥感影像数据(分别是 1990 年、1995 年、2000 年、2005 年和 2010 年),通过两种波段组合方式,进行人机交互解译,提取所需要的岸线位置、类型等。统计并分析近 20 年来人类活动对浙江省海岸线长度、变化范围及类型的影响。同时在此基础上,通过建立指标:海岸线曲折度、海岸线人工化指数、海岸线冗亏度、海岸线开发利用方向与主体度、海岸线开发利用强度等,对浙江省海岸线空间格局进行评价。此外,以 1990 年和 2010 年为界,提取 20 年来浙江省围填海空间数据,利用景观指数分析法对浙江省围填海空间格局进行评价。通过建立生产、生活和生态的三维评价指标体系,对浙江省海岸线资源综合适宜性进行评价。

(2)岸线开发对浙江省海岸带景观格局演化的影响:包括景观利用状况和景观格局演变的分析。前者主要对已经分好的景观类型进行分析,包括景观类型的分布状况、景观不同类型转移矩阵、景观类型重心转移情况等。此外,结合浙江省海岸带的具体情况,选择斑块数量、平均斑块面积、斑块密度、边界密度、形态指数、斑块分维数、破碎度指数及分离度指数等七个指标,运用景观指数分析法来研究浙江省海岸带景观格局的变化。

(3)浙江省海岸带景观格局演变驱动力分析:从定性和定量角度对浙江省海岸带景观格局演变的驱动力因素进行分析。其中定性分析,主要以浙江省海岸带四个沿海地级市为分析对象,选取浙江省海岸带的地级市的相关数据指标作为数据来源,从自然、人口、社会经济、城市化以及政策等因素入手,分析引起浙江省海岸带景观类型演变的主要因素;在定量分析中,主要以杭州湾南岸岸段的沿海乡镇为例,选取多元遥感影像以及相关统计数据作为数据源,对 2000—2010 年 10 年来区域的景观格局演变驱动力进行分析研究。从区位驱动因子和社会经济驱动因子两个方面构建景观格局演变的驱动力评价体系,采用 GIS-Logistic 耦合模型,通过提取不同景观类型的相关因变量和自变量,根据回归系数的显著性水平以及 wald 统计量找出对于杭州湾南岸岸段不同景观类型格局演变的驱动机制。

(4)岸线资源开发影响下的浙江省海岸带景观生态风险评价:在景观分类的基础上,通过构建研究区景观生态风险指数,建立景观生态风险评价模型。借助半方差函数以及克里金插值对浙江省海岸带生态风险指数进行空间化分析,得到生态风险图,据此分析浙江省海岸带地区生态风险等级时空分布特征以及 20 年的转移特征。

1.3.3 研究方法

本书采用区域经济学、海洋学、地理学、规划学和管理学等多学科相关理论,结合景观生态学研究方法,对本课题进行全面而系统的研究:

(1)文献研究法:通过大量收集、整理近年来国内外有关海岸带开发利用与保护研究的相关文献,归纳总结海岸带研究的热点及发展趋势,同时归纳我国海岸带开发利用中存在的问题等。

（2）实地调查法：深入浙江沿海进行实地调查研究，并通过走访沿海各地市海洋管理部门、生态保护部门、旅游管理部门等，全面获取浙江海岸带开发的相关数据资料，确保研究数据信息的实时性和有效性。

（3）系统分析法：将区域经济学、地理学、海洋学、管理学等相关学科理论相结合，采用 RS、GIS 等手段，建立科学合理的决策模型，对浙江省海岸带开发的影响与生态评价进行系统分析研究。

（4）实证研究法：选择浙江省海岸带典型区域，进行实证研究，据此对研究成果进行检验并加以修改、补充。

1.3.4 技术路线

本书以 1990 年、1995 年、2000 年、2010 年浙江省 TM 遥感影像（30m 分辨率），浙江省县级、乡镇级行政边界矢量图、浙江省土地利用图等为数据源，首先分别就遥感影像进行目视判读和实地勘探，提取海岸带专题信息，包括海岸线长度、岸滩面积、岸线类型、海岸带景观格局。在此基础上分析浙江省海岸带岸线时空演化特征及景观格局演化过程，最后对海岸带地貌景观生态风险进行评价。具体技术路线图如下（图 1-1）。

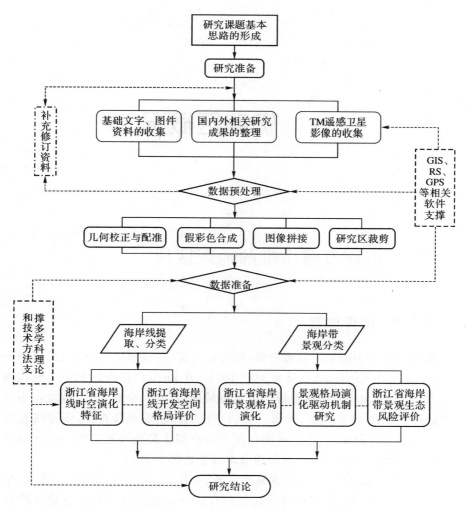

图 1-1 研究技术路线框图

2 研究区概况

2.1 浙江省海岸带的地理区位

2.1.1 地理位置

浙江省位于中国东南沿海中部,长三角南翼,其地理位置介于 $27°12'N$～$31°31'N$ 和 $118°E$～$123°E$。陆域面积 10.18 万 km^2,仅占全国总陆地面积的 1.06%,是全国面积较小的省份。但是海域面积广阔,全省 11 个地级市中有 7 个是沿海城市,包括嘉兴、杭州、绍兴、宁波、台州、温州及舟山,海岸线长达 2253.7km,海岛众多,其中陆域面积在 $500m^2$ 以上的海岛达 3061 个,大陆岸线和海岛岸线长达 6500km,占全国海岸线总长的 20.3%。

本书将以浙江省海岸带作为研究区域,对其 1990—2010 年的 20 年间,岸线类型、围填海情况、景观格局演化进行分析并在此基础上做出生态风险评价。海岸带的范围界定向陆一侧主要以浙江省沿海的乡镇边界为界,向海一侧主要以 1990 年、1995 年、2000 年、2005 年及 2010 年的岸线叠加后最外沿作为其边界。

2.1.2 区位条件

浙江是海洋大省,同时也是一个开放型口岸。由于浙江位于我国东部沿海发达城市的中部地区,且位于长江流域的"T"形结合部,北承长三角以及国际化大都市——上海,南接福建、江西等省的经济区,西连长江内陆流域,东边直面东海,故其优越的区位条件不仅使得区域内外交通便利,成为紧邻国际航运战略通道,同时,对于深化国内外区域合作和交流,实现与发达国家的技术与资源的往来与合作也具有重要的地位和价值。

自 20 世纪 80 年代以来，世界经济增长重心开始转向亚太地区，而东亚经济圈作为亚洲最重要的一个增长极之一，其对亚太地区的经济贡献不言而喻。在东亚地区各国中，日本、韩国虽然资源缺乏，但经济已达到很高水平，由于国内生产成本高昂，已严重影响到了两国产品的国际竞争力，为此，通过产业转移来缓解这一压力已成为不可逆转的趋势。长三角地区由于其独特的地理位置以及强劲的经济支持，已成为外商投资的首选之地。而浙江省位于长三角经济圈南翼，其中，杭州、宁波、嘉兴、湖州、绍兴、舟山和台州作为长三角经济圈的重要组成部分，有力地推动了长三角的经济增长，在这一区域经济中发挥着不可替代的作用。再加上浙江拥有众多的深水港口，这无疑为浙江省吸引国内外投资及和发展成为国际化的港口城市，并借此契机实现浙江省区域产业经济的腾飞提供了不可或缺的条件，使得浙江成了东亚经济发展的纽带。

2.2　浙江省海岸带的自然地理环境特征

2.2.1　地质地貌

浙江省地质构造比较复杂。以绍兴—江山深断裂带为界线，可以分为浙东与浙西两大构造单元。而浙江省海岸带主要位于浙东地区，属于华南地槽褶皱系的一部分，被称为浙东华夏褶皱带（浙江省地名委员会，1985）。

浙江位于中国的第三级阶梯上，地势西南高，东北低，西南山地为主，中部地区多丘陵盆地，而东北部地区以沉积平原为主，平均海拔多在 10m 以下；浙江省地形以丘陵和山地为主，占全省面积的 3/4，而平原和盆地仅占 1/4，素来有"七山一水二分田"之称。山地地形复杂多样，小气候明显，生物资源丰富，为农林牧副渔业的发展提供了有利的条件；此外，浙江省广阔的海域面积、曲折的海岸线以及优良的深水港湾为其发展海水养殖业、渔业以及对外航海运输业等一系列海洋产业提供了得天独厚的条件。

2.2.2　气象气候

浙江省地处中国东南沿海地带，纬度较低，背陆面海，属于亚热带季风气候区。海岸带地区季风气候尤为显著，冬夏季风交替显著；年平均温度适中，四季分明；光照较多，热量资源丰富；降雨充沛，空气湿度较大；且一年四季都有明显的特殊气候现象。

(1)气温与热量　根据浙江气象局多年的观测数据,浙江海岸带地区四季分明,年平均气温在 15～18℃,冬季 1 月为最冷月,月平均气温在 2.5～7.5℃,夏季 7 月为最热月,月平均气温在 26.5～29.5℃。从多年的平均情况来看,全省极端最高气温 33～43℃,极端最低气温-17.4℃。此外,全省日均温在 10℃以上的日数为 230～260d,且在空间分布上呈现出自南向北递减态势。

(2)光照　根据对浙江省相关日照资料计算分析,浙江省各地年总辐射量在 101～114kcal/cm²,年日照时数在 1800—2100h。地区分布来看,浙北多于浙南;而时间分配上则夏季多于冬季,这种光照资源的时空分配,有利于多熟作物的发展。年平均日照百分率在 40%～48%,春季较小,各地在 30%～40%,夏季较大,在 55%～70%。

(3)降水　浙江省东临东海,海岸带地区水汽来源丰富,降水量较多,是全国雨量较多的地区之一。根据多年的水文观测资料,浙江省年平均降水量在 980～2000mm。由于受季风气候的影响,降水量季节分配不均匀,存在两个相对雨季(3～6 月、8 月底至 9 月底)和两个相对干季(7～8 月、10～次年 2 月);此外,浙江省降水量年际变化较大。

(4)湿度与蒸发　浙江位于东南沿海地带,受季风及东海水汽的影响,空气中所含水蒸气较多,相对湿度较大,全年平均在 77%～80%,地区和时间分配上差异不大,属于亚热带湿润区。而浙江的蒸发量较小,年平均在 600～900mm,地区分布北部平原大于南部山地。

(5)气压与风　由于常年受到东亚高低气压活动中心季节变化的控制,浙江省成为全国南北气流交换最频繁的地区之一。一年四季风向变化较大,冬季,全省各地普遍盛行偏北风;春季南北各地风向有明显的不同,北部和沿海地区多东南风,而南部地区多偏北风;夏季由于受到副热带高压控制,全省盛行东南季风;秋季大部分呈现出秋高气爽天气,风速较小。除此以外,由于受地形等因素的影响,浙江地区还盛行海陆风、山谷风等地方性风。

(6)特殊天气气候　由于浙江省处于极地大陆气团与热带海洋气团随季节变化相互交换的强烈地带,各类锋面活动频繁,形成了很多特殊的天气气候现象,其中对生产生活影响最大的有以下几类:冬半年的寒潮、初夏季节的梅雨,7～9 月的台风,全年 7～8 月、9～10 月和 11～12 月的伏旱、秋旱和冬旱,冰雹以及春秋季低温等。

2.2.3　水文

2.2.3.1　陆地水文

浙江省由于地势低平,故江河众多。其中容积在 $100 \times 10^4 \ m^3$ 以上的湖泊就多达 30 余个,如西湖、东钱湖等。此外,浙江省主要河流水系自北向南分别有东西苕溪、钱塘江、曹娥江、甬江、灵江、瓯江、飞云江、鳌江八大河流水系。其中,钱塘江为浙江的第一大河,被誉为浙江人的母亲河。陆域境内河川径流较丰富,含沙量少,多以降水补给为主,多年平均年径流总量为 $914 \times 10^8 \ m^3$,径流模数在 $20 \sim 50 \ dm^3/(s \cdot km^2)$,单位面积产水量较高,年径流系数差别较大,变化范围在 $0.35 \sim 0.75$。

2.2.3.2　海洋水文

浙江沿海的潮汐主要有正规半日潮和不正规半日潮,浅海分潮很小的外海,涨落历时几乎相等,平均值为 6h12.5min。沿海各站平均高潮位在 $2.95 \sim 4.86m$,其中杭州湾北岸最高,而杭州湾南岸最低,而平均低潮位则杭州湾南岸高于北岸。浙江沿海各站多年平均海平面大约为 $2.0 \sim 2.2m$,呈现出南高北低的趋势。

2.2.4　土壤

浙江陆域面积虽然不大,但是成土因素的复杂性,导致成土过程的多样性。浙江省土壤可以分为 6 个土类。分别包括:(1)红壤类,主要分布于省内的低山丘陵地带,是在温热多雨的气候条件下深度风化而形成的;(2)黄壤类,主要分布在较高山地的上部,其母质主要以火成岩和石英砂岩的残积风化物为主;(3)岩成土类,分布比较零散,面积不大;(4)潮土类,主要分布在江河湖海谷地两侧的山前平地以及宽广的平原地区;(5)盐土类,主要分布于东部沿海地带的平原及岛屿海岸带地区,长期受到海潮浸渍及受含盐地下水影响而致;(6)水稻土类,大多分布在河谷平原和水网平原地区。

2.3　浙江省海岸带资源特征

2.3.1　海洋生物资源

浙江省位于中低纬度地带,属于亚热带季风气候区,海域气候和水温非常适合海洋生物的生存。故海洋生物资源种类繁多,数量巨大,盛产多种鱼、虾、贝类产品,以及其他各种海洋资源。无论是生物资源的密度还是生物量均处于全国前列。

据浙江海岸带和海涂资源综合调查显示,浙江省海洋生物共有 2000 余种。在渔业捕捞的主要游泳生物中,最高年产量达万吨以上的种类有 19 种。此外,在浙江海岸带中单生殖周期和短生殖周期的生物种类繁多,如乌贼、海蜇、鲱鱼、虾、蟹等,这些生物具有比较强的繁殖能力,能保证每年的高产高销。加之浙江海域丰富的浮游动植物以及软体动物为经济鱼类提供了丰富的饵料,这一切都为浙江省渔业生产提供了非常有利的条件。同时,由于沿海黑潮流动,北部外侧受黄海冷水团的季节性影响,导致多种鱼、虾、蟹类在浙江海域繁育和洄游,在东部沿海形成了众多优良的渔场,如象山港、大目洋渔场、猫头洋渔场、渔山渔场以及渔外渔场等,尤以舟山渔场最为著名,是中国海产经济鱼类最多的集中产区,被誉为"祖国的鱼仓"。

2.3.2　海岸港口航道资源

浙江受自然地形以及地质构造的影响,海岸线漫长且曲折,港湾、河口、岛屿众多,其中面积比较大的港湾包括杭州湾、象山港、三门湾、浦坝港、隘顽湾、乐清湾、大渔湾、沿浦湾等(叶鸿达,2005)。而在港湾内和岛屿之间,又存在众多的潮汐汊道和通道,所以为浙江沿海形成众多理想港口和航道资源提供了天然的条件。此外,浙江舟山定海岑港、宁波的北仑港以及浙南的大麦屿港,都是优良的深水港口,这些港口地理位置优越,依托的城市经济发达。

2.3.3　海洋油气资源

临近浙江省的东海大陆架盆地和冲绳海槽盆地,新生代沉积厚度大,穹窿构造多,油页岩系发育,具有良好的油气前景,这可谓是大自然对浙江省的特别惠顾。东海陆架盆地面积约 $46 \times 10^4 \text{km}^2$,是我国近海发现的 6 个大型油气盆地中最大的一个,据初步预测,其石油资源储量达 200 多亿吨。宁波东南浙东地区探明了的油气田有 3 处,其中含油气构造 5 处;温州东南丽水坳陷勘探有 2 口井,同样显示出了良好的油气开发前景。

2.3.4 海洋可再生能源

浙江是一个常规能源比较缺乏的省份,陆域缺油少煤的状况,可开发的水能资源又极其少,所以海洋能在浙江能源结构中占据了比较重要的位置。浙江海洋能主要有潮汐能、波浪能和潮流能和风能等,据不完全统计,浙江海洋能资源理论总装机容量达 $3500 \times 10^4 \mathrm{kW}$ 以上,其中潮汐能装机容量约 $2900 \times 10^4 \mathrm{kW}$,波浪能平均功率 $205 \times 10^4 \mathrm{kW}$,具有巨大的开发潜力。近期,浙江在加快风力发电建设的基础上,开展利用风力发电进行海水淡化的综合试验和技术经济论证,一旦突破必将带来巨大的经济效益。

2.3.5 海洋旅游资源

温和湿润的气候条件,形态多样的地面特征,历史悠久的人类活动以及深厚的文化底蕴造就了浙江省奇特的滨海自然景观和优美的海洋人文景观。据浙江省 2003 年旅游资源普查显示,全省 7 个沿海城市的 37 个沿海县(市、区)中共有旅游资源单体 7824 个(许靖,2012),包括丘陵基岩海岸形成的海蚀地貌,如嵊泗列岛、大陈岛、洞头列岛等,通常能见到独特的海蚀崖、海蚀槽、海蚀平台等海蚀石景;可供旅游开发的沙滩资源,如舟山群岛的泗礁、普陀山、朱家尖等;在杭州湾有气势磅礴的钱塘潮。同时在沿海地区形成了杭州—绍兴—宁波—舟山一线的海陆旅游走廊;舟山—台州—温州形成串珠状沿海旅游线等(郑魁浩等,2001)。

2.4 浙江省海岸带发展现状

2.4.1 浙江省海岸带海洋经济现状

近年来,浙江省海洋经济发展势头迅猛,形成了不少颇具规模的传统海洋产业以及新兴海洋产业。从全省的海洋生产总值来看,2012 年达到了 4947.5 亿元,与 2000 年的 399.53 亿元相比,增加了近 4548 亿元。此外,2001 年以来,浙江省海洋产业生产总值(除 2006 年外)和浙江省 GDP 均呈现出逐年增加的趋势,而 2006 年,热带风暴、台风等对浙江省沿海的频繁影响,造成了海洋渔业、交通运输业、滨海旅游业等一系列较大的损失,故产值有所下降。同时,浙江海洋产业生产总值占全省生产总值的比重总体上也呈现出持续、波动增长的态势(图 2-1),表明浙江海洋经济在全省各类经济中的地位越来越显现出其固在的优势。跨入新世纪之后,浙江省海洋产业的三次产业结构有了比较大的变化,2012 年全省海洋第一、二、三产业的结构为 7.5∶44.1∶48.4,与 2000 年的三次产业结构 70∶7∶23 相比,有了很大的变化,第一产业下降了 62.5 个百分点,而第二、第三产业比重分别上升了 37.1 个百分点和 25.4 个百分点。由此可见,浙江海洋三次产业正逐渐由"一、三、二"模式向着"三、二、一"的理想结构模式转化(徐谅慧等,2014)。

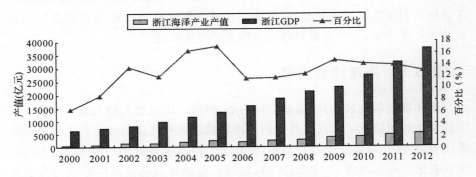

图 2-1　浙江省海洋产值与国民生产总值及比重图(2000—2012 年)

从浙江海洋经济在全国海洋经济中的地位来看,浙江海洋产业产值占全国海洋产业产值的百分比一直在 10% 上下波动,其中仅 2004 年和 2005 年超过了 13%,而 2006 年由于各类自然灾害的影响,百分比仅占 8.73%。经过几年的持续发展,近几年全省海洋产业全国的比重大致保持在 13% 左右,但近三年又有所下滑。此外,将浙江省海洋三次产业结构与全国的沿海省市进行横向对比,2012 年浙江海洋三次产业结构已处于中上游水平,与辽宁省、上海市、福建省、广东省一起进入了海洋产业结构演化的"三、二、一"模式阶段(表 2-1),产业结构不断改善,有效促进了产值的增长。但是,从浙江海洋三次产业结构来看,第三产业虽然比重最大,但和第二产业仅仅相差了 4.3 个百分点,与海洋经济起步较早,发展成熟的辽宁省、上海市、广东省等相比,还存在着较大的差距。为此,在今后的发展过程中,浙江省还需不断调整海洋产业的结构,积极鼓励新兴的、科技含量高的产业的兴起,拓宽海洋产业的产业链,从而带动传统产业的升级和发展。

表 2-1　2012 年浙江省和全国沿海省市海洋三次产业结构比较

产业比例	全国平均	天津	河北	辽宁	上海	江苏	浙江	福建	山东	广东	广西	海南
第一产业	5.3%	0.2%	4.4%	13.2%	0.1%	4.7%	7.5%	9.3%	7.2%	1.7%	18.7%	21.6%
第二产业	46.9%	66.7%	54.0%	39.5%	37.8%	51.6%	44.1%	40.5%	48.6%	48.9%	39.7%	19.2%
第三产业	47.8%	33.1%	41.6%	47.3%	62.1%	43.7%	48.4%	50.2%	44.2%	49.4%	41.6%	59.2%

2.4.2　浙江省海岸带开发现状

浙江省海岸带作为浙江省最重要增长极,对浙江省乃至长三角的经济贡献不言而喻。近年来,随着浙江海洋经济发展示范区规划的正式批复,浙江海岸带的开发利用更是成了发展本省经济的重点。同时,浙江各项海洋产业,如海洋渔业、海洋船舶工业、港口运输业、海洋化工业以及滨海旅游业等发展迅速,且海洋产业产值呈现出连年上升的趋势。

人类活动对于海岸带地区不同资源的开发利用主要包括大河干流建坝蓄水工程建设、围填海工程、滨海旅游、海水养殖、海岸采矿、污染物排放等。然而随着浙江海岸带经济快速发展,海岸带人口压力也逐渐增大,人类向海洋过分地掠夺生物资源和开发利用空间资源的活动也不断加剧,资源短缺、生态环境恶化等矛盾日益突出。主要表现在海岸带水体污染,海洋渔业捕捞过度,滩涂、湿地开垦过度,旅游沙滩侵蚀等方面。

2.5　浙江省海岸带开发利用中存在问题

2.5.1　海岸带水体污染

海岸带地区作为发达的经济腹地,聚集了大量的工农业企业,但是在此过程中,城市基础设施建设未能跟上社会经济发展的水平,导致大量的生态环境问题。局部海域大量陆源工农业废水、城市生活垃圾以及旅游污水的直接或间接无节制排放,引起了海岸带地区环境质量下降,景观破坏、生物多样性锐减,赤潮等现象频发。此外,石油污染和有机污染也是威胁海岸带环境的重要问题,其中,浙江杭州湾地区是全省受此污染最严重的地区之一。这些污染已严重威胁到了海洋渔业的发展,使得养殖水产或天然海域鱼群受到毒害,甚至死亡,生物多样性下降,甚至使得许多河口海湾地区的养殖场荒废。

2.5.2　海洋渔业捕捞过度及沿海养殖污染

人为围垦造成的养殖过度和密度过大,以及人类对海洋鱼类的过度捕捞,都会导致沿海地区海域原有的鱼类资源结构遭到破坏,种群数目及数量减少,原有的生态系统遭到破坏,使其功能发生变化。如 2002 年,东海地区过度捕捞,造成了"四大渔产"中的大黄鱼和曼氏无针乌贼资源严重衰竭(凌建忠,2006),而其他鱼类也同样出现了衰退的迹象。

2.5.3　滩涂、湿地围垦过度

随着海洋产业的迅猛发展,浅海滩涂已经成了海洋开发行业聚集的重要场所,并且随着它的开发利用,也产生了巨大的社会效益。2009 年,浙江省海水可养殖面积为 10.146 万 hm^2,其中滩涂可养殖面积为 $5.739 \times 10^4 hm^2$;海盐产量为 17.05 万 t,均在浅海滩涂晒制。

海岸滩涂开发利用中,最突出的是围海造陆和围海造地,改变了海岸线的自然形态,使得原本曲折多变的海岸线变得平直而单调,人工海岸线的比重不断上升,而自然岸线比重不断下降,导致一些小海湾消失。此外,筑堤围垦也导致自然环境的恶化,如产生港口航道淤积、生态环境破坏、区域盐碱化等问题。

2.5.4　旅游沙滩侵蚀

由于部分单位或个人为了谋取个人之利,私自开发沙滩,大兴土木,挖取砂石,人为地破坏了海滩的景观。此外,旅游高峰期,海滩游客过于密集,大范围、高强度的践踏沙滩,使得沙粒下滑,而波浪又不足以携沙上覆,使沙滩短期内无法恢复到原先的状态。因此,造成海滩变窄,物质粗化。浙江舟山的南沙海滩就面临着夏季人口密度过大,海滩侵蚀过度的问题。

3 数据来源与处理

3.1 数据来源及基本特征分析

3.1.1 数据来源

3.1.1.1 遥感数字影像数据

本书研究共收集了五期遥感影像数据,分别是 1990 年、1995 年、2000 年、2005 年和 2010 年的 TM 遥感影像数据,分辨率为 30m,每年影像共 3 景,轨道号 118-39、118-40 和 118-41。所用到的 Landsat 影像数据均来源于美国地质调查局(USGS)网站(http://glovis.usgs.gov/)。具体卫星遥感数据详见表 3-1。

3.1.1.2 野外实地考察数据

出于研究需要,为了保证采样具有代表性以及考虑到采样空间点的均衡性,主要设置了 3 条野外实地考察路线,包括 34 点。在采样过程中主要采取 GPS 定位方式来确保空间定位的准确性,主要采集数据包括土地利用类型、地貌景观、人类活动特征等。以此一方面来为遥感影像的解译分类做数据参考,另一方面来验证遥感影像解译结果的精度,在此基础上,分析演变特征和趋势。

表 3-1 卫星遥感数据

传感器	景号	成像时间	分辨率	波段	遥感卫星
TM	118-39	1990-6-11 1995-8-21 2000-6-14 2005-11-27 2010-7-20	30m	7 波段	美国 Landsat 5 号卫星
	118-40	1990-6-11 1995-10-31 2000-9-18 2005-11-27 2010-9-22			
	118-41	1990-12-4 1995-10-31 2000-10-2 2005-11-27 2010-9-22			

3.1.1.3 地图及其他相关参考数据

除此以外,包括浙江省行政区划图、浙江省乡镇边界图、浙江省土地利用图、浙江省地形图、浙江省海岸带调查报告、《浙江年鉴》(1991—2011)、《浙江省统计年鉴》(1991—2011)、《中国海洋统计年鉴》(2001—2013)、余姚市统计年鉴(2001、2011)、慈溪市统计年鉴(2001、2011)、镇海区统计年鉴(2001、2011)以及相关统计部门的统计数据和其他社会经济数据等。

而对于岸线资源适宜性综合评价的指标数据除上述基础数据外,主要还包括浙江省 1∶250000 地理背景数据、浙江省 DEM 数据、浙江省环境保护厅提供的《2012 年浙江省环境状况公报》、2007 年浙江海洋功能区划图集及文本,以及浙江省近 10 年的潮汐资料等。

本书的遥感图像处理主要采用 ENVI 4.8、ERDAS IMAGINE 8.5,景观分类主要采用 eCognition Developer 8.7 软件,景观指数计算软件主要采用 Fragstats3.4 软件,地理信息的处理以及专题图的绘制主要采用 ArcGIS10.0。

3.1.2 海岸带遥感影像特征分析

遥感影像是遥感探测目标的信息载体。利用遥感影像,通过适当的解译,便能获得关于地物的几何、物理及时间特征。由于不同的传感器、不同遥感平台所获得的遥感数据具有不同的光谱波段,不同的波段表现出的不同的地物有着明显的差异性。因此,要对影像特征以及地物特征进行充分的分析,选择适合某类地物的波段,才能充分保证所提取的地物的准确性。故需要对浙江省海岸带的遥感影像特征进行分析,在此基础上再进行信息提取。

本篇的研究主要采用的卫星遥感数据是美国 Landsat 的 TM 影像。在光谱分辨率上,TM 影像主要通过 7 个波段来记录遥感器所获取的目标地物信息;在辐射分辨率上,TM 影像采用双向扫描,以 256 级辐射亮度来描述不同类型的地物的光谱特性;在地面分辨率上,TM 影像的瞬时视场为 30m(梅安新等,2001)。

此外,TM 影像的波段宽度设计具有较强的针对性,对植被以及土壤含水量等的监测效果较好,TM 影像有 7 个波段,其中 1~3 波段为可见光,对水体有着较强的穿透力,可以用来探测水深、研究海域情况及提取海岸带,同时,还易于区分人造地物类型;4、5、7 波段为近红外波段和短红外波段,对水体的吸收能力较强,有较清晰的影像,可以实现海陆的分离,有利于提取陆上各类地物;6 波段为远红外波段,主要可以用来实现对岩石的识别或用于地质采矿,表 3-2 列出了 TM 影像的特征和主要应用领域(梅安新等,2001)。

表 3-2 TM 影像的特征及主要应用领域

波段号	波段	波谱特征及主要应用领域
Band 1	蓝色 (0.45~0.52μm)	在水中衰减最小,对水体有较强的穿透力,能够较充分地反映水下深度较深的地物信息;主要用于区分土壤和植被,编制森林类型图以及人造地物类型
Band 2	绿色 (0.52~0.6μm)	位于绿色植物的反射峰附近,对健康茂盛植物反射敏感,可以识别植物类别和评价植物生产力,对水体具有一定的穿透力,可反映水下地形、沙洲、沿岸沙坝等特征
Band 3	绿色 (0.63~0.69μm)	位于叶绿素的主要吸收带,可用于区分植物类型、覆盖度、判断植物生长状况等,此外该波段对裸露地表、植被、岩性、地层、构造、地貌、水文等特征均可提供丰富的植物信息
Band 4	近红外 (0.76~0.90μm)	位于植物的高反射区,反映了大量的植物信息,多用于植物的识别、分类,同时它也位于水体的强吸收区,用于勾绘水体边界,识别与水有关的地质构造、地貌等
Band 5	短红外 (1.55~1.75μm)	该波段位于两个水体吸收带之间,对植物和土壤水分含量敏感,从而提高了区分作物的能力,此外,在该波段上雪比云的反射率低,两者易于区分,TM-5 的信息量大,应用率较高
Band 6	热红外 (10.40~12.50μm)	对地物热量辐射敏感,根据辐射热差异可用于作物与森林区分、水体、岩石等地表特征识别
Band 7	中红外 (2.08~2.35μm)	专为地质调查追加的波段,该波段对岩石、特定矿物反应敏感,用于区分主要岩石类型、岩石水热蚀变,探测与交代岩石有关的黏土矿物等

3.2   遥感数据预处理

遥感系统在获取地表空间地物的过程中,存在着空间、波谱、时间、辐射分辨率以及一些人为因素的干扰和限制,致使得到的遥感影像的对比度、亮度等方面存在着差异,产生误差,从而影响遥感影像的质量进而影响分析精度。而对遥感影像进行预处理能够一定程度上纠正这些差异所造成的误差,提高遥感影像的质量。在此,遥感影像的预处理包括几何纠正与配准、假彩色合成、图像拼接和研究区裁剪等。

3.2.1   几何校正与配准

由于受到传感器、遥感平台以及地物本身等各个因素的影响,遥感在获取地物信息及成像的过程中通常会引起一些几何畸变,这些畸变有的是由系统引起的,有的则是随机引起的。而几何校正主要是为了纠正原始影像成像过程中造成的几何变形与辐射变形,从而最大限度地得到真实的影像。

几何校正一般又可以分为几何粗校正和几何精校正两种。几何粗校正是针对传感器内部的畸变以及运载工具姿态的外部畸变而进行的校正。由于在获取浙江省海岸带遥感影像时均已经完成了图像的几何粗校正,所以本篇的研究中主要对图像做几何精校正。

运用 ERDAS IMAGE 8.5 遥感数字图像处理软件,选取 1:250000 浙江省扫描地形图作为参考图,分别对 1990 年、1995 年、2000 年、2005 年和 2010 年的图像进行几何校正。在此,选取的投影方式为克拉索夫斯基椭球体下的高斯—克吕格投影。采用三次多项式模型,选取容易识别且每年几乎没有变化的地物标志(如桥梁的端点,道路的交叉点、水库及围垦鱼塘的边界点等)作为地面控制点,每景影像的控制点不少于 10 个,并且均匀分布在影像上。重采样方式选择双线性内插,使得校正结果的总均方根误差(RMSE)小于 0.5 个像元。

3.2.2   假彩色合成

由于 TM 影像为多光谱遥感数据,其包含了 7 个波段的信息,而各个波段又具有不同的用途,所以选择最佳波段进行组合将有利于目视解译以及研究地物信息的提取。目前而言,遥感图像的解译在相当程度上仍依赖于目视解译,而相对于灰度图,人眼主要对彩色更为敏感且更容易分辨,为此可以充分利用彩色合成图像进行目标地物的判读与分析。

从美国1972年发射Landsat－1卫星之后,不同学者结合不同的应用领域及目的对基于TM影像的不同地物类型的最佳波段组合方式及信息特征开展了大量的研究(常胜,2010;徐磊等,2011)。基于此,在充分考虑各地物的光谱特征、各波段的主要用途以及OIF指数的前提下,本篇的研究主要选用两种波段组合方式:第一种是5、4、3波段组合,这种组合既包含了较大的信息量,给三个波段分别赋予红、绿、蓝色,其合成的图像近似于人眼看到的自然色,该组合比较适用于植被的分类,且合成的图像层次比较分明,水陆边界比较清晰,色彩反差大,有助于人眼的目视解译;第二种是7、3、1波段组合,图像上的陆地地物明显,有助于人眼的目视解译,也能充分显示不同目标地物的特征及相互之间的差别。

3.2.3 图像拼接

由于所研究的浙江省海岸带区域范围分别位于Landsat三个不同的轨道行列号上,必须通过对同一时相的三景图像的拼接才能得到完整的研究区域遥感图像。在此,选用基于地理坐标参考的遥感影像拼接,在拼接前,分别对每幅影像做好辐射校正以及几何校正,调整图像的色调,使得三景影像的色调基本上一致,然后使用ERDAS 8.5进行图像拼接。

3.2.4 研究区裁剪

参照20世纪80年代全国海岸综合调查的土地利用调查原则,在此将海岸带向陆一侧边界定义为沿海的乡镇边界,向海一侧边界定义为1990年、1995年、2000年、2005年及2010年的岸线叠加后的最外沿大陆海岸线,以此结合向陆、向海边界的区域矢量数据,生成一个完整闭合的多边形区域即为本篇所要研究的海岸带(图3-1)。以这个生成的AOI多边形区域作为掩膜(mask),利用ArcGIS 10.0软件中的Arc Toolbox工具,对1990年、2000年、2010年三年的遥感影像进行掩膜提取,最终得到研究区域。

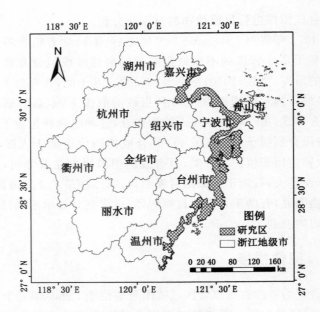

图 3-1　研究区范围

4 浙江省海岸线空间格局演化及资源综合评价

海岸线是海陆之间的交界线,是地球上重要的生态边界线,同时也是海洋经济可持续发展的关键线,更是海洋强国、海洋强省的起始线。海岸带综合管理特别是海岸线的管理在海洋经济发展过程中占据着举足轻重的地位,是海洋经济强国、强省的重要任务。近几十年来,随着我国社会经济的日益飞速发展,人类对海岸带甚至海岸线的开发强度日益增加,成了经济开发的热点和重点区域。海岸带发展给沿海城市和国家带来经济增长的同时,海岸带地区的资源环境也发生了重大的变化,集中表现在人工岸线不断增长,岸线曲折度不断下降并逐渐趋于平直,海岸带地形地貌等自然地理要素发生重大的变化,生态环境保护空间及未来可持续发展空间严重不足等,这一切都严重阻碍了国家或沿海地区海岸带的可持续发展。因此,研究近几十年来浙江省海岸线的时空变化特征,并在此基础上对海岸线的空间格局做出科学的评价,对于预测未来海岸线利用趋势,加强浙江省海岸线的资源管理建设,保护海岸带地区生态系统的稳定性,推动浙江海洋经济强省建设具有重要的作用和意义。

4.1 浙江省海岸线分类系统及岸滩分区

4.1.1 海岸线界定标准

通过 TM 遥感影像来检测海岸线的变化需要确定海岸线的确切位置。但是,在实际遥感成像过程中,由于潮汐、周边地形、人为构筑物等的影响,呈现在遥感图像上的水边线往往不能很好地反映海岸线的状况,所以,不能简单地将其作为海岸线的确定依据。因此,在确定不同时期浙江省海岸线的过程当中,需要对此进行统一的标准界定。根据本篇的研究需要,主要在目前国际上运用最多的多年平均大潮高潮线法(樊建勇,2005)的基础上,个别岸线做相应的修改,以此来确定基岩岸线、砂(砾)质岸线、淤泥质岸线,同时结合本研究区的情况,增加河口岸线以及人工岸线的确定方法。

(1)基岩岸线

基岩海岸主要由岩石构成,由于存在突出的海岬和深入内陆的海湾,故基岩海岸的岸线比较曲折,海蚀崖较明显(谢秀琴,2012)。基岩海岸地区一般坡度较大,高低潮对岸线的确定影响较小,因此,其岸线位置较为明显且清晰,基本可以确定为海蚀崖与海水的交界处(图4-1)。

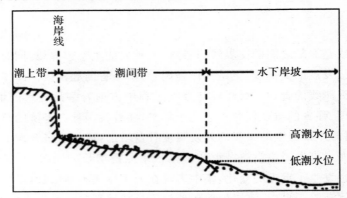

图 4-1　基岩海岸岸线位置图

(2)砂(砾)质岸线

砂(砾)质海岸是砂砾等在海浪作用下堆积而成的,坡度一般较小,一般会在沙滩上堆积形成一条平行于海岸线的砂(砾)带,称为滩肩,而岸线位置确定在滩肩高起部位(图4-2)。

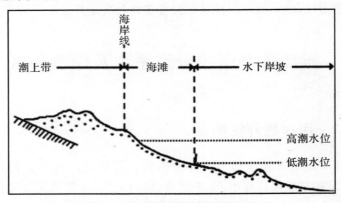

图 4-2　砂(砾)质海岸岸线位置图

(3)淤泥质岸线

本篇对淤泥质岸线的定义分为两类:一类指保持自然状态的未开发的淤泥质海岸。这类海岸一般坡度较小,直接将水边线作为海岸线会导致较大的误差,影响精度,因而不能直接将水边线作为该类海岸的岸线。但由于该类淤泥质海岸的海陆交界处(潮间带)通常有耐盐碱植物生长,所以,在本篇的研究中,将海陆间植物生长状况明显变化的分界线作为这一类淤泥质海岸的岸线(图 4-3)。

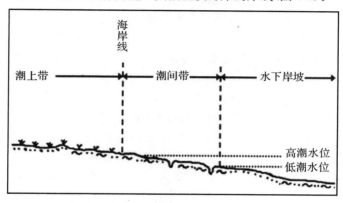

图 4-3   自然淤泥质海岸岸线位置图

另一类淤泥质岸线是指人类的围垦活动导致大量的淤泥质岸滩被开发利用出来,形成了农田或养殖池等,其周围已筑起了人工围垦的堤坝,但是由于水沙动力作用,随着时间的推移,人工围垦的堤坝外围又形成了新的淤泥质海岸,且生态功能与自然淤泥质海岸相差无几。因此,对于这类人工围垦堤坝外围已有成熟淤泥质岸滩发育的海岸,本篇同样将其定义为淤泥质岸线,且岸线确定为人工围垦堤坝外侧植被有明显变化的界线(图 4-4)。

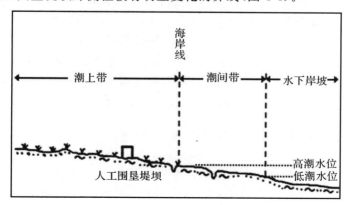

图 4-4   人工围垦区淤泥质海岸岸线位置示意图

（4）河口海岸

浙江省江河众多，河口处受到河流径流和海潮的双重影响，加上人类活动的日益频繁，导致河口海岸线处于不断的发展变化过程中，因此从遥感图像上难以准确确定其岸线的位置。

为了充分体现各个河口的变化信息，本篇将河口岸线的位置适当向河流上部延伸，将其定义为河口防潮闸等人工地物处；对于没有明显人工地物的河流，将岸线位置定为河口向内口径明显变窄处。

（5）人工岸线

人工岸线指的是人类的围填海等活动在海岸上建造起来的建筑物或构筑物构成的岸线，本篇中涉及的人工岸线主要包括养殖岸线、港口码头岸线、城镇与工业岸线以及防护岸线（防潮堤、防波堤等）。由于大多的人工岸线都由混凝土或水泥碎石浇筑而成，有着较强的光谱反射率，所以，在遥感影像上较好分辨。同时，由于人工海堤等的建造可很好地防止海潮侵入海堤陆侧，故高低潮都不能越过海堤，可以将这些人工堤坝确定为海岸线。

对于研究区域内部分正在施工，而遥感影像成像的当时还未完工的人工岸线，根据完工的情况来具体分析：对于刚开始施工，围垦区还有较大开口的岸线以原来旧岸线类型处理；对于施工已过半或快完成的，且围垦区域内已有相关人类改造迹象的围垦区以新的人工岸线处理。

4.1.2　海岸线提取方法

由于受到自然环境（海浪侵蚀、泥沙堆积等）和人类活动的双重作用，海岸线始终处于动态变化的过程中，且在现实中，并不存在一条固定的海岸"线"，而研究过程中通常运用岸线指标或代理岸线来代表真实岸线的位置（Boak 和 Turner，2005）。在海岸线提取过程中，主要利用 RS 和 GIS 相结合的方式来检测浙江省海岸线的时空变化，在分析海岸线附近地物不同的反射波谱特征的基础上，对已经经过处理的各个不同时期的遥感图像先通过单波段（第 5 波段）的边缘检测，使水陆有更明显的界线，在此基础上，进行人机交互解译，提取所需要的岸线相关信息，包括海岸线位置、类型等。

4.1.3　海岸线分类系统及解译标志

由于不同的海岸类型有着不同的解译标志，而解译标志确定的正确与否将直接影响到岸线提取的精度，所以，建立正确的解译标志是开展后续分析评价工作的重要基础。

基于此，本篇根据浙江省海岸地貌特征、形成原因及发展阶段等特征，同时辅以 Google Earth 数据、1∶250000 浙江省地形图、沿海县市土地利用图，在实地考察的基础上，将浙江省海岸线细分为自然海岸［包括基岩岸线、砂（砾）质岸线、淤泥质岸线及河口岸线］，以及人工海岸（包括养殖岸线、港口码头岸线、城镇与工业岸线以及防护岸线），并确定每种海岸类型的解译标志（孙伟富等，2011），具体如表 4-1 所示。

表 4-1 浙江省岸线分类及解译标志

岸线类型	亚类	解译标志	示例
自然岸线	基岩海岸	该类岸线绿化程度较高的山体光谱反射率较低，在遥感影像 5、4、3 波段上表现为绿色，纹理较为粗糙；而对于覆被较少的岩石山体，在遥感图像上表现为明显凹凸感，有比较明显的山脉纹理，表现为浅褐色	
	砂（砾）质岸线	该类海岸呈现出条带状，光谱反射率较高，在 5、4、3 波段组合上呈现浅褐色或黄褐色，纹理较均匀清晰	
	淤泥质岸线	该类海岸形状较不规则，主要沿岸滩分布，岸线内侧的耐盐碱植物在 5、4、3 波段组合下常呈现出鲜绿色或墨绿色，一类为自然状态下的淤泥质海岸，另一类为在内部人工围垦后新发育完成的淤泥质海岸，其纹理较为均匀	
	河口岸线	该类岸线为内陆径流入海口处，颜色在 5、4、3 波段组合下表现为深蓝色，一类岸线确定在河口防潮闸等人工地物处，另一类河口向内口径明显变窄处，在遥感影像上较好分辨	

续表

岸线类型	亚类	解译标志	示例
人工岸线	养殖岸线	该类岸线其大部分由混凝土修筑而成,故表现在遥感影像上为带状高亮度呈现出白色的地物,其内部为形状规则的网状养殖池或耕种用地等,颜色表现为深蓝色或绿色,纹理较为粗糙。由于潮水的高潮位不能越过养殖区外边缘混凝土带,故将海岸线的位置确定在围垦区域的外边界上	
	港口码头岸线	码头和港口地附近多为居民区、工厂、仓库等建筑物,且一般分布有一定规模,在遥感影像上亮度较高,码头的凸堤在影像中多呈现白色,呈现出明显的突出条状,由于受到 TM 影像分辨率的限制,在此处的海岸线定义为其与陆域连接的根部连线	
	城镇与工业岸线	该类岸线的外围也常有混凝土堤坝包围,但内部为工业建筑区或城镇住宅用地,在 5、4、3 波段组合下呈现紫红色或淡粉色,形状较不规则,且与海水边缘的界线较为明显,容易辨别,其岸线位置也可确定为堤坝的外缘	
	防护岸线	该类岸线海堤海堤大部分由混凝土修筑而成,故表现在遥感影像上为带状高亮度呈现出白色的地物;海堤外部大多为淤泥质滩涂,颜色较为灰暗。海堤的建造目的是阻挡海水,故对于海堤类型海岸的海岸线位置可确定为堤坝的外缘	

4.1.4 研究区岸滩分区

由于所研究的区域比较狭长,整体分析无法深入细致,故在岸线解译、提取之前,对整个浙江省的岸滩进行分区,根据研究内容的需要,本篇将研究区岸滩分为两类。一类是根据浙江省岸滩所在的行政区划的不同,将所研究的岸滩区域分为以下几个研究单元,具体如下[图 4-5(a)]:

(1)嘉兴:平湖市、海盐县、海宁市

(2)杭州:杭州市区

(3)绍兴:上虞市

(4)宁波:余姚市、慈溪市、宁波市区、奉化市、象山县、宁海县

(5)台州:三门县、临海市、台州市区、温岭市、玉环县

(6)温州:乐清市、温州市区、瑞安市、平阳县、苍南县

由于考虑到个别行政区县级市沿海岸线过短,会给部分研究分析带来影响,所以,本文还根据自然地貌的差异,将研究单元划分为:杭州湾北岸区、杭州湾南岸区、象山港岸区、三门湾岸区、椒江口岸区、乐清湾岸区以及瓯江口—沙埕港岸区[图 4-5(b)]。

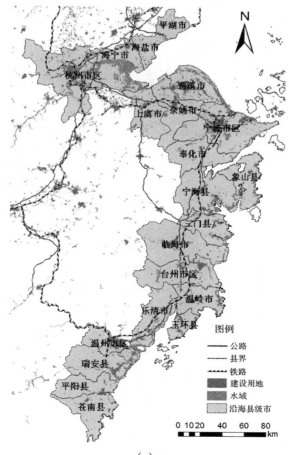

(a)

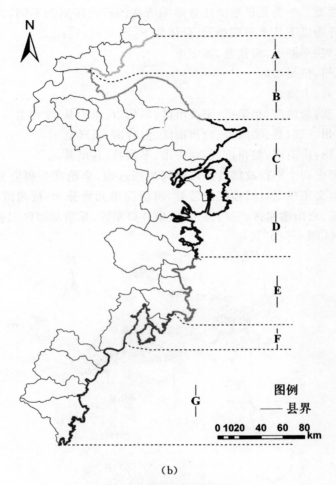

(b)

图 4-5　岸滩研究分区

注图(b)中：A—杭州湾北岸区；B—杭州湾南岸区；C—象山港岸区；D—三门湾岸区；
E—椒江口岸区；F—乐清湾岸区；G—瓯江口—沙埕港岸区

4.2　岸线开发活动影响下的浙江省海岸线时空演化分析

　　近20年来,在人类活动不断的干涉下,浙江省的海岸线总体呈现出由自然弯曲向平直转变,长度先增后减,自然岸线不断萎缩,人工岸线不断增加的趋势,同时,围填海面积也在逐渐扩大,但是不同区域不同类型的岸线却呈现出有差异的变化特点。

　　基于1990年、1995年、2000年、2005年和2010年的5期浙江省海岸线遥感提取结果,统计并分析近20年来人类活动对浙江省海岸线长度、曲折度、岸线范围及类型的影响。

4.2.1　岸线长度演化分析

　　根据遥感监测及矢量化结果可知,自1990年至2010年,浙江省大陆岸线有了较大的变化,并且不断向海推进(图4-6),近几年变化速度越来越快。同时,20年间,不同地级市所属海岸线的长度及其变化也有着较大的差别,详细数据见表4-2。

表 4-2　1990—2010年浙江省各地级市海岸线长度统计　（单位：km）

地级市	1990 年	1995 年	2000 年	2005 年	2010 年
嘉兴	102.19	101.13	103.03	109.67	97.79
杭州	29.72	28.76	26.61	26.40	24.62
绍兴	25.84	26.93	22.77	24.75	25.45
宁波	775.50	786.73	753.47	755.23	741.54
台州	632.60	617.30	637.60	582.15	542.35
温州	338.59	352.61	331.75	327.69	356.00
总长	1904.45	1913.45	1875.24	1825.89	1787.74

　　由表4-2可见,从时间上来看,2010年,浙江省海岸线总长为1787.74km,1990—2010年间,海岸线长度在前五年略有增长,此后呈现出逐年缩短的态势,20年间共缩短了116.71km,年均减少5.84km。具体来看,1995年较1990年增加了9.01km,年均增加1.8km;2000年较1995年减少38.22km,年均减少7.64km;2005年较2000年减少49.34km,年均减少9.87km,此阶段

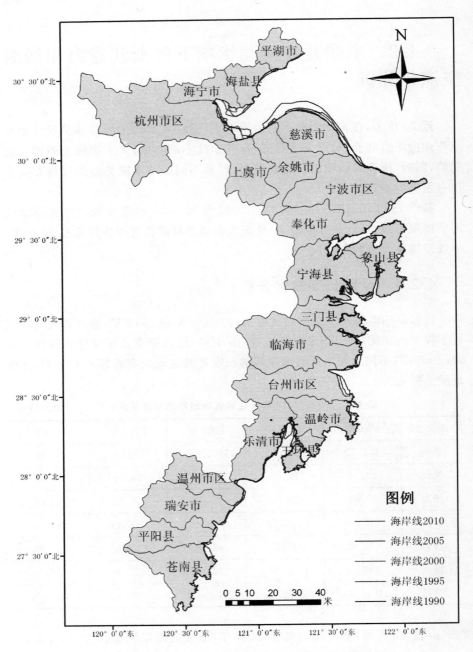

图 4-6　1990—2010 年浙江省海岸线变化图

是人类岸线开发最活跃的时期,年均岸线变化最大;2010 年较 2000 年减少
38.15km,平均速度 7.63km/a,此阶段减少速度有所放缓。

　　而从空间上来看,1990—2010年浙江省各地级市海岸线长度基本保持宁波＞台州＞温州＞嘉兴＞杭州＞绍兴(其中2010年绍兴＞杭州)的分布格局。近20年间,台州海岸线长度变化最大,共减少了90.23km,年均减少4.51km;宁波海岸线呈现出逐年波动的态势,其中2005—2010五年间,减少最多,为33.96km,1995—2000年减少33.26km,其余年份岸线呈现出增加的趋势,20年间总减少量为1.7km。杭州和嘉兴,年均减少分别为0.26km、0.22km;绍兴岸线变化最小,减少了0.39km,年均减少0.02km;而温州海岸线总体呈现出增长趋势,20年间共增长17.41km,其中2005—2010年间,增长最为显著,为28.31km。

　　考虑到浙江省各个地级市地理位置存在差异,导致各市所辖的海岸线长度有差异,同时,考虑到不同影像的监测时期间隔也不同,因此,为了更为客观地对比各地级市不同时段海岸线长度变化的时空差异,在此采用某一时段内某一地级市海岸线长度的年均变化百分比来表示其海岸线的变化强度(徐进勇等,2013)。具体计算公式如下:

$$LCI_{ij} = \frac{L_j - L_i}{L_i(j-i)}$$
（式4-1）

式中,LCI_{ij}表示某一地级市第i年至第j年过程中海岸线的变化强度,L_i、L_j分别表示第i年和第j年各年的海岸线长度。由此制得图4-7。

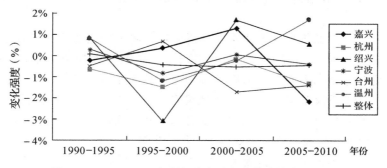

图4-7　1990—2010年浙江省各地级市海岸线变化强度

　　由图4-7可得,1990—2010年,浙江省整体海岸线变化强度为−0.31％,岸线变化强度不大。从时间上来看,1990—1995的岸线变化强度为0.09％,为相对变化较轻时期。而自1995年之后,岸线变化强度呈现出加快趋势,1995—2000年、2000—2005年及2005—2010年分别达到了−0.4％、−0.53％和−0.42％。而从区域上看,1990—2010年,杭州的海岸线长度变化最为剧烈,海岸线变化强度为−0.86％,其次是台州,为−0.71％,而绍兴海岸线变化强度最小,为−0.08％。

　　综上,总体而言,浙江省海岸线长度在近20年间是缩减的,且缩减速度呈先加剧后略微减缓趋势。这主要是由于人类活动越来越频繁,不断对自然岸线进行截弯取直(匡围)和人工修建建筑物、构筑物等,导致岸线曲折度不断下降,岸线长度不断缩短;人类对岸线资源的开发虽然使得海岸线趋于平直,但是,随着人类活动再次叠加影响,此后,便会不断地产生新的人工岸线,如滩涂围垦、围海造陆造田等,会使得海岸线不断向着海洋推进,进而岸线又会不断增长。

4.2.2　岸线曲折度变化分析

岸线曲折度是指一定区域内的岸线在特定的空间走向上的弯曲程度,岸线的曲折程度是孕育海岸生态系统多样性的一个基础条件,其与空间尺度关系密切,确定岸线的曲折度必须在一定空间尺度内进行。岸线曲折度可以用岸线实际走向的程度与岸线起点至终点直线距离的比值来表示(无量纲量),其计算公式如下:

$$K = \frac{L}{L'} \qquad\qquad (式\ 4\text{-}2)$$

式中,K 为岸线曲折度,L 为在特定的空间尺度下,海岸线自起点至终点实际岸线走向的测量长度,L' 为在该空间尺度下,岸线从起点至终点间直线距离的长度。K 越大,代表海岸线越曲折,相应区域的海岸生态系统多样性越好,反之亦然。

利用海岸线曲折度计算公式来分析浙江省各地级市海岸线的曲折特征,得到数据如表 4-3。由表 4-3 可以看出,自 1990 年至 2010 年,浙江省海岸线曲折度总体呈现出不断下降趋势(其中 1995 年相对 1990 年上升)。其中台州海岸线曲折度下降最多,为 1.01,由此可看出台州对海岸线的利用更为频繁,大面积的截弯取直导致海岸线曲折度迅速下降。而从全省范围来看,1990—2005 年,台州的岸线曲折度最大,2000 年达到最大值为 7.09。同时,全省内,仅有宁波和台州的岸线曲折度大于全省平均海岸线曲折度,其余都小于全省平均值。

表 4-3　1990—2010 年浙江省各地级市海岸线曲折度统计

各地级市	1990 年	1995 年	2000 年	2005 年	2010 年
嘉兴	1.46	1.45	1.47	1.57	1.40
杭州	1.50	1.45	1.34	1.33	1.24
绍兴	1.44	1.50	1.27	1.38	1.41
宁波	6.30	6.39	6.12	6.14	6.02

各地级市	1990 年	1995 年	2000 年	2005 年	2010 年
台州	7.09	6.91	7.14	6.52	6.08
温州	2.19	2.28	2.14	2.12	2.30
总体	4.01	4.03	3.95	3.84	3.76

由此可见,人类活动对于岸线的开发,使得岸线不断趋于平直,海岸的生态系统多样性也随之减弱。

4.2.3 岸线范围变化分析

海岸线的变化不仅仅体现在岸线长短的变化上,更体现在岸线范围(即岸线所包含区域)的变化。岸线在空间位置上的变化必然会导致海岸线范围发生相应的变化,从小区域来看,人类活动对岸线资源的开发利用,导致浙江省各个县市区岸线所包含的区域面积的增减不尽相同(表4-4)。

表 4-4　1990—2010 年浙江省各县市区岸滩面积变化统计　（单位:km²)

各县市区	1990—1995 年	1995—2000 年	2000—2005 年	2005—2010 年	总计
平湖市	0.68	0.38	8.53	3.94	13.53
海盐县	−1.40	2.02	14.90	18.93	34.45
海宁市	0.56	11.24	42.01	1.68	55.48
杭州市区	23.79	39.20	−4.85	30.37	88.51
上虞市	2.95	8.16	5.78	13.02	29.91
余姚市	6.71	−4.23	6.05	18.51	27.04
慈溪市	25.08	69.02	44.33	224.90	363.33
宁波市区	10.95	28.57	7.08	22.40	69.00
奉化市	−0.30	12.69	−0.08	4.95	17.26
象山县	5.97	8.76	8.86	12.87	36.46
宁海县	−11.75	61.86	−7.88	8.41	50.64
三门县	3.00	28.11	4.44	2.23	37.78
临海市	3.94	11.54	1.77	27.11	44.36
台州市区	3.04	2.20	28.54	31.27	65.05
温岭市	2.03	33.68	11.28	20.17	67.16

续表

各县市区	1990—1995 年	1995—2000 年	2000—2005 年	2005—2010 年	总计
玉环县	1.93	27.28	6.46	55.01	90.68
乐清市	−13.02	28.67	−2.96	53.89	66.58
温州市区	0.64	6.78	2.27	5.17	14.86
瑞安县	0.22	3.90	4.08	8.74	16.94
平阳县	0.25	0.15	0.02	7.50	7.92
苍南县	3.70	3.35	2.43	28.56	38.04
总计	68.95	383.32	183.07	599.64	1234.98

整体而言,自 1990—2010 年,浙江省岸线范围不断扩大,海岸线不断向海推进,且扩大速度总体呈现出波动上升的趋势。20 年间,浙江省岸线范围共扩大 1234.98km²,年均增长 61.75km²。其中 1990—1995 年阶段,增长最慢,为 13.79km²/a,而 2005—2010 年阶段,增长速度最快,达到了 119.93km²/a,是 1990—1995 年的近 8.7 倍。由此可见,人类活动对海岸的开发越来越强烈。

此外,不同时期不同的县市区岸线变化范围也不尽相同。从区域上来看,自 1990—2010 年,浙江省岸滩范围增加最多的为慈溪市,即杭州湾南岸,且面积增加幅度总体向南递减的趋势,如图 4-8 所示;而杭州湾北岸由于处于钱塘江河流的侵蚀区,在 2000 年之前,面积增加较缓,而进入 21 世纪之后,由于围海造陆技术的不断提升,围海造陆活动也愈演愈烈。

(1)杭州湾北岸—平湖市—海盐县—海宁市岸段:该岸段位于钱塘江的侵蚀岸段,21 世纪之前,其面积增加速度较慢,甚至在 1990—1995 阶段,海盐县由于岸线的侵蚀,出现了岸线退后的现象。而随着 1997 年海宁市尖山治山围垦工程的启动,2000—2005 年期间,海宁市岸滩面积增加了 42.01km²,达到了 8.4km²/a,是前 10 年的近 8 倍。而在 2000—2010 的 10 年间,平湖市和海盐县的面积增加也分别达到了 1.25km²/a 和 3.38km²/a,相比前 10 年的 0.11km²/a 和 0.06km²/a,分别增加了 1.14km²/a 和 3.32km²/a。

(2)杭州市区—上虞市余姚市岸段:杭州市区仅萧山区靠海,1990—1995年,由于钱塘江的不断淤积,其岸滩面积变化速度为 4.76km²/a,1995—2000年,萧山岸段继续往杭州湾推进,速度达到了 7.84km²/a,此后 10 年,速度有所减缓,为 5.1km²/a。

上虞市位于钱塘江和曹娥江两江的入海口附近,由于位于两江的淤积岸段,故形成了良好的滩涂,非常适合围垦,成了农田和水产养殖基地的首选之

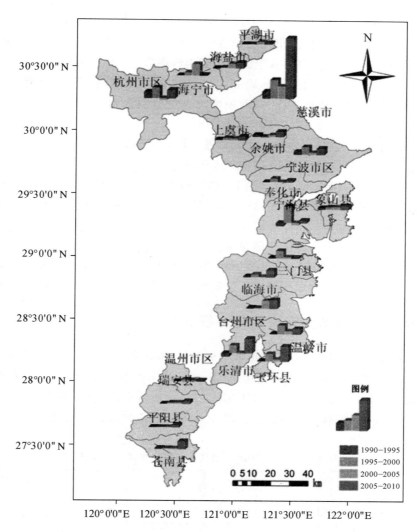

图 4-8　1990—2010 年浙江省各县市区岸滩面积变化

处。上虞市在 1990—1995 年期间,岸滩面积增加速度为 0.59km²/a,此后,由于曹娥江入海口不断向北延伸,与萧山区的围垦共同作用将曹娥江束窄,故围垦速度不断加快,在 2000—2005 年阶段,已达 2.6km²/a。而余姚市的填海造陆与上虞市相似,在近 20 年间的平均速度为 1.35km²/a。

(3)杭州湾南岸—慈溪市岸段:位于余姚市东面的慈溪地处杭州湾南岸,是近 20 年来围垦最为剧烈,面积增加最多的县级市。其面积变化的主要形式比较单一,岸线主要是在原来淤积的弧形岸滩上不断平行地向海推进,速度呈现出波动上升的趋势,前 10 年为 9.41km²/a,而后 10 年达到了 26.93km²/a,为前

10 年的 2.9 倍。

（4）宁波市区—奉化市—象山县—宁海县—三门县—临海市—台州市区—温岭市—玉环县岸段：从宁波市区到温岭岸段，在 2005 年之前，由于围垦规模较小，所以面积变化不大，而 2005—2010 的 5 年期间，宁波、台州等地兴起了大规模的围海造地工程，其面积增加速度分别达到了 4.48,0.99,2.57,1.68,0.45,5.42,6.25,4.03km²/a。

玉环县原一个是个地少、人多、缺水、缺电的资源贫乏小县。故玉环人民从未停止对玉环的围垦事业。自 1977 年漩门一期工程的正式完工，将玉环岛同大陆连在了一起。2001 年，漩门二期工程将玉环岛和楚门岛用 7.84km 的大坝连接起来，玉环县增加了 37.3km² 的岸滩面积，玉环岛变成了与大陆直接相连的半岛。

（5）乐清市—温州市区—瑞安市—平阳县—苍南县岸段：乐清市至苍南县岸段在近 20 年间变化不大，仅 2005—2010 年间，乐清市的北部和苍南县的北部淤积面积有所增大，面积增加速度分别为 10.78km²/a 和 5.71km²/a。

4.2.4　各类型岸线变化特征分析

根据遥感影像特点，将 1990 年、1995 年、2000 年、2005 年、2010 年各时期的海岸线分为自然岸线和人工岸线，其中自然岸线包括基岩岸线、砂砾质岸线、淤泥质岸线、河口岸线，而人工岸线包括城镇与工业岸线、防护堤坝岸线、港口码头岸线、养殖区岸线，据此，解译不同时期各类型岸线长度及所占百分比如表 4-5 所示。

表 4-5　1990—2010 年浙江省各类型岸线长度统计

	岸线类型	1990 年		1995 年		2000 年		2005 年		2010 年	
		长度/km	百分比/%	长度/km	百分比/%	长度/km	百分比/%	长度/km	百分比/%	长度/km	百分比/%
自然海岸	基岩岸线	702.74	36.9	629.79	32.9	547.70	29.2	552.22	30.2	493.78	27.6
	砂(砾)质岸线	11.32	0.6	15.94	0.8	19.62	1.0	21.21	1.2	23.56	1.3
	淤泥质岸线	652.31	34.3	727.04	38.0	758.01	40.4	634.83	34.8	596.66	33.4
	河口岸线	13.17	0.7	11.69	0.6	11.73	0.7	9.86	0.5	10.17	0.6
	小计	1379.54	72.4	1384.46	72.4	1337.06	71.3	1218.11	66.7	1124.17	62.9

续表

岸线类型		1990 年		1995 年		2000 年		2005 年		2010 年	
		长度/km	百分比/%	长度/km	百分比/%	长度/km	百分比/%	长度/km	百分比/%	长度/km	百分比/%
人工海岸	城镇与工业岸线	50.96	2.7	70.65	3.7	76.09	4.1	129.37	7.1	129.46	7.2
	防护岸线	17.90	0.9	31.14	1.6	46.93	2.5	43.15	2.4	27.96	1.6
	港口码头岸线	23.00	1.2	57.34	3.0	95.87	5.1	97.97	5.4	127.72	7.1
	养殖岸线	433.05	22.7	369.87	19.3	319.30	17.0	337.29	18.5	378.43	21.2
	小计	524.90	27.6	529.00	27.6	538.18	28.7	607.78	33.3	663.57	37.1
总计		1904.45	100.0	1913.45	100.0	1875.24	100.0	1825.89	100.0	1787.74	100.0

从表 4-5 可知,由于人类对岸线的围垦开发,近 20 年来浙江省海岸带的自然岸线呈现出不断缩短的趋势,而人工岸线不断增加(见图 4-9)。1990 年,浙江省人工岸线长度为 524.9km,占总岸线长度的 27.6%,经过近 20 年的开发,截至 2010 年,人工岸线长度已达 663.57km,比例上升为 37.1%,增长速度达 6.93km/a,且速度不断加快,1990—1995 年阶段速度仅为 0.82km/a,而到 2000—2005 年阶段,速度已达 13.92km/a,为 20 年中增长最快的阶段,此后速度又有所放缓,2005—2010 年阶段为 11.16km/a,但是相比前 10 年,翻了 10 多倍。而与之相反的,浙江省自然岸线在一定程度上有所减少,四个阶段的变化速度分别为 4.91km/5a、－47.4km/5a、－118.95km/5a、－93.94km/5a,20 年间的平均减少速度为 12.77km/a,减少速度亦呈现出先变快后减缓的趋势。由此可见,近 10 年来,浙江省海岸带开发速度在加快,而近几年又有所放缓,岸线类型的变化也呈现出相应的特点,人类活动对岸线类型变化的影响较大。

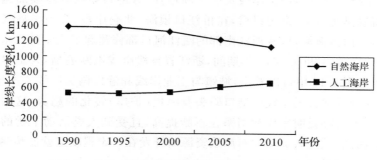

图 4-9　1990—2010 年浙江省自然、人工岸线长度变化

具体各类型岸线的变化情况见图 4-10 和图 4-11。从图 4-10 可以看出,

自然岸线中,基岩海岸线呈现出逐年下降的趋势,更多的基岩海岸被开发出来兴建城市住宅用地、城市工业用地等,20年间,基岩海岸共减少了208.96km,减少速度达到了10.45km/a。砂(砾)质海岸线长度在基本保持不变的情况下有所增长,这是由于随着旅游业的不断发展,更多的海滩被开发出来,同时受到了更好的保护,减少了沙粒被海浪冲蚀的现象。河口岸线在长度基本保持不变的情况下,由于人类活动的不断影响,同时由于河道的不断淤积,河口岸线总体而言有变窄的趋势,这在钱塘江、曹娥江以及瓯江河口表现最为明显。而淤泥质海岸呈现出先增长后缩短的趋势,1990—2000年的10年间,淤泥质海岸不断增长,速度为10.6km/a,而此后,由于淤泥的不断增厚,更多的淤泥质海岸被人为围垦开发,作为养殖基地或农田,转变为了人工岸线,故在2000—2010年阶段,淤泥质岸线不断缩减,且缩减速度达到了16.14km/a,这在杭州湾南岸的慈溪岸段以及象山港、三门湾区域表现更为显著。

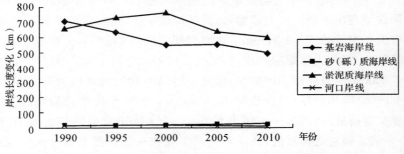

图 4-10   1990—2010 年浙江省各类自然岸线长度变化

从图4-11可以看出,人工岸线中,围垦区堤坝岸线有相对缩减的趋势,说明随着工业、旅游业以及海上商贸的发展,人类对土地的需求量不断增加,越来越多的农田及养殖围垦区被用来发展工业、兴建码头等;而相对应的,城镇与工业岸线以及港口码头岸线长度不断增加,且港口岸线有持续加速增长的趋势,特别是进入21世纪以后,在甬江口镇海、北仑岸段,穿山半岛区及象山港岸段,三门湾海域,以及浙江南部的瓯江河口都修建起了大量的深水良港。

总体而言,1990—2010年期间,浙江省自然岸线不断萎缩,人工岸线不断增长,且从图4-12中可以看出,城镇与工业岸线和港口码头岸线不断增多,并且还存在着其他各类岸线向港口码头及海堤(护岸)转化的趋势,这种趋势在一定程度上能够说明岸线利用率在不断提高,且受到人类活动干扰的程度越来越大,因此,关注人类活动对岸线资源的开发在一定程度上就能预测未来海岸线的变化趋势。

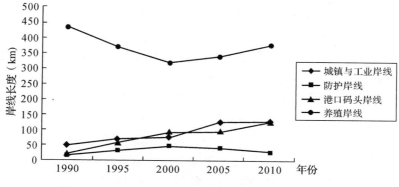

图 4-11 1990—2010 年浙江省各类人工岸线长度变化

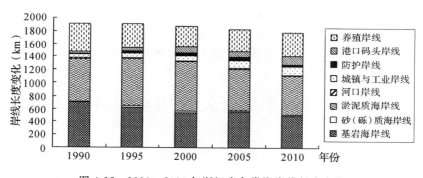

图 4-12 1990—2010 年浙江省各类海岸线长度变化

4.2.5 小结

以上分析表明,自 1990 年以来,浙江省海岸线时空演化特征明显,总体长度先增后减,岸线向着平直演化,自然岸线不断缩减,人工岸线不断增加,同时,围填海面积也有逐渐扩大的趋势,但是不同区域不同岸线却呈现出有差异的变化特点。

(1)20 年来,浙江省大陆岸线长度有了较大的变化,不断向海推进,并且近几年变化速度越来越快。时间上,岸线整体呈现出不断缩短的趋势,20 年间共缩短了 116.71km,年均减少 5.84km;空间上,1990—2010 年浙江省各地级市海岸线长度基本保持宁波>台州>温州>嘉兴>杭州>绍兴(其中 2010年绍兴>杭州)的分布格局。此外,1990—2010 年,浙江省整体海岸线变化强度为−0.31%,岸线整体变化强度不大。

(2)自 1990—2010 年,浙江省海岸线曲折度总体呈现出不断下降趋势(其中 1995 年相对 1990 年上升)。全省范围内,仅有宁波和台州的岸线曲折度大于全省平均海岸线曲折度,其余都小于全省平均值。人类活动对于岸线的开发,使得岸线不断趋于平直,海岸的生态系统多样性也随之减弱。

(3)自1990—2010年,浙江省岸线范围不断扩大,海岸线不断向海推进,岸线范围共扩大1234.98km²,年均增长61.75km²,且扩大速度总体呈现出波动上升的趋势。不同区域上,浙江省岸滩范围增加幅度最大的为慈溪市(杭州湾南岸),且面积增加幅度总体呈现出向南递减的趋势,而杭州湾北岸由于处于钱塘江河流的侵蚀区,在2000年之前,面积增加较缓,而进入21世纪之后,由于围海造陆技术的不断提升,围海造陆活动也愈演愈烈。

(4)1990—2010年期间,浙江省自然岸线不断萎缩,人工岸线不断增长,其中,城镇与工业岸线和港口码头岸线不断增多,并且还存在着其他各类岸线向港口码头及海堤(护岸)转化的趋势,这种趋势在一定程度上能够说明岸线利用率在不断提高,越来越受到人类活动的影响,因此,关注人类活动对岸线资源的开发在一定程度上就能预测未来海岸线的变化趋势。

4.3 浙江省海岸线开发利用空间格局评价

海岸线开发利用空间格局是指人类开发利用海岸项目在某区域海岸带的空间布局状态。科学合理的岸线开发利用空间格局不仅能够最大限度地高效利用海岸带及海洋资源,减少项目对海域及海洋环境带来的污染,同时还能有效指导区域海洋产业的合理布局,促进区域海岸带资源环境的良性循环及海洋经济的可持续发展。因此,从宏观角度上对岸线的空间利用格局进行合理的评价,对海岸带空间格局优化,调整海洋产业结构等都有着积极的意义。

由于考虑到个别地级市(如杭州市、绍兴市)沿海岸线过短,且岸线类型较为单一,分析其空间格局意义不大,所以,本篇的研究将采取根据自然地貌差异的分类方案,将研究区域分为杭州湾北岸区、杭州湾南岸区、象山港岸区、三门湾岸区、椒江口岸区、乐清湾岸区以及瓯江口—沙埕港岸区六个区域进行分析评价。

4.3.1 海岸线开发利用空间格局评价指标选取

为了对浙江省不同岸线类型空间格局进行定量化的分析,在此,相关评价指标的选取主要参照了景观生态学中景观格局的相关参数,并适当修改完善,使其适合运用于海岸线空间格局的评价。具体指标包括岸线人工化指数、岸线开发利用主体度以及岸线开发利用强度。

4.3.1.1 岸线人工化指数

岸线人工化是指海岸线在人类活动的影响下,由原来的自然岸线变为相应的人工岸线的过程。岸线人工化程度的强弱可以用岸线人工化指数来表示,岸线人工化指数是特定的区域内人工岸线占该区域内总岸线长度的比值。此外,岸线人工化指数也从侧面反映了特定区域内天然岸线被保护的程度,即天然岸线指数,它可以用特定区域内天然岸线的长度与该区域内总岸线长度的比值来表示。而岸线人工化指数与天然岸线指数(R)的和为1。

岸线人工化指数(R)的具体公式为:

$$R = \frac{M}{L} \qquad\qquad\qquad \text{(式 4-3)}$$

式中,M表示特定区域内人工岸线的长度,L表示该区域内岸线的总长度。R越大,代表该区域内岸线的人工化程度越高,即自然海岸被破坏得越多,反之亦然。

4.3.1.2 岸线开发利用主体度

为了从宏观的角度分析某一个特定的区域内海岸线的主体构成结构和主体类型岸线的相对重要性程度,在此,主要通过借鉴生态学中有关生物群落类型的划分方法,来构建评价岸线开发利用方向与主体度的模型(寇征,2013)。在此,首先构建每类岸线类型长度占总岸线长度的比例公式,具体公式如下:

$$D_i = \frac{L_i}{L} \qquad\qquad\qquad \text{(式 4-4)}$$

式中,D_i代表某一特定区域内i类型岸线的长度占总岸线长度的比例,L_i为该区域内i类型岸线的长度,L表示该区域内总岸线的长度。在此基础上构建岸线开发利用方向与主体度的确定方法如下(表 4-6)。

表 4-6 岸线开发利用主体度

区域岸线主体类型	条　　件
单一主体结构	某一类岸线 $D_i > 0.45$
二元、三元结构	每一类岸线 $D_i < 0.45$,但存在两类或两类以上岸线 $D_i > 0.2$
多元结构	每一类岸线 $D_i < 0.4$,且只有一类岸线 $D_i > 0.2$
无主体结构	每一类岸线 $D_i < 0.2$

4.3.1.3 岸线开发利用强度

岸线开发利用强度是定量表征不同的海岸类型对海岸带资源环境影响强弱的量。具体公式如下:

$$A = \frac{\sum_{i=1}^{n} l_i \times P_i}{L}$$ （式 4-5）

式中，A 为岸线开发利用强度，L 为区内岸线总长度，l_i 为研究区内第 i 种岸线类型的长度，n 为人工海岸类型数量，P_i 为第 i 类海岸的资源环境影响因子（$0 < P_i \leqslant 1$）。

在此，资源环境影响因子 P 表示不同人工海岸类型针对特定自然海岸类型的资源环境影响程度，P 越大，则表示负面影响越显著，如围垦堤坝对原生砂质海岸地貌景观影响较大，而防潮海堤在粉砂淤泥质海岸具有抵御风暴潮等自然灾害的功能，对自然环境影响小。具体研究中需采用建立包括自然因素和生态因素两方面的众多影响因子建立指标体系，根据不同的海岸类型对不同的评价指标进行重要性判别，最终得到不同自然海岸条件下，各海岸类型的资源环境影响因子 P 的评价权重（表 4-7）。

表 4-7　各类岸线的资源环境影响因子

岸线类型	岸线资源环境影响状况	影响因子
自然岸线	对海岸带资源及生态环境影响很小	0.1
城镇与工业岸线	对海岸带资源及生态环境有着显著的影响，且大多为不可逆的	1.0
防护岸线	对海岸带资源及生态环境影响较小，且具有抵御风暴潮等自然灾害及保护农田、住宅、人民财产安全等功能	0.2
港口码头岸线	对海岸带资源及生态环境影响较大，且大多为不可逆的	0.8
养殖区岸线	对海岸带资源及生态环境影响稍大，且部分为不可逆的	0.6

4.3.2　岸线人工化指数评价

岸线人工化指数反映了人类活动对岸线开发利用程度的强弱。根据不同地貌特征的岸滩分区原则，分别统计了近 20 年来浙江省 7 个自然地貌岸区的岸线人工化指数变化情况（图 4-13）。

1990 年，浙江省海岸线人工化指数平均为 0.28，到 2010 年，人工化指数已上升至 0.37。其中象山港岸区、椒江口岸区、瓯江口—沙埕港岸区人工化指数基本呈现出上升趋势，由于该三个岸段以基岩海岸为主，岸线受海潮的侵蚀作用明显，岸前水深较深，更多地被开发利用为优良港口。而杭州湾南北岸区、三门湾岸区以及乐清湾岸区的人工化指数则呈现出波动的态势。甚至杭州湾北岸区人工化指数有下降趋势，这是由于该岸段处于泥沙淤积段，近 10

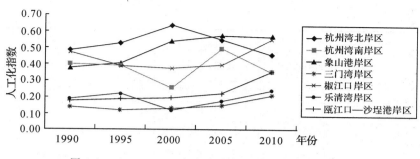

图 4-13　1990—2010 年浙江省各岸段人工化指数变化

年来,人类活动的围垦活动有所减弱,而泥沙淤积强度超过了围垦强度,故人工化指数又呈现出下降的趋势。

此外,从人工化指数强度上来看,近 20 年来,浙江省的 7 个自然分区整体可以划分为三个人工化程度层次。人工化程度最高的为杭州湾北岸区、象山港岸区和椒江口岸区,其中,杭州湾北岸区的平均人工化指数为 0.53,即有 53% 的海岸为人工海岸,且该岸段主要以围垦的养殖和耕种堤坝为主;而象山港岸段的平均人工化指数为 0.49,该岸段主要以港口码头人工岸线为主;椒江口岸区的人工岸线也达到 0.44。处于第二个人工化程度层次的是杭州湾南岸区和瓯江口—沙埕港岸区,人工化指数分别为 0.38 和 0.23,即人工岸线所占比例在 20%—40%。人工化程度最低的为三门湾岸区和乐清湾岸区,仅为 0.15 和 0.19,该两个岸区淤积较为严重,海岸的自然景观保护较好。

4.3.3　岸线开发利用主体度评价

对于岸线开发利用主体度的评价,主要选取了 1990 年、2000 年和 2010 年的数据,分析比较近 20 年来浙江省岸线开发利用主体类型及主体度的变化(表 4-8)。

表 4-8　1990 年、2000 年、2010 年浙江省各岸区岸线主体类型及主体度

各岸区	1990 年			2000 年			2010 年		
	主体度	岸线结构	主体类型	主体度	岸线结构	主体类型	主体度	岸线结构	主体类型
杭州湾北岸区	三元	养殖岸线	0.38	二元	养殖岸线	0.43	单一	淤泥质岸线	0.48
		淤泥质岸线	0.25		淤泥质岸线	0.23			
		基岩岸线	0.24						
杭州湾南岸区	单一	淤泥质岸线	0.57	单一	淤泥质岸线	0.72	单一	淤泥质岸线	0.63

续表

各岸区	1990 年			2000 年			2020 年		
	主体度	岸线结构	主体类型	主体度	岸线结构	主体类型	主体度	岸线结构	主体类型
象山港岸区	二元	基岩岸线	0.42	二元	养殖岸线	0.29	二元	基岩岸线	0.24
		养殖岸线	0.30		基岩岸线	0.26		养殖岸线	0.23
三门湾岸区	单一	淤泥质岸线	0.51	单一	淤泥质岸线	0.57	单一	淤泥质岸线	0.53
椒江口岸区	二元	养殖岸线	0.41	三元	基岩岸线	0.35	二元	基岩岸线	0.39
					淤泥质岸线	0.27			
		基岩岸线	0.36		养殖岸线	0.21		养殖岸线	0.28
乐清湾岸区	二元	基岩岸线	0.41	单一	淤泥质岸线	0.54	二元	淤泥质岸线	0.41
		淤泥质岸线	0.40					基岩岸线	0.35
瓯江口—沙埕港岸区	单一	基岩岸线	0.56	单一	基岩岸线	0.51	单一	基岩岸线	0.47

从表 4-8 可以看出浙江省的 7 个自然岸区中,杭州湾南岸区、三门湾岸区及瓯江口—沙埕港岸区海岸线开发利用结构为单一主体结构,其中杭州湾南岸区和三门湾岸区由于人类围垦的养殖区外泥沙淤积明显,故其主体类型均为淤泥质岸线,且 20 年来主体度均呈现出先增加后减少的趋势。由于杭州湾南岸为淤涨型滩涂海岸,故广阔的滩涂资源为南岸的填海造地创造了良好的条件,使得该区域工程用海表现出规模大、开发速度快等特点,且用途多为农业造地工程用海。由于三门湾地区滩涂资源丰富,故渔业养殖是湾内主要的海洋开发利用活动,同时,淤泥质海岸还为造地工程提供了良好的基础条件,故农业填海造地在湾内呈现出连片开发及填湾式建设的特点。三门湾海域内滩涂资源较多,生态环境保护较好,是重要的鱼、虾、贝、藻类养殖基地和生态基地。而瓯江口—沙埕港岸区由于处于雁荡山山脚,故其岸线主体类型为基岩海岸,但近 20 年来,由于人类活动的不断开发利用,其主体度呈现出不断下降的趋势。

象山港岸区岸线利用结构均保持着二元结构类型,且主体类型为基岩岸线和养殖岸线,但主体度有所变化,1990 年,基岩岸线主体度为 0.42,养殖岸线为 0.30,随着人类开发活动的加剧,2010 年,基岩岸线和养殖岸线的主体度分别为 0.24 和 0.23,由于港湾呈现出由东北向西南深入的狭长形半封闭型海湾,水体交换能力弱,海洋生态系统较为脆弱,港内的主要海洋开发活动为渔业养殖,成为浙江省重要的生态保护区。

椒江口岸区近 20 年的岸线开发利用结构呈现出由二元→三元→二元的演化趋势。1990 年以养殖岸线为第一主体类型,主体度为 0.41,基岩岸线为其第二主体类型,主体度为0.36。而2000年,由于海湾淤泥的不断淤积,淤泥质岸线成为其第二主体类型,2010年,该海域的主体类型又恢复为基岩岸线与养殖岸线。渔业养殖是本海域主要的海洋开发利用活动,其围海养殖具有规模大,连片发展的趋势。

杭州湾北岸区近20年来岸线开发利用结构从三元结构向单一主体结构演化的趋势。1990年,第一主体类型为养殖岸线,多为农业用地,主体度为0.38,淤泥质岸线及基岩岸线分别为第二、第三主体类型。2010年,随着人类开发利用强度的放缓,更多的城镇工业岸线外开始淤积泥沙,故淤泥质岸线成了其单一的主体类型。对淤泥质岸线定义的不同,导致淤泥质岸线占据了主导的地位,但究其岸线内的土地利用主要以交通运输用海及城镇工业用海为主。

乐清湾岸区的岸线利用结构呈现出二元→单一主体→二元的演化趋势,1990年,岸线开发利用的主体类型为基岩岸线和淤泥质岸线,主体度分别为0.41和0.4,而到2000年,主要呈现出淤泥质岸线的单一主体结构,且主体度达到0.54,2010年围垦活动的加剧,导致滩涂养殖有所减弱,故又呈现出淤泥质岸线与基岩岸线相并存的二元结构。该海域渔业资源丰富,渔业养殖主要以滩涂养殖和围海养殖为主,渔业用海在本海域的海洋开发利用占据了主导地位。

4.3.4 岸线开发强度评价

根据岸线开发利用强度指数公式,选取浙江省2010年各岸区岸线数据进行计算,得到表4-9。从表4-9可以看出,浙江省岸线开发利用强度指数最大的为象山港岸区,开发利用强度指数达到了0.46,该岸区主要以渔业养殖用地为主,近年来,各类规模较大的工业用海(船舶工业及电力工业)也纷纷兴起,2010年建设用海岸线所占比例高达14.5%,因此,海岸线开发利用强度指数在7个岸区中最大。其次为椒江口岸区、杭州湾北岸区及瓯江口—沙埕港岸区,岸线开发利用强度指数分别为0.42,0.39,0.32,椒江口岸区主要靠围海养殖以及工业和交通运输港口用线增加了其开发利用强度;杭州湾北岸区主要是以嘉兴港为主体的港口码头用线以及各类临港工业用线增加了其开发利用强度;而瓯江口—沙埕港岸区主要为渔业养殖以及位于瓯江口两侧的船舶工业用海和交通运输用海增加了其开发利用强度。而开发利用强度最低的为杭州湾南岸区和乐清湾岸区,主要是由于对该两岸区的开发利用,其外淤泥质海岸不断淤涨,故相对开发利用强度较低。

表 4-9　2010 年浙江省各岸区开发利用强度指数

岸区	开发利用强度
杭州湾北岸区	0.39
杭州湾南岸区	0.28
象山港岸区	0.46
三门湾岸区	0.23
椒江口岸区	0.42
乐清湾岸区	0.23
瓯江口—沙埕港岸区	0.32

4.3.5　小结

(1)20 年来,浙江省海岸线人工化指数不断上升(上升 0.09),其中以基岩海岸被开发利用为港口码头最为典型;而淤泥质岸段,由于泥沙淤积强度超过了围垦强度,故人工化程度有所下降。空间上,人工化程度最高的为杭州湾北岸区、象山港岸区和椒江口岸区,其次是杭州湾南岸区和椒江口—沙埕港岸区,人工化指数分别为 0.38 和 0.23,而人工化程度最低的为三门湾岸区和乐清湾岸区。

(2)浙江省的 7 个自然岸区中,杭州湾南岸区、三门湾岸区及瓯江口—沙埕港岸区海岸线开发利用结构为单一主体结构;象山港岸区岸线利用结构均保持着二元结构类型,且主体类型为基岩岸线和养殖岸线;椒江口岸区近 20 年的岸线开发利用结构呈现出由二元→三元→二元的演化趋势;杭州湾北岸区近 20 年来岸线开发利用结构从三元结构向单一主体结构演化的趋势;乐清湾岸区的岸线利用结构呈现出二元→单一主体→二元的演化趋势。

(3)浙江省岸线开发利用强度指数最大的为象山港岸区,开发利用强度指数达到了 0.46,其次为椒江口岸区、杭州湾北岸区及瓯江口—沙埕港岸区,岸线开发利用强度指数分别为 0.42,0.39,0.32,而开发利用强度最低的为杭州湾南岸区和乐清湾岸区。

4.4　浙江省 20 年围填海空间格局评价

围填海主要是指通过人为的修建堤坝,填埋土石方等工程来将近陆域的浅海海域变为陆域，从而拓展陆域的生存空间和生产空间的一种人类活动（张明慧，2012）。围海可以用来兴建水库、养殖塘、盐田等，填海可以用来建设港口码头、工业仓储用地、发展滨海旅游、兴建城镇以及大型基础设施或娱乐设施等，具有巨大的经济效益和社会效益，能够有效缓解沿海地区用地紧张和招商引资用地不足的矛盾，此外，还能实现部分地区耕地占补平衡。许多人多地少的沿海国家（如荷兰、德国、朝鲜、英国等）的围填海已有几百年甚至几千年的历史（李加林等，2007），同时通过围填海工程获得了经济腾飞的契机。

　　然而，近年来愈演愈烈围填海工程在不断创造社会经济效益的背后，也不断暴露出了一系列海洋生境破坏和海洋环境退化等问题（赵迎东等，2010）。因此，从区域宏观的角度对浙江省 1990—2010 年围填海空间格局的分析和评价，不仅有利于海洋工程的空间布局，促进海洋经济产业结构的转型，同时对改善海洋环境，减少围填海工程对海洋生境的干扰与破坏也具有重要的意义。

4.4.1　围填海空间数据获取及类型划分

4.4.1.1　围填海空间数据获取

　　本节中围填海空间格局评价的数据主要选取 1990 年及 2010 年的 TM 遥感影像（共 6 景，轨道号分别为 118-39，118-40 和 118-41）。此外，其他辅助数据还包括 Google Earth 影像数据、浙江省 1∶250000 扫描地形图以及浙江省 1∶250000 地理背景数据。

4.4.1.2　围填海类型划分

　　对于浙江省 1990—2010 年间围填海范围的确定主要是在 4.1 节获取的 1990 年及 2010 年海岸线数据的基础上，对部分淤泥质岸段进行修正后得到人工围垦边界。将得到的 1990 年岸线与 2010 年岸线做叠加处理，将线形要素转为面，从而得到浙江省 20 年间大陆海岸的围垦范围边界。在此基础上，结合 TM 遥感影像的波段特征以及 Google Earth 中 1990 年及 2010 年影像数据，建立不同地类的解译标志（具体解译标志见 4.1.3），运用 eCognition Developer 8.7 基于样本的分类方式，同时结合人机互动解译分类，得到浙江省围填海分类数据。

　　根据浙江省围填海地类的具体情况，将其分为以下几种类型：耕地、临海工业用地、港口码头用地、城镇建设用地、湿地①、养殖池塘用地、水域库区用地、未利用地②等 8 种类型。

4.4.2　围填海空间格局评价指标选取

对于围填海空间格局的评价,本篇主要通过借鉴景观生态学中有关景观格局变化的定量研究指标数据,并将其做相应的修改,使其适合本节围填海空间格局评价的研究。所选取的指标包括围填海斑块个数、围填海平均斑块面积、围填海斑块密度、围填海强度指数、围填海平均斑块形状指数、围填海平均斑块分维数、围填海聚集度指数、围填海多样性指数、围填海面积变异系数等 9 个指标(邬建国,2007)。各指标的计算主要借助景观指数计算软件 Fragstats3.4 来完成。

各个指标的计算方式及含义如下:

4.4.2.1　围填海斑块个数

围填海斑块个数(NP,单位:个)指围填海区域内不同类型用地的斑块的数量,可以用来描述用地的异质性和破碎度,NP 值越大,破碎度越高,反之则越低。$NP \geqslant 1$。

4.4.2.2　围填海平均斑块面积

围填海平均斑块面积(MPS)指围填海区域内围填海总面积的平均值。可以表征某一个地类的破碎程度,MPS 值越小,则该种地类越破碎。具体计算公式如下:

$$MPS = \frac{A}{NP} \qquad\qquad (式 4\text{-}6)$$

式中,A 代表区域内所有(或某一类)围填海面积(ha),NP 代表区域内总(或某一类)围填海斑块个数(个)。$MPS > 0$。

4.4.2.3　围填海斑块密度

围填海斑块密度(PD)指单位面积上的斑块数,是表征景观破碎化程度的指标,该值越大,围填海类型越破碎,反之围填海类型则越完整。具体计算公式如下:

---

①　湿地:此处的湿地指代原先为淤泥质海岸,经过人为围堤后形成的作为湿地地类存在的围填海区域。

②　未利用地:此处的未利用地主要指代原先为天然海域,经过人为围堤后,截至 2010 年影像获取前还未利用,且围垦区内为海水的围填海区域。

$$PD = \frac{N}{A} \qquad (式 4\text{-}7)$$

式中，A 代表总的围填海类型面积(ha)，$PD \geqslant 0$。

4.4.2.4 围填海强度指数(IN)

围填海强度指数(IN)指单位长度(1km)岸线上的围填海面积，表征区域内围填海规模的大小。具体计算公式如下：

$$IN = \frac{S}{L} \qquad (式 4\text{-}8)$$

式中，S 为围填海总面积(ha)，L 为当年的岸线长度(km)。$IN > 0$。

4.4.2.5 围填海平均斑块形状指数

围填海平均斑块形状指数(MSI)通常用来表征每个斑块形状的总体复杂程度，一般而言，当景观类型中所有斑块均为正方形时，$MSI = 1$；反之则 MSI 增大。具体计算公式如下：

$$MSI = \frac{\sum\limits_{i=1}^{m} \sum\limits_{j=1}^{n} \left(\dfrac{0.25 P_{ij}}{\sqrt{a_{ij}}} \right)}{NP} \qquad (式 4\text{-}9)$$

式中，m，n 均为斑块类型总数，a_{ij} 为第 i 类围填海用地类型中第 j 个斑块的面积，P_{ij} 为第 i 类围填海用地类型中第 j 个斑块的周长，NP 为围填海斑块总数。$MSI \geqslant 1$。

4.4.2.6 围填海平均斑块分维数

围填海平均斑块分维数($MPFD$)用来描述景观中斑块形状的复杂程度，其大小能够表征人类活动对景观的影响程度。$MPFD$ 的值越接近于 1，则说明斑块越相似且有规律，即斑块的几何形状越简单，表明受人类活动的影响程度越大，反之则越小。具体计算公式如下：

$$MPFD = \frac{\sum\limits_{i=1}^{m} \sum\limits_{j=1}^{n} \left(\dfrac{2\ln(0.25 P_{ij})}{\ln(a_{ij})} \right)}{NP} \qquad (式 4\text{-}10)$$

式中，m，n 均为围填海的斑块类型总数，a_{ij} 为第 i 类围填海用地类型中第 j 个斑块的面积，P_{ij} 为第 i 类围填海用地类型中第 j 个斑块的周长，NP 为围填海斑块总个数。$1 \leqslant MPFD \leqslant 2$。

4.4.2.7 围填海聚集度指数

围填海聚集度指数(AI)指不同围填海类型斑块的聚集程度，能够表征景观组分的空间配置特征。围填海类型由许多小斑块组成，且有着较大的随机性，聚集度指数越小，则表明斑块越分散；聚集度指数越大，斑块则越聚集且能形成少数较大的斑块。具体计算公式如下：

$$AI = 2\ln(n) + \sum_{i=1}^{m}\sum_{j=1}^{n}P_i \times \ln(P_i) \times 100\% \qquad (式 4-11)$$

式中，m,n 都表示围填海的类型总数，P_{ij} 是随机选择的两个相邻的图像栅格归属于类型 i 与类型 j 的概率。$0 < AI \leqslant 100$。

4.4.2.8　围填海多样性指数

围填海多样性指数（$SHDI$）能够反映围填海类型的多少以及各类型所占总景观面积比例的变化，当 $SHDI = 0$ 时，说明景观中只有一种斑块类型；$SHDI$ 值越大，则代表斑块类型增加或各类型斑块所占面积比例趋于相似。具体计算公式如下：

$$SHDI = -\sum_{i=1}^{m}P_i \times \ln(P_i) \qquad (式 4-12)$$

式中，m 为围填海斑块类型总数，P_i 为第 i 类斑块类型所占围填海总面积的比例。$SHDI \geqslant 0$。

4.4.2.9　围填海面积变异系数

围填海面积变异系数（$PSCV$）指围填海的各个斑块之间面积的差异程度，$PSCV$ 越大，则表明面积差异越大，反之越小。具体计算公式如下：

$$PSCV = \frac{PSSD}{MPS} \times 100\% \qquad (式 4-13)$$

式中，MPS 为围填海平均斑块面积，$PSSD$ 为围填海斑块面积的标准差，计算方式如下：

$$PSSD = \sqrt{\frac{\sum_{i=1}^{m}\sum_{j=1}^{n}(a_{ij} - MPS)^2}{NP}} \qquad (式 4-14)$$

式中，m,n 均为围填海斑块类型总数，a_{ij} 为第 i 类围填海用地类型中第 j 个斑块的面积，MPS 为围填海平均斑块面积，NP 为斑块总个数。$PSCV \geqslant 0$。

4.4.3　浙江省围填海空间格局评价

4.4.3.1　围填海整体结构评价

通过将 1990 年和 2010 年海岸线叠加，以及要素转面处理可得，1990—2010 年的 20 年间，浙江省围填海总面积达 108760ha，共有斑块 447 个，围填海平均斑块面积为 244.4hm²（表 4-10）。在各类围填海用地类型中，养殖池塘的比例最大，约占总围填海面积的 28.23%（图 4-14），其次为未利用地，约占总围填海面积的 21.8%，且从其利用趋势来看，大部分将用作养殖池塘，由此可见,浙江省的围填海区域中,有近一半作为鱼塘、虾塘、蟹塘、鳝塘等,这主要由于浙江省沿海岸线中,原先淤泥质岸线占据了较大的比例,更多的海岸被围垦为养殖池塘。正因如此,湿地和耕地所占的比例也较大,分别约为 19.2%和 13.4%。此外,在各类建设用地中,城镇建设用地所占比例较大,为 7.9%,这主要是由于浙江沿海的平原地区有着良好的海运条件,更多的城镇依靠港口、工业等发展起来,且面积不断扩大。临海工业和港口码头也占到了 5.9%,但是主要集中在浙北基岩海岸区,浙南地区由于淤泥质海岸较多,建港条件不理想,故港口较少;浙江省沿海的临港工业主要也集中在港口码头附近,且以临海化工业和海洋船舶工业居多。还有一小部分的围填海区域被用作水域库区,用来存储淡水资源等,约占围垦面积的 3.6%。

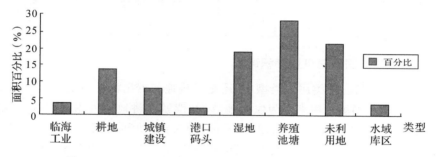

图 4-14　1990—2010 年浙江省围填海土地利用类型百分比

从地理空间分布来看,在浙江省 6 个地级市中,宁波市的围填海面积最大,达 42087.42hm²,占围填海总面积的 38.7%,且围填海斑块个数为 196个,居 6 个地级市之首,同时,9 类围填海地类中,除未利用地外(台州市未利用地占总未利用地面积的 62.5%),宁波市的其余地类所占百分比均占首位,其中,水域库区用地约占浙江省围填海水域库区用地的 71.1%。绍兴市围填海面积最小,仅为 1087.29hm²,占总围填海面积的 1%。其余几个地级市中,围填海面积台州市>杭州市>温州市>嘉兴市(表 4-12)。此外,对于各类建设用地,如临海工业用地、城镇建设用地及港口码头用地除集中分布在宁波市外,还集中分布于嘉兴市和台州市,其中台州市的港口码头用地占总围填海港口码头面积的 38.2%。而从各类农用地来看,除集中分布在宁波市外,嘉兴市、杭州市的耕地分别占 24.1%和 23.4%,这些耕地主要分布在杭州湾底部钱塘江口两岸的淤泥质海岸上,而湿地和养殖池塘用地主要还集中分布在杭州市和台州市沿岸的淤泥质岸线上(表 4-10)。

表 4-10　浙江省围填海各类型空间区域分布　　　　　　（单位：hm²）

类型	嘉兴市	杭州市	绍兴市	宁波市	台州市	温州市	总计
临海工业	657	38.61	0.00	2228.76	710.37	372.6	4007.34
耕地	3514.77	3403.35	507.15	5419.62	1727.19	0.00	14572.08
城镇建设	1048.41	386.46	180.54	4625.28	1818.63	504.36	8563.68
港口码头	157.41	0.00	0.00	1165.95	924.12	170.73	2418.21
湿地	936.54	3054.87	60.57	10027.98	5400.9	1425.06	20905.92
养殖池塘	1125.81	6414.39	339.03	12110.49	6107.4	4603.41	30700.53
未利用地	490.5	0.00	0.00	3729.51	14800.23	4661.91	23682.15
水域库区	175.59	854.91	0.00	2779.83	29.16	71.01	3910.5
总计	8106.03	14152.59	1087.29	42087.42	31518	11809.08	108760.41

4.4.3.2　围填海斑块面积评价

　　浙江省围填海各类用地类型中，还是以耕地和养殖池塘占优势（表 4-11），说明大部分的围填海用来作为农用地，以补偿城区耕地被占用的现状。养殖池塘的斑块密度较大，达 0.122 个/hm²，同时，斑块间的面积差异也相对较大，变异系数达 200.93%。此外，城镇建设用地、港口码头以及水域库区的面积变异系数也较大，这主要是由于大部分的围填海城镇建设用地及港口码头用地均位于基岩海岸附近，受地形等因素的影响，不同区域用地面积差异较大；而对于水域库区用地，也大部分位于基岩海岸内凹的小港湾处，故不同岸线沿岸水域库区面积差异也较大。

表 4-11　浙江省围填海各类型面积指数表

类型	面积（CA）（ha）	面积百分比（%）	斑块个数（NP）	平均斑块面积（MPS）（hm²）	斑块密度（PD）（个/hm²）	斑块面积变异系数（PSCV）
临海工业	4008.06	3.69	39	102.7708	0.0359	169.5931
耕地	14572.8	13.40	43	338.9023	0.0395	128.0416
城镇建设	8552.79	7.86	64	133.6373	0.0588	217.532
港口码头	2418.57	2.22	63	38.39	0.0579	202.0945
湿地	20914.38	19.23	61	342.8587	0.0561	185.7202
养殖池塘	30700.44	28.23	133	230.8304	0.1223	200.9329
未利用地	23676.84	21.77	27	876.92	0.0248	135.7014
水域库区	3912.12	3.60	15	260.808	0.0138	206.766

　　而从空间差异来看,浙江省总体围填海斑块面积变异系数较大,达218.34%(表4-12)。在6个沿海地级市中,台州市的斑块面积变异系数最大,达218.64%,大于浙江省整体的围填海斑块面积变异系数,这主要是由于台州市的临海市、台州市区及玉环县东侧有几块面积较大的已围垦但还未彻底开发的未利用地斑块的存在,面积差异悬殊,故面积变异系数较大。而其余几个地级市的斑块面积变异系数均小于浙江省整体值,其中,温州市和宁波市次之,分别为210.91%和208.49%,其主要因为围填海地类种类较多,且不同类别之间差异较大,故面积变异系数较大。而绍兴市的面积变异系数最小,仅为97.07%,这是由于绍兴市围填海斑块面积较少,仅为7个,且各斑块都相对比较均匀,面积差异不大。

表4-12　浙江省各沿海地级市围填海面积指数统计

各地级市	面积(CA)(ha)	面积百分比(%)	斑块个数(NP)(个)	平均斑块面积(MPS)(ha)	斑块面积变异系数(PSCV)
嘉兴市	8106.03	7.5	37	219.0819	175.7135
杭州市	14152.59	13.0	38	372.4366	159.4221
绍兴市	1087.29	1.0	7	155.3271	97.0691
宁波市	42087.42	38.7	196	214.7317	208.492
台州市	31518	29.0	116	271.7069	249.2404
温州市	11809.08	10.9	53	222.8128	210.9091
总计	108760.41	100.0	447	244.3955	218.6387

4.4.3.3　围填海斑块形状特征评价

　　对于围填海斑块形状特征的评价,主要选取平均斑块形状指数和平均斑块分维数两个指标来分析。如图4-15所示,各类型的平均斑块形状指数和平均斑块分维数表现出一定的相关性。其中,水域库区和港口码头的平均斑块形状指数均较大,同时,两者的平均斑块分维数也分别达到1.1和1.12,这主要是由于这两种地类均大多分布在基岩岸线附近,受当地地形的限制,其形状更为复杂。除此以外,湿地、耕地以及未利用地的平均斑块形状指数和平均斑块分维数也较大,主要由于这三类地类相互镶嵌,更多的围垦用地还未较好的开发利用,呈现出半海水半淤泥质湿地或半耕地半淤泥质湿地的特征,且期间没有较明显的人工分界线,故增加了其形状的复杂程度。而对于受人类作用明显,且开发较为彻底的临海工业用地以及城镇建设用地,二项指标值均较小,形状较为简单。

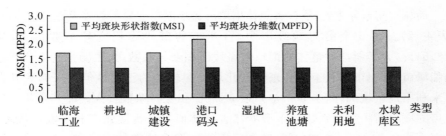

图 4-15　浙江省围填海各类型的平均形状指数和平均分维数

　　由图 4-16 可知,浙江省围填海平均斑块形状指数为 1.91,平均斑块分维数为 1.09。其在各个地级市中的情况各有不同,其中,台州市和宁波市的平均斑块形状指数和平均斑块分维数分别为 1.99 和 1.1 及 1.95 和 1.1,均高于浙江省平均值,斑块受自然地形影响较大,形状最为复杂。杭州市和温州市次之,绍兴市的平均斑块形状指数及平均斑块分维数最小,分别为 1.68 和 1.07,其各个斑块的形状较为简单,且大多为平原地区,受自然地形的影响较小。

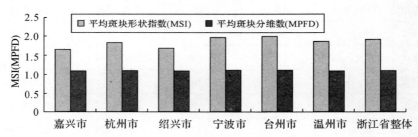

图 4-16　浙江省各地级市围填海斑块平均形状指数和平均分维数

4.4.3.4　围填海类型聚集度分析

　　如图 4-17 所示,浙江省围填海各类型的聚集度均较高,其中未利用地最高,湿地、耕地、养殖池塘次之,其后是城镇建设用地、临港工业用地、水域库区等,而港口码头的聚集度最低,即最为破碎,这与港口选址的条件限制以及人类活动的强烈作用有着重要的关系。在 1990—2010 年的 20 年间,更多的海域被围填起来成为陆域的一部分,由于某些区块围填面积较大,故还有一大部分围填海域还未得到及时充分的开发利用,且这些区块较为集中,故未利用地的聚集度较大。而湿地、耕地及养殖用地大多分布在浙江杭州湾南岸、三门湾、乐清湾以及温州南部的淤泥质岸线一带,且分布也较为集中,聚集度也较大。而对于各类建设用地,由于受到地形因素的影响,同时考虑到各地发展的需要,大多分布在山脚平原地区,较为零散,故聚集度较低,破碎度较大,该现象尤以港口码头用地为突出。

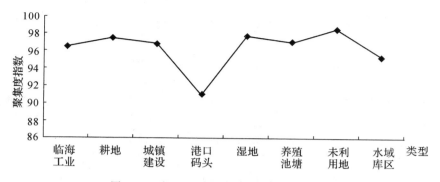

图 4-17 浙江省围填海各类型聚集度指数

4.4.3.5 围填海强度及多样性评价

海岸线是各个区域围填海的重要依托,在此采用单位岸线的围填海面积来表征浙江省各个地级市的围填海强度指数,由图 4-18 可知,浙江省的围填海强度指数为 56.3hm²/km。而在浙江省的 6 个沿海地级市中,杭州市的围填海强度最大,为 300.7hm²/km,主要由于杭州市海岸线较短,而钱塘江口又有着众多的淤泥质海岸,故围填海面积较大。其次为绍兴市和嘉兴市,分别为 76.25hm²/km 和 72.91hm²/km,而宁波市、台州市及温州市由于海岸线较长,故围填海强度相对较弱。

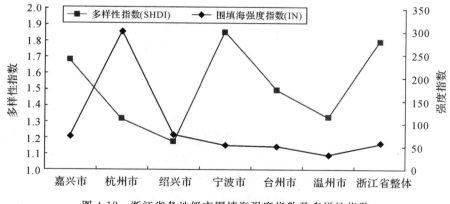

图 4-18 浙江省各地级市围填海强度指数及多样性指数

围填海多样性指数是度量围填海各用地类型及面积的空间复杂程度的量,由图 4-18 可知,浙江省的总体围填海多样性指数为 1.80。表现在浙江省沿海 6 个地级市中,宁波市的围填海用地类型有 9 类,且各个类型面积比例差异较大,故围填海多样性指数较高,达 1.86,高于浙江省平均值。嘉兴市、绍兴市的围填海用地类型也为 9 类,但是由于其不同用地类型之间的面积比例差异较小,故围填海多样性指数次之,分别为 1.68 和 1.49。而温州市、杭州市和绍兴市由于用地类型相对较少,故围填海多样性指数较低。

4.4.4 小结

浙江省围填海空间格局评价的研究结果表明,1990—2010 年的 20 年间,浙江省围填海总面积达 108760hm²,其中养殖池塘的比例最大,其次为未利用地和湿地。从地理空间分布来看,宁波市的围填海面积最大,达 42087.42hm²,绍兴市围填海面积最小,仅为 1087.29hm²。从空间格局评价来看,水域库区和港口码头的平均斑块形状指数均较大,而临海工业用地及城镇建设用地形状较为简单,平均形状指数较小。浙江省围填海各类型的聚集度均较高,其中未利用地最高,湿地、耕地、养殖池塘次之,其后是城镇建设用地、临港工业用地、水域库区等,而港口码头的聚集度最低,即最为破碎。此外,宁波市围填海多样性指数较高,嘉兴市和绍兴市次之,而温州市、杭州市和台州市由于用地类型相对较少,故围填海多样性指数较低。

4.5　浙江省岸线资源综合适宜性评价

岸线资源现状评价和价值评估是岸线资源研究及城市规划的重要组成部分。我国对岸线资源的研究始于 20 世纪 80 年代末,研究领域主要集中于江河沿岸,进入 21 世纪后,学者开始将眼光投向沿海港口城市的岸线资源评价,并且逐步引入了 3S 的各项技术手段。

近年来,随着地理信息系统(GIS)和遥感(RS)等技术的发展,推动了土地资源适宜性评价的发展(李猷等,2010;周建飞等,2007)。同土地资源的适宜性评价相仿,由于岸线资源也拥有着多重的属性特征,对其进行综合适宜性评价,有助于岸线资源得到科学合理的利用。我国对岸线资源的研究始于 20 世纪 80 年代末,研究领域主要集中于江河沿岸(秦丽云,2007;王传胜等,2002)。进入 21 世纪后,学者开始将眼光投向了沿海港口城市的岸线资源评价,并且逐步引入了 3S 的各项技术手段(涂振顺等,2010)。但是纵观近几年的岸线评价及利用现状,更多学者将岸线资源评价目标集中于生产发展及港口利用,选取的指标也大多符合港口建设要求(尹静秋,2004;Charles,1970),而对居住生活建设、休憩旅游开发以及生态环境保护等方面关注较少。因此,开展岸线资源生产、生活和生态等综合适宜性的评价,有利于浙江沿海地区的临海产业、港口、城市生活以及生态保护区等的合理布局,不仅有助于提升浙江岸线资源的综合利用价值,同时也能协调海陆发展,促进浙江省海洋经济示范区的建设。

4.5.1　岸线资源评价方法

本节对于浙江省大陆岸线资源(以下简称岸线资源)的综合适宜性评价,主要根据沿岸地区生产发展(港口建设条件、内陆产业发展潜力条件、规避自然灾险能力等)、生活休憩(居住条件、休闲游憩条件、生活便利条件等)以及生态保护(各类生态保护岸线)等相关因素对岸线自然条件及区位条件的需求,同时考虑评价指标的易得性、可比性、易量化性及研究区的现状等,参照已有的研究,对浙江省大陆岸线的适宜性进行评价,并在此基础上,根据各岸段的适宜条件以及实际利用现状,分析各类型岸段今后的发展方向。

4.5.1.1　评价指标选择及量化

对于浙江省海岸线综合适宜性评价指标,既要反映浙江省岸线地域差异的本底特征,又要使所选指标具有客观性、独立性、可行性,在此,主要选取对各类岸线用途影响较大的因子。对于岸线生产适宜性的相关评价,由于考虑到随着经济的快速发展,沿海城市开发步伐的加快,一些相对可变的人为因素(如岸线交通网络、城市依托性等)均不再成为制约浙江沿海地区生产岸线发展的关键因素,所以对于生产适宜性指标的选取重点考虑相对不变的自然条件(马荣华等,2004)。岸前水深条件、航道水域宽度以及岸线稳定性是影响港口码头建设的重要的因素,同时,岸线越稳定,利用效率越高,后期运营与维护成本越低。另外,陆域可开发纵深越深,意味着临海相关产业向陆域发展空间越大,产业链所能创造的经济价值也就越大。此外,近海海域潮差大小也将直接影响到船舶的作业和停泊。因此,对于岸线生产适宜性评价,主要选取岸前水深、航道水域宽度、岸线稳定性、陆域可开发纵深及潮差5个指标作为生产适宜性评价因子。

背山面水、自然环境污染少、生态条件良好、生活方便、交通通达性好是良好的人居环境的重要因素(霍震和李亚光,2010),因此,选取近岸水质环境质量、生态功能区邻近度以及城镇邻近度3个指标作为生活适宜性评价因子。

而在生态保护方面,生态服务功能越重要,近海海域水环境容量越小,地质灾害发生频率越大,则生态保护越重要(陈雯等,2006),因此,结合浙江省岸线资源的现实状况,选取生态服务功能重要性、海洋环境容量以及地质灾害风险3个指标作为生态保护适宜性(以下简称生态适宜性)评价因子。

在此基础上确定浙江省岸线资源综合适宜性评价指标体系以及各类指标的量化方式(表4-13)。

表 4-13　指标体系及量化标准

目标	指标	含　义	分等依据①	等级—赋值	分析方法
生产适宜性	岸前水深 a_1	表征深水航道离岸的远近程度	−10m 等深线<500m 500m<−10m 等深线<1000m −10m 等深线>1000m	Ⅰ—1 Ⅱ—2 Ⅲ—3	坡度分析、缓冲区分析
	航道水域宽度 a_2	表征航道允许调头的船舶吨位等级	−10m 航道宽度>426m 324m<−10m 航道宽度<426m −10m 航道宽度<324m	Ⅰ—1 Ⅱ—2 Ⅲ—3	缓冲区分析
	岸线稳定性 a_3	表征近 20 年来岸线冲淤状况,体现港口维护成本高低	岸线基本稳定或微冲 冲刷但一般性护岸可防或微淤 大冲大淤	Ⅰ—1 Ⅱ—2 Ⅲ—3	分级赋值
	陆域可开发纵深 a_4	表征岸线后方陆域开发空间大小	(坡度<2.5°区域)>1000m 500m<(坡度<2.5°区域)<1000m (坡度<2.5°区域)<500m	Ⅰ—1 Ⅱ—2 Ⅲ—3	坡度分析、缓冲区分析
	潮差 a_5	表征多年高低潮位平均差值对船舶作业及停靠的限制程度	潮差<3m 3m<潮差<4m 潮差>4m	Ⅰ—1 Ⅱ—2 Ⅲ—3	分级赋值
生活适应性	环境质量 a_6	表征岸线周围环境质量的优劣程度	海洋水质等级≤三类 海洋水质等级四类 海洋水质等级劣四类	Ⅰ—1 Ⅱ—2 Ⅲ—3	分级赋值
	生态功能区邻近度 a_7	表征区域的生态环境质量优劣	距生态功能区及风景区<5000m 5000m<距生态功能区及风景区<10000m 距生态功能区及风景区>10000m	Ⅰ—1 Ⅱ—2 Ⅲ—3	缓冲区分析
	城镇邻近度 a_8	表征区域交通通达程度以及生活方便程度	距城镇<5000m 5000m<距城镇<10000m 距城镇>10000m	Ⅰ—1 Ⅱ—2 Ⅲ—3	缓冲区分析
生态适宜性	生态服务功能重要性 a_9	反映在生物多样性保护、物种保护以及重要水源保护等方面	重要渔业保护区、海洋及海岸自然生态保护区、生物物种保护区、自然遗迹及非生物资源保护区(以下简称各类生态保护区) 风景旅游区、旅游度假区 其他	Ⅰ—1 Ⅱ—2 Ⅲ—3	分级赋值
	海洋环境容量 a_{10}	表征岸线附近水体的纳污能力大小	水质标准一类 水质标准二类 水质标准三、四类	Ⅰ—1 Ⅱ—2 Ⅲ—3	分级赋值
	地质灾害风险 a_{11}	表征地质灾害发生可能性的大小	坡度>30°且植被覆盖率较低 20°<坡度<30°且植被覆盖率一般 坡度<20°且植被覆盖率较高	Ⅰ—1 Ⅱ—2 Ⅲ—3	叠置分析、坡度分析

4.5.1.2　各单元评价方法

对于岸线资源的生产、生活以及生态三个评价单元的适宜性的评价,采用如下公式进行计算:

$$S_i = \sum_{j=1}^{n} f_{ij} \tag{式 4-15}$$

---

　①　分等依据详见相关文献资料(马荣华等,2003,2004)

式中,S_i 表示第 i(生产、生活或生态)个评价单元的总得分,f_{ij} 表示第 i 个评价单元中第 j 个评价指标的得分,n 表示第 i 个评价单元的总指标个数,考虑到各评价指标均代表了岸线某一方面的特征,故认为它们对于岸线适宜性综合评价是同等重要的,由此决定了它们的权重相同。

运用公式 4-15 将每个评价单元内的岸段均划分为四个等级,具体划分方式如表 4-14 所示。

表 4-14　岸线资源生产、生活、生态适宜性等级划分

	分等依据	分值	等级—赋值
生产适宜性	4 项为Ⅰ级,1 项大于等于Ⅱ级 至多 1 项为Ⅲ级,其余大于等于Ⅱ级 2 项为Ⅲ级 3 项或 3 项以上为Ⅲ级	$S=5$ 或 6 $7{\leqslant}S{\leqslant}11$(至多 1 项为Ⅲ级) $9{\leqslant}S{\leqslant}12$(2 项为Ⅲ级) $11{\leqslant}S{\leqslant}15$(至少 3 项为Ⅲ级)	Ⅰ—1 Ⅱ—2 Ⅲ—3 Ⅳ—4
生活适宜性	2 项为Ⅰ级,1 项大于等于Ⅱ级 1 项为Ⅰ级,2 项大于等于Ⅱ级 1 项为Ⅲ级,2 项大于等于Ⅱ级 有 2 项为Ⅲ级	$S=3$ 或 4 $S=5$(无 3 级指标) $5{\leqslant}S{\leqslant}7$(至多 1 项为Ⅲ级) $7{\leqslant}S{\leqslant}9$(至少 2 项为Ⅲ级)	Ⅰ—1 Ⅱ—2 Ⅲ—3 Ⅳ—4
生态适宜性	生态服务功能重要性为Ⅰ级 有 1 项指标为Ⅰ级(除生态服务功能) 至少有 1 项指标为Ⅱ级 各项指标均为Ⅲ级	$a_9=1$ $a_{10}=1$ 或 $a_{11}=1$($a_9{\neq}1$) $6{\leqslant}S{\leqslant}8$ $S=9$	Ⅰ—1 Ⅱ—2 Ⅲ—3 Ⅳ—4

4.5.1.3　综合评价方法

在具体的岸线资源综合适宜性评价过程中,主要根据各岸段的生产、生活、生态适宜性等级的得分组合情况,构造立体三维坐标图的方法进行评价(段学军和陈雯,2005)。首先,以生产适宜性作为 x 轴,生活适宜性作为 y 轴,生态适宜性作为 z 轴,建立三维坐标系(图 4-15)。

其次,分别从原点沿 x、y、z 轴向外等间距延伸 4 段,分别代表生产、生活和生态适宜性的 4 个级别,得到 $4{\times}4{\times}4$ 的立方体矩阵模型,据此,可将每个岸段的生产、生活及生态适宜性等级用(x,y,z)三维坐标表示并对应到坐标轴相应位置。最后,根据各岸段的坐标,同时结合专家调查意见以及实地考察情况,对各岸段进行适宜性功能类型的划分(表 4-15)。

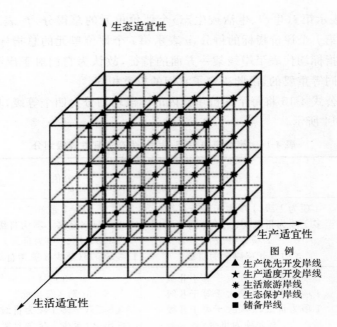

图 4-19　岸段适宜功能对应的三维坐标

表 4-15　三维坐标图与岸段功能区类型对应关系

岸线适宜类型	相应坐标
生产优先开发岸线	(1,2,4)(1,3,3)(1,3,4)(1,4,3)(1,4,4)(2,3,4)(2,4,3)(2,4,4)
生产适度开发岸线	(1,1,3)(1,1,4)(1,2,2)(1,2,3)(1,3,2)(1,4,2)(2,3,2)(2,3,3)(2,4,2)
生活旅游岸线	(1,1,2)(2,1,2)(2,1,3)(2,1,4)(2,2,2)(2,2,3)(2,2,4)(3,1,2)(3,1,3)(3,1,4)(3,2,2)(3,2,3)(3,2,4)(4,1,2)(4,1,3)(4,1,4)(4,2,2)(4,2,3)(4,2,4)(4,3,2)(4,3,3)(4,3,4)
生态保护岸线	(1,1,1)(1,2,1)(1,3,1)(1,4,1)(2,1,1)(2,2,1)(2,3,1)(2,4,1)(3,1,1)(3,2,1)(3,3,1)(3,4,1)(4,1,1)(4,2,1)(4,3,1)(4,4,1)
储备岸线	(3,3,2)(3,3,3)(3,3,4)(3,4,2)(3,4,3)(3,4,4)(4,4,2)(4,4,3)(4,4,4)

注：由于评价指标选取等差异，个别坐标组合在实际操作中可能不存在。

其中，生产适宜性强，而生活和生态适宜性较差的岸段，适合大规模的港口建设和工业开发，可作为生产优先开发岸线；生产适宜性强或较强，生活和生态适宜性处于中等水平的岸段，可以在政府管制的条件下，进行适度的开发，可作为生产适度开发岸线；生活适宜性较好，生产和生态适宜性均较差的岸段，划定为生活旅游岸线，主要用于城镇建设以及滨海旅游开发；对于生态适宜性较好,而生活和生产适宜性较差的岸段,优先划定为生态保护岸线;对于生产、生活、生态适宜性均不高的岸段,由于发展方向并不明朗,在今后的发展过程中可以适当改造客观条件,使其适合某一方向的发展,所以,可以将其划定为储备岸线。此外,对于三者适宜性均较好,或者生活和生态适宜性较好,生产适宜性较差的岸段,由于其具有较强的生态敏感性,所以,将其划定为生态保护岸线。

4.5.2 浙江省岸线资源评价

4.5.2.1 生产适宜性评价

根据岸线生产适宜性评价指标量化方式,将各指标量化,通过 ArcGIS10.0 将各指标等级划分如图 4-20。

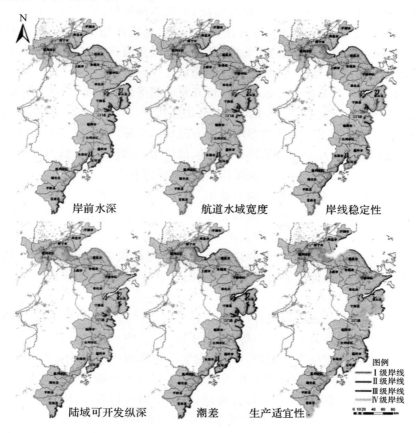

图 4-20 生产适宜性指标分布

（1）岸前水深。由图 4-20 可知,浙江省岸线岸前水深较好的区域主要集中在平湖市与海盐县的交汇处,海盐县中南部也有几处深水岸线,同时,宁波市区岸段甬江口以南至穿山半岛、象山湾口门处以及少量象山县南部石浦港也有深水岸线,浙江省南部的深水岸线主要集中在玉环县南部岸线以及乐清湾口门处,而南部温州地区由于大陆架较缓,主要以浅水岸线居多。

（2）航道水域宽度。根据航道水域宽度分级可知,岸线外岛屿较少,直面海洋处航道水域宽度相对较宽,而杭州湾、象山港内部海域、三门湾、乐清湾以及瓯江口由于港湾淤泥质海岸泥沙的淤积,其岸线航道水域相对较为狭窄。

（3）岸线稳定性。根据岸线稳定性等级划分可知,杭州湾北岸平湖市海盐县沿岸,岸线相对较为稳定,而杭州湾南岸钱塘江入海口至余姚、慈溪、宁波甬江口以北岸段以及乐清湾岸段,由于泥沙活动剧烈,加之人类活动定期的围垦等,海岸线淤涨较快,岸线较为不稳定。甬江口以南至穿山半岛、象山湾口以及象山县东南部岸段由于基岩岸线坡陡,水深不易淤积,岸线较为稳定。台州椒江口处以及温州瓯江口至飞云江口处,由于潮流作用等,沿岸滩地有所淤涨,稳定性中等。此外,温岭市、玉环县东南部以及温州南部的平阳县、苍南县由于沿岸以基岩岸线为主,故岸线较为稳定。

（4）陆域可开发纵深。根据陆域可开发纵深等级划分标准进行分级,从分级结果可知,杭州湾北岸、杭州湾南岸至北仑处、三门湾北部、临海及台州市区沿岸,乐清湾以南至飞云江口等岸段后方陆域以平原为主,较为开阔。宁波市区东南部、象山港及象山县沿岸,三门县、温岭市、玉环县沿岸以及温州南部平阳县及苍南县岸线后方山地、丘陵居多,陆域纵深较小。

（5）潮差。根据多年平均潮差数据,对浙江省沿岸岸线进行潮差影响等级的划分。由划分结果可知,杭州湾北岸、杭州湾南岸至慈溪西北部岸段、三门湾沿岸以及台州玉环县至温州苍南县岸段由于潮流作用较为活跃,多年平均潮差较大。象山港沿岸、台州临海市至温岭市岸段次之。而慈溪东北部岸段至宁波穿山半岛南部岸段由于舟山群岛的层层屏蔽作用,削弱了大部分潮流,多年平均潮差最小。

综合以上 5 项指标的组合特点,根据岸线生产适宜性评价标准将浙江省海岸线生产适宜性划分为四个等级(图 4-20)。其中,I 级岸线主要分布在甬江口以南至北仑穿山半岛附近,同时,在象山港海域内也有少量分布,约占岸线总长的 2.2%;II 级岸线主要集中分布在平湖市与海盐县交汇岸段、宁波市区的穿山半岛南部、象山港大部分海域、临海市海域以及玉环县西南岸段,其约占岸线总长的 13.7%;III 级岸线主要集中分布在杭州湾南岸的慈溪市东北部岸段、台州市区、温岭市、温州市区及瑞安县沿岸,约占岸线总长的 29.9%;IV 级岸线最长,主要分布在杭州湾近钱塘江口两岸、三门湾及乐清湾沿岸、平阳县及苍南县沿岸,约占岸线总长的 54.2%。

4.5.2.2　生活适宜性评价

根据岸线生活适宜性评价指标量化方式,将各指标量化,通过 ArcGIS10.0 将各指标等级划分如图 4-21。

图 4-21　生活适宜性指标分布

(1)环境质量。岸线环境质量的优劣主要通过近岸海域水质质量状况来表征,2012 年浙江省环境状况公报相关资料显示,由于受到无机氮、活性磷酸盐等影响,2012 年浙江省近岸海域富营养化污染较严重,水质状况较差。其中杭州湾南北岸水质最差,水体处于严重的富营养化污染下;宁波至台州岸段水质状况极差,四类及劣四类海水占 57.2%—60.9%;温州近海海域水质处于中度污染,四类和劣四类海水占约 45.2%。

(2)生态功能区邻近度。根据距风景名胜区以及生态功能区的距离远近对岸线进行生态功能区邻近度分级可知,平湖市南部、慈溪市西北岸段、象山港底部、三门湾南部、玉环县东南部及南部、乐清湾沿岸、平阳县沿岸以及苍南县南部岸段距生态功能区和风景区距离小于 5000m;而杭州湾两岸、慈溪北部及东北部、宁波市区大部分、象山湾口门处以及瑞安县等岸段距生态风景区相对较远,多大于 10000m。

(3)城镇邻近度。根据城镇邻近度分级标准可知,平湖市、海盐县北部海域、宁波甬江口附近及以南海域、象山港底部、温岭市东南部、玉环县南部以及瓯江口两岸等海域岸段距城镇距离较近,都小于 5000m,而杭州市区岸段、慈溪市东北部、象山县沿岸、三门湾、三门县、临海市、乐清湾沿岸以及温州南部的瑞安县、平阳县、苍南县大多以山地丘陵地形为主,故距城镇距离较远。

综合以上 3 项指标的组合情况,对浙江省海岸线进行生活适宜性评价可知,由于海洋水质受到严重污染等因素,Ⅰ、Ⅱ级生活适宜性岸线较少,主要分布在象山县东岸的中部、温岭市南部及玉环县南部海域,仅占岸线总长的

7.64％；Ⅳ级岸线最多，主要分布在杭州湾钱塘江入海口两岸、慈溪市北部及东北部、象山港海域、三门湾至台州市区、乐清湾沿岸以及温州大部分海域，占岸线总长的 56.46％。

4.5.2.3　生态适宜性评价

根据岸线生态适宜性评价指标量化方式，将各指标量化，通过 ArcGIS10.0 将各指标等级划分如图 4-22。

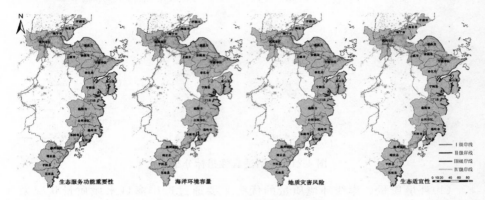

图 4-22　生态适宜性指标分布

（1）生态服务功能重要性。通过生态服务功能重要性等级划分可以看出，平湖市南部，甬江口镇海岸段、象山县东岸中部岸段、三门县东岸中部、玉环县南部以及乐清湾底部等由于靠近各类生态保护区，岸线生态服务功能较为重要；海盐县东南岸、象山县东南岸、三门湾底部等区域邻近风景名胜区和旅游度假区，生态服务功能较为重要。

（2）海洋环境容量。参照《浙江省海洋功能区划》，对浙江省岸线的海洋环境容量进行分级。海盐县与海宁市交界处附近、杭州市区南部岸线、象山港海域、温岭市、玉环县东南海域以及温州市区至苍南县岸段由于海水养殖等需要，执行一类水质标准，环境容量最小；余姚、慈溪沿岸、宁波穿山半岛北仑沿岸、象山县东部及三门湾海域、乐清湾沿岸环境容量次之；其余岸段环境容量相对较大。

（3）地质灾害风险。宁波穿山半岛南岸、象山港中部、象山县东南部、三门县、温岭市以及苍南县海域后方多以山地为主，坡度多大于 30°，且植被覆盖率较低，容易发生地质灾害；其他岸段后方多以平原为主，发生地质灾害风险相对较低。

综合以上 3 项指标的坐标组合，对浙江省海岸线进行生态适宜性等级划分（图 4-22）。结果显示，生态适宜性评价中Ⅰ级岸线较少，主要集中分布在象山县东岸的中部岸线、三门县中部以及玉环县南岸以及乐清湾底部岸线,仅占岸线总长的 1.45%,此类岸线生态服务功能较为重要,环境容量小,需要重点保护。Ⅱ级岸线主要分布在海盐县与海宁市交界处附近、象山港沿岸、温岭市以及温州大部分海域,占岸线总长的 53.23%;其余岸段为Ⅲ、Ⅳ级生态适宜性岸线,生态服务功能相对较弱。

4.5.2.4　浙江省岸线适宜功能类型划分

根据以上对浙江省海岸线的生产、生活、生态适宜性评价结果,将各岸段适宜性等级组成的坐标 (x, y, z) 对应到三维坐标系中,可以将浙江省岸线划分为生产优先开发岸线、生产适度开发岸线、生活旅游岸线、生态保护岸线以及储备岸线五种类型(表 4-16 和图 4-23):

表 4-16　浙江省沿海岸线适宜功能分类统计

岸线适宜类型	长度/km	比例/%
生产优先开发岸线	85.40	4.9
生产适度开发岸线	182.02	10.3
生活旅游岸线	385.56	21.9
生态保护岸线	25.53	1.5
储备岸线	1081.36	61.4

生产优先开发岸线:指生产适宜性等级高,生活和生态适宜性等级相对较低的岸线,开发需求和潜力较大,受生态等约束较小,适合大规模开发建设大型港口码头、工业仓储用地等。这类岸线主要分布在平湖市与海盐县交汇岸段、宁波甬江口以南至北仑北岸岸段、临海市东南岸段以及玉环县西南岸段等,约占岸线总长的 4.9%。

生产适度开发岸线:此类岸线具有一定的生态约束性,但生产适宜性相对较高,需要在合理控制建设用地的开发强度、规模和速度的前提下,并在政府或国家相关部门干预下进行开发利用,避免过度开发。该类岸线主要分布在象山港沿岸的宁波市区岸段以及象山县岸段、临海市东部岸段以及温岭市东北部和南部部分岸段,约占岸线总长的 10.3%。

生活旅游岸线:此类岸线主要指生活适宜性等级较高,生产适宜性等级相对较低,且受生态制约相对较小的岸线,岸线附近生态环境相对较好,且距城镇路程较短,交通通达度较高,适合开发建设城镇用地以及旅游、度假、休闲用地等绿色产业。该类岸线主要分布在海盐县东部部分岸段、慈溪市西北部岸段、象山港底部部分岸段、象山县东部及东南部岸段、三门湾南岸岸段、温岭市

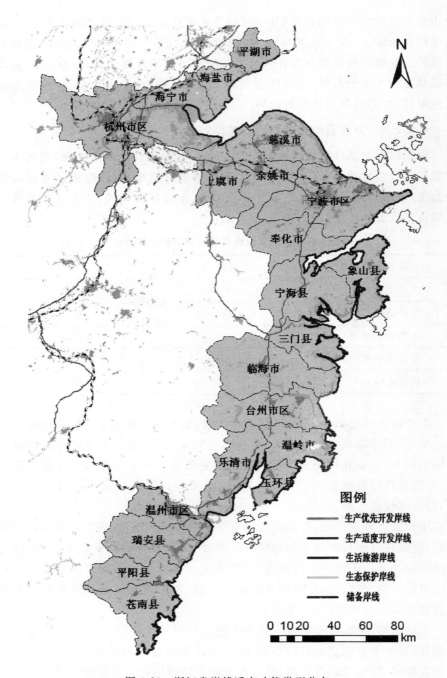

图 4-23 浙江省岸线适宜功能类型分布

东南岸段、玉环县东南及西部岸段、瓯江口两岸、平阳县以及苍南县南部岸段，约占岸线总长的 21.9%。

生态保护岸线：该类岸线主要位于重要的生态保护区范围内或生态环境比较脆弱的地区，如乐清市西门岛海洋特别保护区、苍南海岛珍稀与濒危植物自然保护区、平湖乍浦炮台海防史迹保护区等。此类岸线有着重要的生态服务功能，属于禁止开发区域，应对其实行强制性的保护措施，禁止任何个人或单位以任何理由私自进行各类不符合功能定位与国家规定的开发利用活动。该类岸线主要分布在象山县东部部分岸段、三门县中部部分岸段、玉环县南部岸段、乐清湾底部部分岸段等，约占总岸线的 1.5%。

储备岸线：对于生产、生活、生态适宜性等级均不高的岸段，包括沿海的山区丘陵地形等，均将其划定为储备岸线，有待未来技术条件改善后进行开发利用。此类岸线分布范围较广，约占岸线总长的 61.4%。

4.5.3   浙江省岸线合理利用对策

岸线利用适宜性评价及功能类型划分，是基于岸段地域的生态保护价值和社会经济开发潜力而进行的客观性基底状况分析。在此基础上，结合区域岸段开发利用现状、强度以及资源环境瓶颈作用，有效指导浙江省沿海岸线统筹布局，促进海岸带资源的可持续利用发展。

对浙江省海岸线综合适宜性评价表明，对于适合港口码头建设、工业开发的岸线，以及生产适度开发岸线，目前已被开发的主要包括嘉兴港口区、宁波—舟山港口区、台州港口区和温州港口区，在未来的发展过程中，应提出更高的经济产出标准以及生产发展效率要求。对于适合城镇建设以及休闲旅游开发的岸线，对于城镇化水平不是很高的三门县、平阳县、苍南县等地，可以充分利用所在区的资源环境优势，加快旅游业发展步伐，通过旅游收入推动城镇化发展。而对于生态保护岸线，应当严格控制个人或企业的开发活动，政府及相关部门可以通过建立生态补偿政策等，维护生态系统的综合服务功能。

4.5.4   小结

(1)岸线利用适宜性评价及功能类型划分，是基于岸段地域的生态保护价值和社会经济开发潜力而进行的客观性基底状况分析。通过建立生产、生活和生态保护三维立体指标架构体系，形成海岸线综合适宜性评价的指标体系，构建岸线综合适宜性评价方法，对浙江省大陆岸线适宜性进行综合评价，促进海岸带资源的可持续利用和发展。

同时，将 GIS 的技术手段运用到岸线综合适宜性评价中来，能够有效建立整体、系统的岸线评价指标数据库,其好处体现在以下几方面:①能够更加便捷地进行数据的累积、管理和处理;②可以根据不同的评价要求和目的一次性出图,大大提高了专题图制作效率;③有利于大范围的岸线评价等。

(2)对浙江省海岸线综合适宜性评价表明,在浙江大陆沿海岸线中,生产优先开发岸线占 4.9%,生产适度开发岸线占 10.3%,生活旅游岸线占 21.9%,生态保护岸线占 1.5%,储备岸线占 61.4%。其中,对于适合港口码头建设、工业开发的岸线,以及生产适度开发岸线,目前已被开发的主要包括嘉兴港口区、宁波—舟山港口区、台州港口区和温州港口区,因此,今后发展过程中应提高岸线的集约化利用水平。对于适合城镇建设以及休闲旅游开发的岸线,对于城镇化水平不是很高的三门县、平阳县、苍南县等地,可以充分利用所在区的资源环境优势,加快旅游业发展步伐,通过旅游收入推动城镇化发展。生态保护岸线,应当严格控制个人或企业的开发活动,维护生态系统的综合服务功能。

(3)由于 GIS 方法在岸线资源评价研究中的应用尚处于起步阶段,加上本书部分指标来自经验数据,可能一定程度上影响了评价结果的精度,所以,在今后的研究中需不断完善评价所需的相关基础数据。

5 人类活动对浙江省海岸带景观格局演化的影响

5.1 浙江省海岸带景观分类系统建立及提取方法

5.1.1 海岸带景观分类系统

本章的研究目的是对岸线开发影响下的海岸带景观格局的时空演化分析，因此，景观格局分类系统的确定将直接关系到分析结果的准确与否。对于土地利用现状调查的研究，我国曾经制定过多套土地利用分类系统，而目前最为常用也最具代表性的应当是 1984 年全国农业区划委员会所颁布的《土地利用现状分类及含义》（陈百明和周小萍，2007）。在此分类标准中主要采取两级分类系统，一级类别可分为 8 类，二级类别按照土地的具体功能再细分，共 46 类，此外，对于某些复杂地类，也可按照实际情况进行三、四级类别的划分。2007 年，国家颁布执行了新的《土地利用现状分类》（GB/T 21010—2007）方案，新方案采用一级、二级两个层次的分类体系，包括一级类别 12 个，二级类别 56 个。而在国外，比较公认的土地类型分类方法是 Anderson 等（1999）所提出的土地利用分类体系。但是，由于不同地区的土地利用差异，不同研究者研究目的的差异以及对景观定义理解的差异等（王迎麟，1996），景观分类目前仍没有一个统一的标准。

在国家的《土地利用现状分类》标准基础上，结合国内外遥感景观分类相关文献（吴计生，2006；Shi 等，1996），同时根据浙江省海岸带自然生态背景与土地利用实际现状以及本篇的研究需要，将本研究区域内的土地利用类型分为林地、耕地、建设用地、水域、养殖用地、滩涂、未利用地七大类。而景观分类系统的建立主要参照研究区域的自然及人文地理特征,其划分与土地利用类型分类保持一致,具体分类系统详见表 5-1。但是在实际分析过程中,由于受到 TM 影像 30m 分辨率的制约,无法准确解译二级景观分类系统,故本研究仅对一级景观分类变化做研究。

表 5-1　浙江省海岸带遥感解译景观类型分类系统

编号	一级类型	二级类型	基本含义
1	林地	有林地、灌木林地、疏林地、果园、茶园、桑园等园地	指生长乔木、灌木、竹类植物的土地,以及采集果、叶、根、茎、枝等的园林地,不包括居民点绿化用地、交通设施周围的绿化带等
2	耕地	灌溉水田、水浇地、旱地、菜地、草地等	指生长农作物的土地,包括水稻田、经济作物(棉花、蔬菜等)田地、牧草轮作地,以及田地间较小的道路、沟渠、田埂等
3	建设用地	商服用地、城镇住宅用地、农村宅基地、工矿仓储用地、公共服务用地、特殊用地、交通运输用地	指城乡居民点及其各类附属设施,工业、采矿、仓储用地,公园、风景名胜区及其内部绿化等,国防、军事、宗教、殡葬用地以及铁路、公路、机场、港口码头用地等
4	水域	较大河流、水库、湖泊、坑塘	包括滩涂水库、内陆湖泊、较大河网以及山区坑塘等,不包括已垦滩涂中用于养殖的水域
5	养殖用地	鱼塘、虾塘、蟹塘、鳝塘等	包括内陆各类水产养殖滩面、沿海围垦区的各种养殖塘以及少量盐田等
6	滩涂	裸滩、草滩	指沿海大潮高潮位与低潮位之间的潮侵地带,不包括已垦滩中已建成的耕地、养殖用地、建设用地等
7	未利用地	空闲地、荒地、裸岩	指城镇、村庄、工矿内部尚未利用的土地,或已开垦但尚未明确利用方向的荒地等,以及指表层为土质,基本无植被覆盖的山区山体

5.1.2　海岸带景观提取方法

多波段 TM 遥感影像的假彩色合成是分类的关键前提,决定了影像能否呈现出较丰富的地物信息或者能突显出某一类特殊地物。在本篇的研究过程中,主要选取 5、4、3 波段组合,这种组合既包含了较大的信息量,同时比较适用于植被的分类;以及 7、3、1 波段组合,该组合能够明显地呈现陆地地物信息,有助于人眼的目视解译。

对于浙江省海岸带景观分类方式的选取,主要尝试了 Erdas 的监督分类与非监督分类,eCognition 的基于样本分类及基于规则分类等方式,由于监督分类与非监督分类的分类结果会产生较多的小碎斑,处理小碎斑工作量较大,且分类精度不太理想,故综合各类原因,最终选用了 eCognition 的基于样本分类方式。根据 TM 遥感影像不同波段的特征,利用 eCognition Developer 8.7 基于样本的分类方式,对 1990 年、2000 年、2010 年三个时相的浙江省海岸带遥感影像每一种景观类型均选取了不少于 50 个样本单元区,用于 1990 年、2000 年、2010 年浙江省海岸带景观的初步分类。但是在具体操作过程中,计算机分类无法很好地解决遥感影像上同谱异物和同物异谱的分类问题,通常导致部分景观分类出现误差,因此,为了保证分类的精度,在此 eCognition 初步分类的基础上,通过分类后比较法(刘慧平和朱启疆,1999)以及人机交互式解译等方法,借助 ArcGIS10.0 对分类结果进行校对、更正,保证了分类的准确性,以此形成 1990 年、2000 年、2010 年三时期的浙江省海岸带景观类型解译图(图 5-1)。在此基础上,对照 Google Earth,南京师范大学以及中科院提供的 1:250000 浙江省地理背景数据,对相应的时相图像随机选择了近 200 个样本区进行分类精度检验。结果表明,精度指数分别为 0.89(1990 年)、0.87(2000 年)、0.92(2010 年),均达到了最低允许的判别精度 0.7 的要求(Lucas et al.,1994)。

5.2　浙江省海岸带景观类型时空演化分析

基于三个时期的浙江省海岸带 TM 遥感影像图,通过计算机解译以及人工的修正,分布得到相应的海岸带景观类型解译图(图 5-1)。在此基础上,可以对三个时期 20 年间浙江省海岸带景观变化总量进行分析;同时,通过三个时期解译图像的两两叠加分析,可得到浙江省海岸带景观类型的相互转化信息。

5.2.1　浙江省海岸带景观现状分析

从 2010 年浙江省海岸带景观利用现状来看,整个研究区内景观类型以林地为主(表 5-1),为 3421.47km²,占研究区总面积的 34.48%。其次是耕地,约占 31.55%。此外,建设用地面积为 1421.81km²,占区域总面积的 14.33%。水域、滩涂、未利用地及养殖地的面积相对较少,三者合占区域总面积的 19.6%。

而从各景观类型的空间分布来看,不同的景观类型在浙江省海岸带有着各自不同的重点分布区域(图 5-1)。从 2010 年的景观类型分布现状来看,林

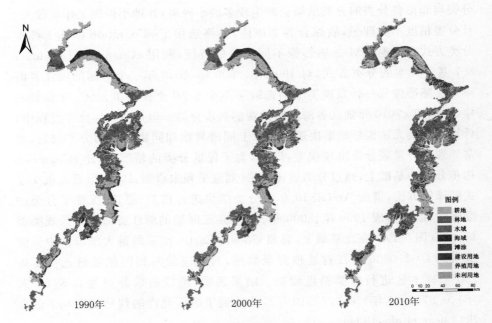

图 5-1　1990 年、2000 年、2010 年浙江省海岸带景观利用现状

地主要分布在研究区的西部及南部地区,主要包括从宁波北仑至奉化市、宁海县、象山县沿海城镇西部地区,台州三门县、临海市至椒江口以北的西部地区,玉环县至温州乐清市大部分区域以及温州市区以南的平阳县和苍南县的大部分区域。而耕地和建设用地多分布在地势较为低平的区域,包括杭州湾北岸的嘉兴市,杭州湾南岸宁波的余姚市、慈溪市至宁波市区甬江口沿岸,台州市的椒江口沿岸至温岭市以及温州乐清市南部至鳌江口两岸。水域作为浙江省海岸带重要的景观类型之一,主要包括较大河流、水库、湖泊、坑塘等,虽然面积所占比重不大,但是广泛分布在研究区的各个区域,且对耕地的灌溉以及城镇居民的生活都有着不可替代的作用。滩涂和养殖用地大多分布在沿海区域,其中,滩涂主要分布在杭州湾南岸、象山港底部、三门湾、乐清湾沿岸等;而养殖用地主要分布在耕地外围沿海区域。研究区内的未利用地主要包括空闲地、荒地、裸岩等,呈现出散状分布在沿海区域、山地顶部等区域。

5.2.2　浙江省海岸带景观总量变化分析

由图 5-1,通过 ArcGIS10.0 软件,可以计算出各时期各景观类型的利用面积及每隔 10 年的面积变化情况(表 5-2、图 5-2),由此得出近 20 年浙江省海岸带各景观类型的面积变化规律。

表 5-2　1990—2010 年浙江省海岸带景观面积变化

类型	面积（km²）			面积变化总量（km²）		面积年变化量（km²）
	1990 年	2000 年	2010 年	1990—2000 年	2000—2010 年	
耕地	3762.82	3664.51	3130.43	−98.31	−534.08	−31.62
海域	767.61	529.72	0.00	−237.89	−529.72	−38.38
建设用地	245.78	522.34	1421.81	276.56	899.48	58.80
林地	3788.64	3576.25	3421.47	−212.39	−154.78	−18.36
水域	518.40	457.17	422.22	−61.23	−34.95	−4.81
滩涂	625.50	703.39	540.65	77.89	−162.74	−4.24
未利用地	63.63	138.68	322.55	75.05	183.87	12.95
养殖用地	150.04	330.36	663.29	180.32	332.93	25.66

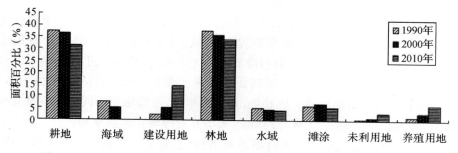

图 5-2　1990 年、2000 年、2010 年浙江省海岸带景观结构及面积构成变化

　　(1)耕地呈现加速减少趋势。由图 5-1,图 5-2 及表 5-2 可知,由于浙江省海岸带地处浙北平原、浙东丘陵及浙南山地间,故耕地是浙江省海岸带最主要的景观类型之一。1990 年、2000 年及 2010 年浙江省海岸带的耕地面积分别为3762.82km²,3664.51km²,3130.43km²,分别占海岸带景观总面积的37.92%,36.93%和31.55%,20 年来,海岸带耕地面积净减少量达 632.39km²,且 2000—2010 年减少量为 1990—2000 年的近 6 倍,年平均减少量 31.62km²,在各类景观类型中,减少速度仅次于海域,总体呈现出加速减少的趋势。

　　(2)林地和水域面积呈现出减少趋势,但速度有所放缓。20 年来,浙江省海岸带林地面积以及水域面积(包括河流、湖泊、水库等)也呈现出不断减少的趋势。林地作为浙江省海岸带占地面积最广的景观类型,其面积由 1990 年的3788.64km² 减少至 2000 年的 3576.25km²,进而又减少至 2010 年的 3421.47km²,前后 10 年,面积净减少量分别为 212.39km² 和 154.78km²,年均减少量为18.36km²。同时,水域面积也呈现出减少趋势,面积占有比例从 5.22%减少至 4.26%,年均减少量达 4.81km²。但是,整体而言,林地面积及水域面积前后 10 年的减少速度总体有所放缓。

(3)建设用地呈现出快速增长趋势。建设用地是浙江省海岸带增长最快的景观类型,1990 年建设用地面积为 245.78km²,占总面积的 2.48%;到 2000 年增加至 522.34km²,占总面积的 5.26%,净增加量达 276.56km²;而至 2010 年,建设用地面积已达 1421.81km²,占总面积的 14.33%,净增加量 899.48km²,年平均增加量为 58.80km²,且整体呈现出加速增长的态势,是所有景观类型中面积变化最大,且面积增长最多的类型。

(4)海域面积大量被占用。以 2010 年海岸线作为浙江省海岸带外侧边界,则 1990 年,全海岸带共有海域面积 767.61km²,占总面积的 7.74%,而 2000 年,海域面积已减少至 529.72km²,净减少量达 237.89km²,而 2000—2010 年 10 年间,海域面积净减少量达 529.72km²,20 年间,海域面积的年平均减少量达 38.38km²,是各类景观类型中减少最多的景观,越来越多的海域正在加速转化为各种人工景观类型。

(5)滩涂呈现出先增加后减少的趋势。浙江省滩涂大部分集中于杭州湾南岸、三门湾、乐清湾以及温州沿岸的海域。1990 年,海岸带滩涂面积为 625.50km²,而 2000 年,滩涂面积增加至 703.39km²,增加了近 0.78%。2010 年滩涂面积为 540.65km²,10 年间面积净减少量达 162.74km²。整体而言,滩涂面积呈现先增加后减少的趋势,且近几年来,滩涂增加的面积远不及减少面积,20 年间年均减少量为 4.24km²,人类开发滩涂正愈演愈烈。

(6)养殖用地及未利用地面积不断增加,且近 20 年呈现出加速的趋势。养殖用地从 1990 年的 150.04km²,增加至 2000 年的 330.36km²,到 2010 年,养殖用地面积已达 663.29km²,在 20 年间养殖用地增加了近 5.2%,年均增加面积达 4.24km²,且后 10 年的增加量为前 10 年的近 2.5 倍,增加速度日益加快。同时,未利用地也呈现出增加的趋势,越来越多的海域、滩涂被用来开发为各种人工景观,且利用速度在不断加快。

5.2.3 浙江省海岸带景观类型转移

景观利用格局的变化通常表现为各类不同的景观类型之间相互的转化。如表 5-3 和表 5-4 是浙江省海岸带 1990—2000 年及 2000—2010 年景观类型的面积转移矩阵。据此可分析浙江省海岸带各类景观类型在 20 年间的转移变化过程。

表 5-3　浙江省海岸带景观类型面积转移矩阵(1990—2000)

2000 年面积(km²) 1990 年面积(km²)	耕地 3664.51	海域 529.72	建设用地 522.33	林地 3576.25	水域 457.17	滩涂 703.39	未利用地 138.68	养殖用地 330.36	转移概率(%)
耕　地　3762.82	3175.26	0.00	288.17	125.95	35.55	41.02	26.81	70.06	15.61
海　域　767.61	13.70	510.39	2.17	0.00	11.61	197.14	10.31	22.28	33.51
建设用地　245.77	49.38	0.00	178.95	12.20	4.26	0.00	0.60	0.38	27.19
林　地　3788.64	285.28	0.00	32.48	3426.24	14.37	8.53	21.63	0.12	9.57
水　域　518.40	39.04	0.00	5.63	3.00	361.30	52.52	31.80	25.11	30.30
滩　涂　625.50	67.45	19.11	2.57	0.00	26.86	396.81	17.90	94.81	36.56
未利用地　63.63	16.80	0.22	9.68	8.86	1.62	0.07	13.07	13.31	79.45
养殖用地　150.04	17.60	0.00	2.68	0.00	1.61	7.29	16.56	104.30	30.49

表 5-4　浙江省海岸带景观类型面积转移矩阵(2000—2010)

2010 年面积(km²) 2000 年面积(km²)	耕地 3130.43	建设用地 1421.81	林地 3421.47	水域 422.22	滩涂 540.65	未利用地 322.55	养殖用地 663.29	转移概率(%)
耕　地　3664.52	2677.23	691.21	96.30	4.68	7.81	34.78	152.52	26.94
海　域　529.72	19.35	19.30	0.00	0.00	269.39	159.50	62.18	100.00
建设用地　522.33	35.06	446.55	22.52	0.00	0.00	16.76	1.44	14.51
林　地　3576.26	212.30	86.91	3268.07	0.42	0.00	2.83	5.73	8.62
水　域　457.17	7.43	30.52	16.97	370.46	4.13	2.77	24.88	18.97
滩　涂　703.39	79.72	66.69	0.00	40.94	248.15	76.80	191.09	64.72
未利用地　138.68	20.84	33.70	17.61	0.61	3.62	14.26	48.05	89.72
养殖用地　330.36	78.50	46.93	0.00	5.11	7.56	14.86	177.40	46.30

　　由表 5-3、表 5-4 可知,1990—2000 年耕地景观转移面积最大,由耕地转化为其他类型景观的面积达 587.56km²,转移概率为 15.61%。主要的转出方向为建设用地(288.17km²),占耕地转化总量的 49%,其次为林地,占总转化量的 21.4%,再次是转化为养殖用地(70.06km²)、滩涂(41.02km²)、水域(35.55km²)及未利用地(26.81km²)。而 2000—2010 年,耕地面积转化量达 987.28km²,转化概率为 26.94%,平均转化速度高于前 10 年。且有 691.21km² 的耕地转化为建设用地,占耕地总转化面积的 70%,这主要是由于近 20 年来,特别是近 10 年来,浙江省沿海城镇经济快速发展,大量的城市和农村建设占用了耕地,耕地面积快速下降。同时,近 10 年间,有 152.52km² 的耕地转

化为养殖用地,占耕地总转化面积的 15.4%,这主要是由于近几年浙江省海洋渔业的迅猛发展,更多的沿海渔民将大面积的沿海耕地进行总体整合,发展为养殖用地。再次是转化为林地、未利用地、滩涂及水域。

建设用地是浙江省海岸带面积增长最多,也是面积增长最快的景观类型。1990—2000 年的 10 年间,共有 343.38km² 的其他景观类型转化为建设用地,其主要来源为耕地和林地,分别为 288.17km² 和 32.48km²。而在 2000—2010 的 10 年间,有 975.26km² 的其他用地转为建设用地,占 2010 年建设用地总面积的 68.6%,由于受到经济发展的影响,后 10 年的转化量及转化速度远高于前 10 年,其主要来源为耕地(691.21km²)。此外,在 20 年间也有较小部分的建设用地转化为了耕地、林地及水域等,这主要是由于研究时段内部分乡镇的合并、行政区划的调整、工矿用地的复垦等,部分建设用地转为了其他用地。

林地在 1990—2000 年及 2000—2010 年间也有不同程度的减少,其转化率分别为 9.57% 和 8.62%。其主要的转移方向为耕地,前后 10 年的转移面积分别为 285.28km² 和 212.30km²,分别占总转化林地面积的 78.7% 和 68.9%,这主要与期间耕地被大量占用后,为保证基本农田面积,故有一部分的林地被占用开发为耕地有关。其次是转化为建设用地,共 119.39km²。而林地转为其他用地的相对较少。此外,也有少量的耕地、未利用地等转化为林地,这些主要以人工林为主。

研究区内包括河流、水库、湖泊、坑塘在内的水域在 20 年间也有不同程度的减少,1990—2000 年 10 年间,共有 157.1km² 的水域转化为其他用地,主要转化方向包括滩涂,为 52.52km²,占总转化面积的 33.4%,主要是河口及港湾处随着淤泥的不断淤积,使得河流入海口更多的水域转化为滩涂,其在杭州湾两岸的钱塘江口最为显著。其次为耕地和养殖用地,两者共占总转化面积的 40.8%,主要体现在沿海的滩涂水库被大面积围填开发成为耕地及养殖池等。同时,也有少量的水域转化为建设用地、林地、未利用地等,但面积相对较少。而 2000—2010 年的 10 年间,水域面积减少速率相对前 10 年有所放缓,共减少 86.71km²,主要去向则以建设用地和养殖用地为主,分别占 10 年内总减少面积的 35.2% 和 28.7%。

滩涂从 1990—2010 年的 20 年间共减少 683.94km²,前后 10 年的转化率分别为 36.56% 和 64.72%。前后 10 年的主要转化方向均为养殖用地和耕地,转移面积分别为 285.9km² 和 147.17km²,养殖用地主要集中在杭州湾南岸杭州市区至慈溪市岸段的海产品养殖池以及温州市瓯江至飞云江岸段的海岸平原沿海岸段的养殖池,而沿海的围垦造地也使得大面积的滩涂转化为耕地。其次是转化为水域,面积为 67.8km²,主要是滩涂水库的建造。而在

2000—2010 年的 10 年间,另有 66.69km² 及 76.80km² 分别转化为建设用地及未利用地(此类未利用地大多为围垦填土后还未建建筑的用地),主要是沿海各类道路及围垦工业、住宅等的建筑用地。

养殖用地从 1990—2010 年 20 年间共增加了 513.25km²,其来源主要有滩涂、耕地和海域,面积分别为 285.9km²,222.57km² 和 84.46km²。1990—2000 年间,分别有 17.6km² 和 16.56km² 养殖用地转化为耕地和未利用地,转化面积分别占总面积的 38.5% 和 36.2%。而 2000—2010 年间,转化的养殖用地中,大部分转化为耕地和建设用地,分别占 10 年间总转化面积 51.32% 和 30.7%。

未利用地是浙江省海岸带各类用地中除海域外转移概率最高的用地,前后 10 年的转移概率分别为 79.45% 和 89.72%。这主要跟对未利用地的界定方式及该地类自身的性质相关,未利用地主要指代遥感影像获取时刻已开垦但尚未明确利用方向的荒地,以及表层为土质,基本无植被覆盖的山区山体等,经过 10 年的开发利用,多数已被利用为其他用地,故其转移概率较高。在 1990—2000 年间未利用地主要转化方向以耕地和养殖用地为主,其面积分别占总转化面积的 33.23% 和 26.33%,其次为建设用地和林地。而在 2000—2010 年间,未利用地的转化方向以养殖用地和建设用地为主,分别占总转化面积的 38.62% 和 27.19%。

海域作为浙江省海岸带一类特殊的景观类型,随着人类围填海力度的加剧,在 20 年间呈现出加速下降的趋势。1990—2000 年间共有 257.22km² 的海域转化为其他用地,其中,转化为滩涂的为 197.14km²,占总转化面积的 76.64%。而 2000—2010 年间有 269.39km² 的海域转化为滩涂,占总转化面积的 50.86%。其次,在 20 年间,也有一部分的海域转化为未利用地、养殖用地、耕地及建设用地。

5.2.4　浙江省海岸带景观类型空间重心迁移分析

5.2.4.1　空间重心迁移模型确立

不同景观类型在不同时期内的重心变化能够很好地反映一定时期内景观类型分布的空间变化情况。空间重心迁移模型主要是在 ArcGIS10.0 软件的支持下,以各景观类型的版块总面积为权重,计算出各个不同时期各类景观类型的空间坐标,重心坐标(X_{t_i}, Y_{t_i})的计算公式为:

$$X_{t_i} = \frac{\sum_{i=1}^{n}(a_{ij} \times x_{ij})}{\sum_{i=1}^{n} a_{ij}}, \qquad Y_{t_i} = \frac{\sum_{i=1}^{n}(a_{ij} \times y_{ij})}{\sum_{i=1}^{n} a_{ij}} \qquad (式 5-1)$$

式中,重心坐标(X_{ti},Y_{ti})表示某个研究区域内t年第i类景观类型的空间重心坐标;a_{ij}为t年第i类景观类型的第j个斑块的面积;x_{ij},y_{ij}分别为t年第i类景观类型的第j个斑块的重心坐标,n为研究区内景观类型总数(李文训和孙希华,2007)。

其次,在上述的基础上可以计算出浙江省海岸带各类景观类型的年均迁移速率,从而分析浙江省海岸带景观类型的空间变化特征。景观类型的重心迁移速率计算公式为:

$$V_{t_i}=\frac{\sqrt{(X_{t_{i+1}}-X_{t_i})^2+(Y_{t_{i+1}}-Y_{t_i})^2}}{(t_{i+1}-t_i)}$$
(式 5-2)

式中,X_{t_i},Y_{t_i}表示t年第i类景观类型的重心坐标,$(t_{i+1}-t_i)$表示重心迁移的时间间隔,$V_{t_{i+1}}$表示在$(t_{i+1}-t_i)$时间间隔内,第i类景观类型的重心迁移速率(刘诗苑和陈松林,2009)。

5.2.4.2 景观类型空间重心迁移分析

1990—2010 年的 20 年间,浙江省的各类景观类型的空间分布有着较大的变化,这些变化可以体现在各类景观类型空间重心的迁移上,如图 5-3 所示。不同时期不同景观类型的重心迁移有着不同的特征。整体而言各类景观类型的重心均位于研究区的中北部宁海县及三门县以西区域,这主要与研究区域整体形状特征有关,北部面积相对南部而言占区域总比重更大。在各类景观类型中,水域的重心最靠北,这主要是因为杭州湾口的钱塘江入海口占总水域的比重较大,但是,随着钱塘江入海口的不断淤积,不断被开发利用为耕地、养殖用地等其他地类,20 年间其重心呈现出向东南方向迁移的趋势。林

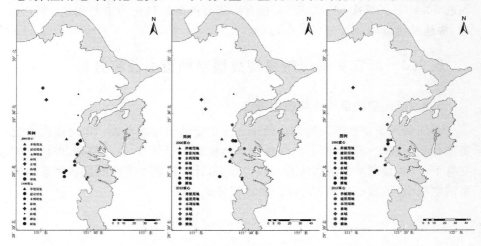

图 5-3 1990—2000 年、2000—2010 年、1990—2010 年浙江省海岸带各景观类型重心迁移图

地的重心相对较为偏东且偏南,且 20 年间迁移幅度不大,这主要受地形的影响,林地大多分布于山地丘陵地区,且变化范围不大。建设用地、耕地、滩涂重心位于相对靠中心区域,这主要是由于这些景观类型大多位于平原地区,且分布相对较为集中。

从不同时段来看,1990—2000 年间重心迁移幅度最大的是未利用地,其重心向东北方向迁移了 18.11km(表 5-5),这是由未利用地的性质所决定的,在 10 年间,更多的未利用地被用于开发建设,同时也有许多滩涂、海域被围垦,作为新一轮的其他用地,故重心迁移变化比较明显。其次为养殖用地,其重心向西北方向迁移了 13.29km,主要是由于在这 10 年间杭州湾沿岸尤其是北岸的海宁市岸段和南岸的慈溪市岸段的养殖用地不断被开发利用,重心向西北方向迁移。而建设用地的重心迁移幅度不大,10 年间向正南偏东方向迁移了 3.85km。迁移幅度最小的为林地,由于近海区域林地被开发占用,故重心向西南方向迁移了 2.07km。

表 5-5 1990—2010 年浙江省海岸带各景观类型重心迁移情况

(单位:km)

类型	1990—2000 年	2000—2010 年	1990—2010 年
水域	11.66	9.77	21.39
未利用地	18.11	13.07	30.20
建设用地	3.85	27.90	24.42
养殖用地	13.29	16.91	18.43
耕地	3.97	2.45	3.37
滩涂	3.67	35.32	38.96
林地	2.07	1.37	0.88

注:由于海域景观范围确定较特殊,仅作为辅助景观类型,故暂不将其列为景观重心迁移的研究对象。

此外,在 2000—2010 年间浙江省海岸带各景观类型的重心迁移情况与前 10 年相比有着较大的变化。在这 10 年间重心迁移幅度最大的为滩涂,其重心向正北偏东方向迁移了 35.32km,这主要是由于杭州湾南岸慈溪市沿岸的大量海域不断淤积,形成了滩涂,重心向北迁移。其次,建设用地重心迁移幅度也较大,向东北方向迁移了 27.9km,与前 10 年向南的迁移趋势有着较大的差别,这主要是由于进入 21 世纪后,研究区北部的嘉兴市、宁波市等进入快速发展阶段,宁波市区平原地区建设用地规模迅速扩展,且这类扩张以沿海、沿江等中心城区及周边经济水平较高的县市区为主,故重心向东北方向迁移。

此外,养殖用地的重心迁移方向也与前 10 年的趋势有着较大的差别,其主要向东南方向迁移了 16.91km,这主要是研究区南部的温州市乐清湾至鳌江南岸地区,大量的滩涂被开发利用为养殖用地所致。而未利用地的重心不断向东推进,人类新开发待建设区域大多位于沿海区域,且以围填海开发利用为主。

综上,浙江省近 20 年来各类景观类型空间变化较大,且存在着时段差异,19 世纪 90 年代至 21 世纪期间,人类活动对海岸带的开发力度相对较小,主要以第一产业养殖用地的开发为主,且开发力度较大的区域大多集中在海岸带北部的嘉兴市和宁波市。而进入 21 世纪后,人类活动对海岸带景观类型变化的影响较大,主要体现在海岸带东北部区域建设用地规模加速扩大,研究区南部温州市沿岸养殖用地规模呈现出扩大趋势。

5.2.5 小结

通过对浙江省海岸带区域景观现状、转移及重心转移情况的分析,得到如下几个结论:

(1)浙江省海岸带景观利用类型主要以林地为主,其面积达 3421.47km²,占研究区总面积的 34.48%。其次是耕地,约占 31.55%。此外,建设用地面积为 1421.81km²,占区域总面积的 14.33%。水域、滩涂、未利用地及养殖用地的面积相对较少,三者合占区域总面积的 19.6%。从景观分布特点来看。林地主要分布在研究区的西部及南部地区,耕地和建设用地多分布在地势较为低平的区域,水域作为浙江省海岸带重要的景观类型之一,广泛分布在研究区的各个区域,且对耕地的灌溉以及城镇居民的生活都有着不可替代的作用。滩涂和养殖用地大多分布在沿海区域,研究区内的未利用地主要包括空闲地、荒地、裸岩等,呈现出散状分布在沿海区域、山地顶部等区域。

(2)耕地呈现加速减少趋势,20 年的净减少量达 632.39km²,其转化方向主要为建设用地,转化量达 288.17km²,其次为林地、养殖用地(70.06km²)、滩涂(41.02km²)、水域(35.55km²)及未利用地(26.81km²)。林地和水域面积呈现出减少趋势,但速度有所放缓,其中,林地的转化方向主要为耕地。建设用地是浙江省海岸带增长最快的景观类型,且整体呈现出加速增长的态势,是所有景观类型中面积变化最大,且面积增长最多的类型,主要来源为耕地和林地。海域面积大量被占用,是各类景观类型中减少最多的景观,越来越多的海域正在加速转化为各种人工景观类型。滩涂呈现出先增加后减少的趋势。1990 年,滩涂面积为 625.50km²,而 2000 年,滩涂面积增加至 703.39km²,增加了近 0.78%。2010 年滩涂面积为 540.65km²,10 年间面积净减少量达

162.74km²。养殖用地及未利用地面积不断增加,且近 20 年呈现出加速的趋势,其来源主要有滩涂、耕地和海域,面积分别为 285.9km²、222.57km² 和84.46km²。同时,未利用地是浙江省海岸带各类用地中除海域外转移概率最高的用地,前后 10 年的转移概率分别为 79.45% 和 89.72%。

(3)浙江省近 20 年来各类景观类型空间变化较大,且存在着时段的差异,19 世纪 90 年代至 21 世纪期间,人类活动对海岸带的开发力度相对较小,主要以第一产业养殖用地的开发为主,且开发力度较大的区域大多集中在海岸带北部的嘉兴市和宁波市。而进入 21 世纪后,人类活动对海岸带景观类型变化的影响较大,主要体现在海岸带东北部区域建设用地规模加速扩大,研究区南部温州市沿岸养殖用地规模呈现出扩大趋势。

5.3　浙江省海岸带景观格局响应

本节主要以浙江省海岸带乡镇边界为研究区域,基于景观分类数据和景观生态学的方法,在 RS 和 GIS 等相关技术的支持下,通过对研究区 1990 年、2000 年、2010 年三个不同时期遥感影像的空间叠加运算等,来揭示浙江省海岸带 20 年来景观格局空间演变特征,此研究对探讨浙江省海岸带景观演化与社会经济活动的内在机理、分析浙江省海岸带生态效应、指导区域土地利用规划具有重要的现实意义。

5.3.1　景观格局变化分析方法及指标选取

本节对于景观格局变化的分析主要采用格局指数方法和空间统计方法。随着景观生态学中一些用于景观分布状况及景观结构配置等指标体系的形成和不断完善,形成了许多具有代表性的用于分析景观结构的各类指标(肖笃宁等,2001)。但在实际运用过程中,由于较多的指标有着很高的相关性,故Hargis 等人通过相关分析指出,采用多种指标并不一定能增加"新"的信息(Hargis 等,1998;Ritters 等,1995)。

本书在总结了前人的研究成果的基础上,主要从类型和景观两个水平上对浙江省海岸带的景观格局变化进行定量化分析。在类型水平上,主要选取斑块数量(NP)、平均斑块面积(MPS)、斑块密度(PD)、边界密度(ED)、形态指数(LSI)、斑块分维数(FD)、破碎度指数(F_i)、分离度指数(N_i)等七个指标,分别从各个类型斑块的数量、大小、形状及其内部的关联性等几个方面对浙江省海岸带景观类型变化特征进行分析;在景观水平上,除了选取类型水平上的几个指标外,还选取了 Shannon 多样性指数(SHDI)、Shannon 均匀度指数(SHEI)两个指标,对浙江省海岸带 1990—2010 年的景观格局变化特征进行定量分析。以上所有指标的计算均借助景观指数计算软件 Fragstats3.4 来完成。各个指标的生态含义以及计算公式如表 5-6 所示(林增等,2009;彭建等,2004;陆元昌等,2005;王琳等,2005)。

表 5-6　景观格局分析指标及其含义

景观指数指标	计算公式	生态含义	尺度水平
斑块数量(NP)	NP(个)	描述景观的异质性和破碎度,NP 值越大,破碎度越高,反之则越低,$NP \geqslant 1$	类型/景观
平均斑块面积(MPS)	$MPS = \dfrac{A}{NP}$(ha) A 为区域内所有(或某一类)景观面积(ha),NP 为区域内总(或某一类)景观的斑块个数(个)	表征某一个地类的破碎程度,MPS 值越小,则该种地类越破碎	类型/景观
斑块密谋(PD)	$PD = \dfrac{NP}{A}$ NP 为斑块总数(个),A 代表总的景观面积(ha),$PD \geqslant 0$	表征景观破碎化程度的指标,斑块密度越大,景观破碎化程度越高,反之则越低	类型/景观
边界密度(ED)	$ED = \dfrac{E}{A}$ E 为斑块边界总长度(km),A 为景观总面积(ha),$ED \geqslant 0$	指景观中单位面积的边缘长度,是表征景观破碎化程度的指标,边界密度越大,景观越破碎,反之则越完整	类型/景观
形态指数(LSI)	$LSI = \dfrac{0.25E}{\sqrt{A}}$ E 为斑块边界总长度(km),A 为景观总面积(ha),$LSI \geqslant 0$	反映斑块形态的复杂程度,当景观类型中所有斑块均为正方形时,$LSI = 1$;当景观中斑块形状不规则或偏离正方形时,LSI 值增大	类型/景观
斑块分维数(FD)	$FD = \dfrac{2\ln(0.25P)}{\ln A}$ P 为斑块总周长(km),A 为斑块面积(ha)	用来测定斑块形状影响内部斑块的生态过程,如动物迁移、物质交流	斑块
破碎度指数(F_i)	$F_i = \dfrac{NP_i - 1}{Q}$ NP_i 为 i 类景观类型的斑块数,Q 是研究区所有景观类型的平均面积,$0 \leqslant F \leqslant 1$	用来表征某一景观类型或景观整体的破碎化程度,破碎度指数取值在 0 和 1 之间,0 表示无破碎化存在,1 则代表已完全破碎	类型/景观
分离度指数(N_i)	$N_i = \dfrac{D_i}{S_i}$ D_i 是景观类型 i 的距离指数,$D_i = 0.5 \times (n/A)^{0.5}$ n 为景观类型 i 的斑块数,A 为研究区总面积。S_i 是景观类型 i 的面积指数,$S_i = \dfrac{A_i}{A}$ A_i 为景观类型 i 的面积	表征景观要素的空间分布特征,分离度越大,表示斑块越离散,斑块间的距离也就越大	类型/景观

续表

景观指数指标	计算公式	生态含义	尺度水平
Shannon 多样性指数（SHDI）	$SHDI = \sum_{i=1}^{m} P_i \times \ln(P_i)$ m 为斑块类型总数，P_i 为第 i 类斑块类型所占景观总面积的比例，$SHDI \geqslant 0$	表征景观类型的多少以及各类型所占总景观面积比例的变化，同时能够体现不同景观类型的异质性，对景观中各类型非均衡分布状况较为敏感，强调稀有的景观类型对总体信息的贡献度	景观
Shannon 均匀度指数（SHEI）	$SHEI = \dfrac{-\sum_{i}^{m} P_i \times \ln(P_i)}{\ln(m)}$ m 为斑块类型总数，P_i 为第 i 类斑块类型所占景观总面积的比例	表征景观中不同景观类型的分配均匀程度。$SHEI = 0$，表明景观仅有一类斑块组成，无多样性；$SHEI = 1$ 表明各类斑块类型均匀分布，有最大的多样性	景观

5.3.2　景观水平的空间格局变化分析

由图 5-4、表 5-7 可知，20 年来，浙江省海岸带各类景观空间格局发生了明显的变化。

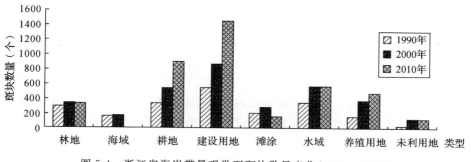

图 5-4　浙江省海岸带景观类型斑块数量变化(1990—2010)

从斑块数量来看(图 5-4)，自 1990 年至 2010 年的 20 年间，浙江省海岸带各类景观的斑块总数有着明显的增加，从 1990 年的 2108 个增加到 2010 年的 4035 个，斑块数量增加近 91%。海域、建设用地、耕地、养殖用地、水域及未利用地的斑块数目均呈现出增加的趋势。其中建设用地斑块数量增加最多，由 1990 年的 548 个增加到 2010 年的 1459 个，增加了 1.6 倍多。由于滩涂不断向外淤涨以及被围垦所用，滩涂斑块数量呈现出先增加后减少的趋势。从平均斑块面积来看(表 5-7)，在过去的 20 年间浙江省海岸带景观的平均斑块面积呈现出不断下降的趋势，从 1990 年的 470.7ha 下降到 2010 年的 245.9ha，年均下降 11.24ha。斑块密度也能很好地表现景观的破碎化程度，在过去的 20 年间，浙江省海岸带斑块密度由 1990 年的 0.21 个/ha 提高到 2010 年的

0.41 个/ha。由以上的斑块个数、平均斑块面积以及斑块密度等各指标的分析可知,近 20 年来,在人类活动和自然因素的综合作用下,浙江省海岸带景观空间格局发生了较大的变化,平均面积减小,景观破碎度指数由 1990 年的 4.48,上升至 2010 年的 16.4 也正好验证了这一点。

此外,景观的斑块形状指数也和景观破碎程度密切相关,景观的破碎化导致斑块形状不断向着复杂化转变。景观边界密度呈现出不断增加的趋势,由 1990 年的 13.63 增加到 2010 年的 22.6,增加了 65.8%。同时,各斑块的几何形状也变得越来越复杂,1990—2010 年景观形态指数呈现出明显增大的趋势,由 1990 年的 42.85 增加到 2000 年的 54.22,再增加到 2010 年的 65.17,且增加速度不断加快。此外,20 年来浙江省海岸带的斑块分维数略有增加,从 1990 年的 1.3588 增加到 2010 年的 1.3828,说明人类活动使得斑块趋于复杂化,斑块形态有变曲折的趋向。

表 5-7　1990—2010 年浙江省海岸带景观空间格局分析指标(景观尺度)

年份	斑块密度 (PD)	边界密度 (ED)	形态指数 (LSI)	平均斑块面积 (MPS)	斑块分维数 (FD)	破碎度 (F)	多样性指数 (SHDI)	均匀度指数 (SHEI)
1990	0.2124	13.6332	42.8523	470.7030	1.3588	4.4763	1.4492	0.6969
2000	0.3327	18.1967	54.2241	300.5883	1.3681	10.9785	1.5495	0.7451
2010	0.4067	22.5991	65.1716	245.9088	1.3828	16.4045	1.5946	0.8195

景观水平的另一类重要指标是景观的多样性指标。自 1990—2010 年,除分析过程中所必要的海域辅助景观外,浙江省海岸带景观类型没有发生变化,仍为 7 类。而从景观的多样性各指标来看,20 年来,景观的多样性水平在不断提高,多样性指数从 1.4492 增加到 1.5946,同时,均匀度指数也从 0.6969 增加到 0.8195(表 5-7)。

5.3.3　类型水平的景观空间格局变化分析

基于 Fragstats3.4 软件,计算了浙江省海岸带 1990 年、2000 年、2010 年各类型的景观指数,结果如表 5-8 所示。

表 5-8   1990—2010 年浙江省海岸带各类型景观空间格局分析指标(类型尺度)

	年份	林地	海域	耕地	建设用地	滩涂	水域	养殖用地	未利用地
总面积 (CA)	1990	378864	76761	376281.75	24577.5	62550.25	51840	15004.25	6363.25
	2000	357625.25	52971.75	366451.25	52233.5	70339	45717	33036.25	13868
	2010	342147	—	313043	142181.25	54065	42222	66328.75	32255
斑块 数量 (NP)	1990	289	171	340	548	219	343	157	41
	2000	344	180	551	873	289	563	370	131
	2010	337	—	903	1459	159	567	476	134
平均斑 块面积 (MPS)	1990	1310.9481	448.8947	1106.7110	44.8495	285.6176	151.1370	95.5685	155.2012
	2000	1039.6083	294.2875	665.0658	59.8322	243.3875	81.2025	89.2872	105.8626
	2010	1015.2730	0.00	346.6700	97.4512	340.0314	74.4656	139.3461	240.7090
斑块 密度 (PD)	1990	0.0291	0.0172	0.0343	0.0552	0.0221	0.0346	0.0158	0.0041
	2000	0.0347	0.0181	0.0555	0.088	0.0291	0.0567	0.0373	0.0132
	2010	0.034	—	0.091	0.147	0.016	0.0571	0.048	0.0135
边界 密度 (ED)	1990	6.8382	1.3478	10.2547	2.6693	2.7959	2.1032	0.9184	0.3389
	2000	7.8981	1.1933	13.409	5.3889	3.0782	2.4598	2.148	0.8181
	2010	8.4808	—	16.2048	11.2986	1.734	2.6207	3.7932	1.0662
形态 指数 (LSI)	1990	33.4352	19.4653	44.0293	43.0955	31.8811	24.2272	19.3673	11.0313
	2000	38.3828	20.2465	57.4707	59.847	33.6051	30.1168	30.5179	18.0826
	2010	41.1423	—	74.5286	77.3426	25.8518	33.1582	39.1756	17.3129
斑块分 维数 (FD)	1990	1.3155	1.3146	1.375	1.4213	1.3567	1.488	1.2799	1.2726
	2000	1.3246	1.3535	1.3852	1.4392	1.3298	1.4941	1.3122	1.2781
	2010	1.3429	—	1.412	1.4268	1.3661	1.4852	1.3249	1.2716
破碎度 (F_i)	1990	0.6119	0.3612	0.7202	1.1621	0.4631	0.7266	0.3314	0.0850
	2000	1.1411	0.5955	1.8297	2.9010	0.9581	1.8697	1.2276	0.4325
	2010	1.3664	—	3.6680	5.9290	0.6425	2.3017	1.9316	0.5409
分离度 (N_i)	1990	74.7748	633.6903	97.8679	170710.236	7615.2545	984.5574	175384.6791	188084.5137
	2000	105.6855	1151.3117	121.987	19757.5719	5592.0412	1686.8902	31762.5928	99535.0936
	2010	130.9192	—	238.6538	2758.2997	2275.4557	2519.2098	11424.101	13389.5955

5.3.3.1 平均斑块面积

从浙江省海岸带各景观类型的平均斑块面积来看,1990—2010 年的 20
年来,不同景观类型的平均斑块面积变化有着较大的差异(图 5-5)。其中,平
均斑块面积减小最快的是耕地,其值由 1990 年的 1106.71ha 减小到 2010 年

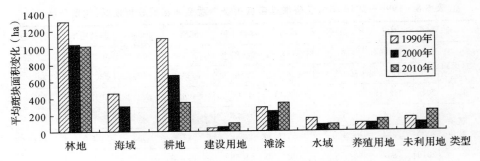

图 5-5　浙江省海岸带各景观类型平均斑块面积变化(1990—2010)

的 346.67ha,年均减小量达 38ha;其次为林地,平均斑块面积也呈现出下降趋
势,但下降速度前后 10 年有着较大的差距,1990—2000 年林地平均斑块面积
下降 271.34ha,下降速度达 27.13ha/a,而在 2000—2010 年的 10 年间,下降
速度为 2.43ha/a,远远慢于前 10 年,说明近 10 年来,人类活动对林地的开垦
速度有所减缓。同时,水域前后 10 年的平均斑块面积减小速度也同样有着较
大的差别,前 10 年减小速度较快而后 10 年有所放缓。此外,海域作为辅助性
景观类型,其平均斑块面积也呈现出下降的趋势,20 年间,共减少了448.89ha。
由于建设用地较为分散,无法连成整体,故其平均斑块面积相对较小,但在过
去的 20 年间,其总体呈现出增加趋势,由 1990 年的 44.85ha 增加到 2010 年
的 97.45ha,且增加速度有所加快,这主要和社会经济的发展,尤其是城市化
的建设密不可分。另外,由于滩涂淤积速率的变化以及人类活动围海建设工
程的影响等,滩涂和养殖用地的平均斑块面积呈现出先减小后增长的趋势,且
后 10 年的增加速度明显快于前 10 年的减小速度。

5.3.3.2　斑块密度

　　从景观水平分析,20 年来,浙江省海岸带的斑块密度呈现出增大的趋势。
从各景观类型角度分析,主要表现为耕地、建设用地、养殖用地以及未利用地
的斑块密度不断增大(图 5-6),其值分别从 1990 年的 0.0343,0.0552,
0.0158,0.0041 增加到 2010 年的 0.091、0.147、0.048、0.0135。其中以建设
用地的斑块密度增大最明显,达 0.0918。林地和水域的斑块密度在前 10 年
呈现出增长趋势,分别增加了 0.0056 和 0.0221,而后 10 年斑块密度几乎变
化不大,这主要是由于浙江省海岸带林地和水域这两类景观类型整体度较好,
故破碎化程度较低。此外,滩涂的斑块密度呈现出先增加后减小的趋势,
1990—2000 年其值增加 0.007,而 2000—2010 年其值减小 0.0131,由此可
见,滩涂的自然淤涨加快从而弥补了人类活动对其造成的破碎化。

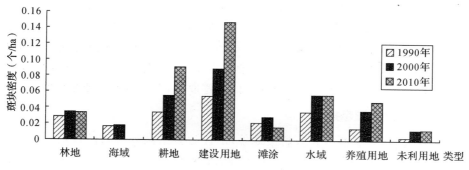

图 5-6 浙江省海岸带各景观类型斑块密度变化(1990—2010)

5.3.3.3 边界密度

边界密度能够较好地反映景观的破碎化程度。由表 5-7 可知,浙江省海岸带的景观边界密度呈现出不断增大的趋势,即浙江省海岸带景观格局的破碎化程度不断增大。而从研究区的各景观类型的边界密度来分析可知,在过去的 20 年间,除海域和滩涂外,其余景观类型的边界密度均呈现出不断增加的趋势。其中,耕地和建设用地的边界密度增加较多,由图 5-1 可知,由于耕地大部分分布在沿海地势低平的平原地区,而这些地区又是城镇建设用地、工业仓储用地集中分布的地区,且交通线路较为密集,随着近年来城镇化水平的不断提高,建设用地面积不断增加占用了大量的耕地,所以原来较为规则且连片分布的耕地等景观类型趋于破碎化,斑块的破碎导致了边界密度的大大增加。与此同时,城乡建设用地较为分散地不断扩张,使得其斑块周长不断加大,故边界密度由 1990 年的 2.6693 增加到 2010 年的 11.2986。此外,林地的边界密度也呈现出不断增长的趋势,但增幅较耕地而言略小,主要由于林地位于地势相对较高的山地丘陵地带,人类活动对其影响主要以山麓地带的低平地区为主,故整体边界密度变化不大,20 年来变化为 1.6426。滩涂的边界

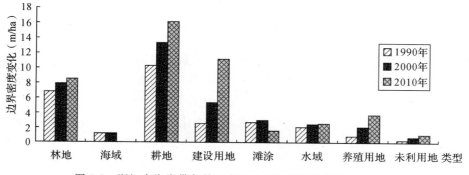

图 5-7 浙江省海岸带各景观类型边界密度变化(1990—2010)

密度呈现出先增加后减小的趋势,这主要与近年来不同的岸段地区淤涨速度不同有关。而养殖用地边界密度的增加则与近年来浙江省某些港湾地区(如象山港、三门湾、乐清湾)等重点发展水产养殖业,形成较大规模的养殖用地有关。此外,水域、未利用地的边界密度也有所上升,而海域的边界密度呈现出下降的趋势,这主要是由于人类活动的截弯取直,海域边界不断缩短所致。

5.3.3.4　形态指数

20 年来,除了滩涂和未利用地外,浙江省其余景观类型的斑块形态指数都有不同程度的增加(图 5-8)。其中,除海域外,林地、滩涂、水域和未利用地的形态指数增加较小,20 年来增量均在 10 以下。其余景观类型的斑块形态指数增加均较为明显,增量均在 10 以上。其中,建设用地的形态指数增加量最大,由 1990 年的 43.0955 增加到 2010 年的 77.3426,增加量为 34.2471,这主要与城乡建设及交通基础设施的快速发展有关,使得其斑块形状趋于不规则化。其次为耕地,增加量达 30.4993,其主要是因为连片的耕地被建设用地侵占后,耕地的形状变得更为不规则。此外,滩涂的形状指数呈现出先增加后减小的趋势,1990—2000 年其值增加 1.724,而 2000—2010 年其值又减小 7.7533,这主要与围垦和淤涨的动态差有关。

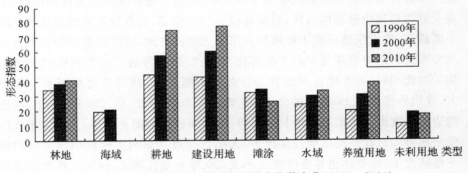

图 5-8　浙江省海岸带各景观类型形态指数变化(1990—2010)

5.3.3.5　破碎度和分离度

就景观水平而言,20 年来,浙江省海岸带景观呈现出破碎度增加的趋势。而从类型水平来看,除滩涂外,其余类型景观的破碎度均增加,但其分离度却表现出不同的变化方向(图 5-9、表 5-7)。建设用地无论从破碎度值还是从破碎度的增加速度来看,都是最大的,由于城市化以及城乡居民点、工矿用地的无规则、分散度的增加,建设用地不断趋于破碎化,而分离度逐渐减小,城市建设有趋于集中的趋势。其次,耕地的破碎度增加也较快,20 年间破碎度增加2.9478,仅次于建设用地,究其原因,主要是随着城市化以及工业化步伐的加快,平原特别是沿海沿河地区的耕地不断被占用,开发成人工景观,原本规则连片的大块耕地不断被切割、分散,斑块之间的距离不断增加,分离度也不断增大。此外,林地和水域的破碎度增长较缓,不少林地和水域被开发为城市用地,使得斑块趋于分散化,故破碎度增加,斑块之间的距离也不断扩大,分离度增加。养殖用地的破碎度也呈现出不断增加的趋势,随着围海力度的加剧,养殖用地趋于集中,斑块分离度不断减小。另外,滩涂的破碎度呈现出先增加后减小的趋势,主要是由于 2000—2010 年围填海工程的加剧,滩涂的斑块数量减少,故破碎度减小,斑块之间的距离变小,分离度也减小。此外,未利用地的破碎度略有增大,但区域集中化,使得其分离度逐渐减小。而研究区内海域的破碎度和分离度均增大。

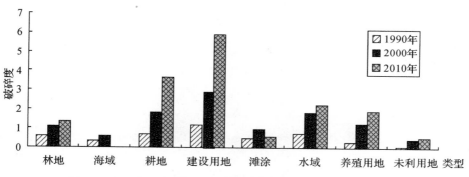

图 5-9 浙江省海岸带各景观类型斑块破碎度变化(1990—2010)

5.3.4 小结

通过以上的分析表明,1990—2010 年的 20 年间浙江省海岸带的景观空间格局发生了明显的变化。景观类型趋于破碎化,主要表现在各类型景观斑块的分割以及斑块数量的增加上。20 年来浙江省海岸带地区景观类型的斑块数量呈明显增加的趋势,增加近 91%,同时,20 年来浙江省海岸带各景观类型的平均斑块面积也有明显的减小,从 1990 年的 470.7ha 下降到 2010 年的 245.9ha。此外,斑块密度也是衡量景观破碎化的重要指标之一,研究区内斑块密度由 0.21 个/ha 提高到 0.41 个/ha。

此外,景观的破碎化过程加速了景观形态的复杂化。研究区内平均斑块面积的减小,导致边界密度不断增加。各斑块形态愈来愈偏离规则的几何状而趋于零碎化、复杂化。20 年来浙江省海岸带的斑块分维数略有增加,从 1990 年的 1.3588 增加到 2010 年的 1.3828,说明受到人类活动等作用的影响,浙江省海岸带景观斑块形态越来越趋于复杂化。自 1990—2010 年,除分析过程中所必要的海域辅助景观外,浙江省海岸带景观类型没有发生变化,仍为 7 类。而从景观的多样性各指标来看,20 年来景观的多样性水平在不断提高。

6 浙江省海岸带景观格局演变的驱动力分析

随着地理学界关于全球变化等研究的不断深入,人们逐渐开始认识到引起全球变化的主要原因是土地利用方式以及覆被景观的变化。为此,这一方面的研究正在逐渐成为地理科学系统新的研究焦点。而景观动力学方面的研究能够有效揭示景观的内在演化规律和方向,帮助人们分析景观格局演变与生态过程之间的相互关系,进而预测景观的演化方向、过程和机理(傅伯杰等,2001;路鹏等,2006)。景观变化动力学研究的核心内容即揭示引起景观变化的驱动力因素和驱动机制(摆万奇和赵士洞,2001)。景观变化是人类改造与景观自然演变共同叠加的动态过程,当今社会景观结构的演变不仅受到自然因素的影响,更多地在于人类为了满足其自身发展的需要,不断调整土地的利用模式,从而适应人口、经济、社会以及生态等方面的需求。

对于本章浙江省海岸带景观格局演变驱动力的研究,笔者试图从定性和定量两方面的分析来揭示海岸带景观演变的驱动因素。以期为浙江省海岸带景观格局优化以及形成合理的土地利用结构提供必要的决策参考。

6.1 浙江省海岸带景观格局演变的定性分析

在人类发展的较短时间内,引起景观格局演变的原因主要在于外界的干扰,但这种干扰往往是综合性的。由于受到评价指标数据的可得性及统计口径的差异性等因素的制约,定性分析主要以浙江省沿海的地级市(包括嘉兴市、宁波市、台州市和温州市)①为研究对象,对其各个自然、社会经济等因素

---

① 在此,由于考虑到杭州市和绍兴市沿海岸线较短,沿海城市面积较小,故定性分析过程中未将其考虑在内。

的分析,来定性地揭示影响浙江省海岸带景观格局演变的驱动力因子。

6.1.1　自然地理因素

从自然地理因素上来看,由第四章的分析可得浙江省沿海岸段主要以沉积岸线和侵蚀岸线交错分布为主,侵蚀岸段主要集中在杭州湾北岸嘉兴岸段、杭州湾南岸的镇海至北仑岸段、象山县北岸及南岸的部分岸段、温岭市至玉环县东南部岸段以及苍南县岸段。为此,从港口码头的建设来看,近 20 年来港口码头的建设主要以宁波市和台州市居多。而淤积岸段主要分布在一些港湾附近,包括杭州湾南岸余姚市、慈溪市岸段、象山港南侧岸段、三门湾岸段以及乐清湾至瑞安县岸段等。海岸侵蚀与淤积类型的差异导致海岸带土地利用后备资源空间的丰缺差异,同时也使得景观类型特别是以自然覆被为主的景观结构出现了明显的差异。如 1990—2010 年的 20 年间泥沙的不断淤积,使得 767.61km² 的海域面积不断转化为其他景观类型(如滩涂、养殖用地、建设用地等)。

除了海岸带潮水的侵蚀与淤积对景观类型演变造成的影响外,海岸带典型的地区气候差异以及土壤成分等条件的组合差异也在不断影响着景观格局的变化(欧维新等,2004)。1995 年以来互花米草的大量扩张,改变了原有的裸滩的景观格局,同时也影响着潮滩的水动力条件以及泥沙的沉积过程。

6.1.2　人口因素

众多研究表明,人口因子作为社会发展不可忽视的重要指标,在很大程度上对土地利用的方向起着重要的制约作用。人口的不断增长(包括自然增长和机械增长)加快了人类开发利用土地的强度;同时,为了缓解人口增长给陆域土地带来的压力,更多的海洋空间资源不得不作为人类的后备资源来解决这一矛盾,由此,使得越来越多的人流向着海岸带迁移,更进一步加大了人类对海岸带景观格局的干扰。此外,人口的不断增加和农村剩余劳动力的就地非农化的转变,大量耕地不断被占用的同时,也导致城镇以及工矿用地面积的不断增加。浙江省海岸带四个地级市(包括嘉兴市、宁波市、台州市和温州市,下同)自 1990 年来人口持续增加(表 6-1),总人口从 2009.42 万增加到 2285.62 万,增加了 13.7%,非农人口比重也由 1990 年的 15.3% 增加到 2010 年的27.5%。同时在此期间,海岸带的建设用地增加 1176.04km²,比 1990 年增加了近 4.8 倍。此外,从 1990—2010 年的 20 年间,浙江省围填海面积达 1087.56km²,且海岸线不断向海推进。由此可见,人口增长直接导致了浙江省海岸带景观类型的变化。

表 6-1   1990—2010 年浙江沿海地级市总人口与非农人口情况

	总人口（万）			非农人口（万）		
	1990 年	2005 年	2010 年	1990 年	2005 年	2010 年
嘉兴市	316.19	334.33	341.6	58.39	112.2	146.87
宁波市	510.76	556.7	574.08	102.98	182.61	205.23
台州市	515.49	435.09	583.14	47.07	126.71	105.67
温州市	666.98	750.28	786.8	98.28	152.61	170.2
总计	2009.42	2076.4	2285.62	306.72	574.13	627.97

6.1.3   社会经济因素

近年来,浙江省海岸带地区经济迅猛发展,国民生产总值稳步增加,已从农业化时代步入了工业化时代。2010 年浙江沿海四个地级市的国内生产总值(GDP)达 12762.51 亿元,是 1990 年的 34 倍,人均国内生产总值也由 1990 年的 1853.32 元增加到 2010 年的 55838.28 元。三次产业结构也有了较大的调整,由 1990 年的 27.2∶50∶22.8 调整为 2010 年的 4.7∶54.8∶40.5,三次产业结构正趋于合理化发展。经济的快速稳步发展导致了工业用地、仓储用地以及港口码头用地规模的不断扩张。此外,不同土地利用类型之间比较利益的差异也成为引起海岸带景观格局变化的重要因素(侯西勇和徐新良,2011)。由于养殖业的年均纯收入大于种植业,比较差异较为明显,故 20 年来耕地面积不断减少,年均减少量达 31.62km²,而养殖用地面积不断增加,由此也加剧了海岸带景观的破碎化程度。而景观的多样性指数不断增加,这也与养殖用地面积比例大幅度增加,从而平衡了 1990 年耕地面积占绝对优势地位的局势有关。

因此,无论是经济的发展或是土地利用过程中比较利益的差异都将导致景观格局的变化。在经济多元化趋势的引领下,海岸带的农民们意识到多种经营模式能带来更多的收益,从 1990 年以单一的粮棉种植业为主体的农业经济发展为 21 世纪以种植业和养殖业为主体,实行农林牧副渔综合开发、规模经营的局面,带动海岸带逐步向着多元化、集约化的开发模式转变,空间利用效益取得了大幅度的提升,发展成为如今粮棉作物、麻类、糖类、烟叶、蔬菜、瓜果、鱼类、虾蟹类、贝类等并存的生产经营格局,海岸带景观的破碎度和优势度朝着不断增加的方向发展。

6.1.4　城市化发展

城市化是工业化发展到一定阶段的必然产物。由于我国目前第一、二、三产业之间存在着较大的差异,而在封闭经济日益受到冲击的情况下,各经济要素在各部门之间流动的阻力不断减小,为此,处于低生产效率部门的生产资料必然逐步地向高生产效率的部门转移。人口转移的速率与经济收入的差距成正比,即经济收入差距越大,农村劳动力向城市转移的动力就越强(李加林和张忍顺,2003)。浙江省城市化与非农化的快速发展,使得第一产业从业人口占总从业人口的比重由 1990 年的 53.2% 降低到 2010 年的 16%。

此外,从土地利用方式来看,20 年间,以建设用地为主体的居民住宅用地、工矿仓储用地以及交通用地等大量增加,面积为 1990 年的 5.8 倍。与此同时,乡镇私营企业以及个体经济的不断发展,占据了农村耕地,直接导致了耕地面积的减小,大量的优质耕地被基础设施建设和建筑用地所占领,景观破碎化程度的增加。

6.1.5　政策因素

政府部门政策和相关决策对于区域经济发展也有着重要的作用,也会较大程度地影响景观格局的演变,尤其是改革开放以来经济体制的逐渐转变,使得政策导向作用尤为突出。此外,自从 1993 年私营经济正式被写入宪法修正案以来,政府对私营企业、个体经济给予的一系列优惠政策激发了农民自主创业的热情,使得大批的农村劳动力向城镇流动,这也影响到了土地利用方式的变革,更多的农用地被开发利用为小型企业等建设用地,使得土地利用方式向着多样化、集约化方向转变。

此外,政策因素对景观变化的影响除了表现在产业外部以外,也将影响到农业的内部结构。由于价格体制和农作物比较利益的存在,农业内部的产业结构也呈现出低经济效益部门向着高经济效益部门的转移。主要表现在价格水平较低的粮棉生产逐渐减少,取而代之的是经济效益较高,收益较好的经济作物、蔬菜瓜果种植业、水产养殖业等,从而也不断带动海岸带景观格局的演变。

6.2　浙江省海岸带景观格局演变的定量分析
——以杭州湾南岸（余姚、慈溪、镇海岸段）为例

　　定量分析浙江省海岸带景观格局演变的驱动力因素,对进一步明确景观格局变化的机理、建立和模拟景观格局演化过程,预测景观格局演化趋势都具有重要的意义。

　　近年来,随着 3S 技术的不断发展,更多的高新技术被不断地运用到景观动力学的研究中来。总结已有研究方法可以发现,对于影响景观演变的驱动力的分析,目前更多的是集中在定性分析或基于相关统计年鉴中的统计数值而进行的人文驱动因子的研究(许吉仁和董霁红,2013;杨兆平等,2007;刘明和王克林,2008)。然而,更多的景观演化是基于各类自然因子与人文因子共同作用的结果。对于驱动力分析的模型的建立,目前国内外相关领域尚未形成完善的框架体系,常用的数理统计模型主要集中在基于 SPSS 的典型的相关分析、回归分析以及主成分分析等(李卫锋等,2004;Wrbka 等,2004),然而在多种情况下,这几类方法会受到限制,例如当变量为非连续性变量时,无法使用线性回归;而对于相关分析以及主成分分析,选用的指标因子多以纵向的基于时间序列的社会经济数据与土地变化数据为主,很少有研究能将景观演变状况、影响景观演变的空间因子等与相关定量指标相结合进行横向差异的对比分析(摆万奇等,2004),由此一定程度上影响了分析结果的准确性。

　　为此,在研究方法的选择上,主要在总结过去相关研究的基础上,尝试建立一个基于 GIS-Logistic 的耦合模型来对不同景观类型的变化进行驱动力分析。在具体分析过程中,由于考虑到浙江省海岸带各沿海乡镇统计数据较难获得,且不同乡镇区域 20 年统计口径有着较大的差异,为此,定量分析的研究区主要以杭州湾南岸(包括余姚、慈溪、镇海岸段)为例进行研究,时间跨度以2000—2010 年 10 年为主。

6.2.1　研究区的确定

　　本书的研究区为浙江省海岸带(具体以沿海的各个乡镇边界为界),共涉及 6 个地级市,152 个乡镇,研究范围较大。故在具体的景观演变驱动力因素的分析上,需要收集 20 年来研究区各个乡镇的各类统计数据,且考虑到不同的乡镇、不同的年份,统计口径以及统计方式存在的较大的差异,故给统计数据的获取带来了较多的困难。综合各方面的原因,在此,以 2000—2010 年杭

州湾南岸(余姚、慈溪、镇海岸段)沿海乡镇为例(以下简称杭州湾南岸岸段),来分析造成杭州湾南岸岸段景观演化的驱动力因素。

杭州湾南岸岸段位于浙江省宁波市北部,钱塘江入海口杭州湾南岸,地理位置介于 120°54′E～121°45′E,29°55′N～30°23′N,东南紧邻宁波镇海区,西与宁波余姚及绍兴上虞接壤,北面则与上海隔海相望,故可以说杭州湾南岸岸段地处上海、杭州及宁波的经济金三角中心地带(李加林等,2006)(图 6-1)。从地理环境上来看,研究区地处亚热带南缘,亚热带季风气候显著,冬暖夏凉,年平均气温为 15.6～18.3℃,年平均降水量在 1200～2000mm。研究区内光照、热量、水分的时空配置较好,气候常年温暖湿润,降水充足,滨海平原地区农业开发历史悠久。杭州湾南岸岸段地形主要由低山丘陵、湖海相淤积平原、海相沉积平原以及沿海滩地组成。从社会经济方面来看,研究区土地面积约 1275.2km²,行政区划隶属于浙江省宁波市 3 个县市区。社会经济较发达,交通便利,329 国道横穿研究区南部,北部的杭州湾跨海大桥与嘉兴相连,是宁波市沟通长三角其他城市的必经之路,从而为研究区的发展提供了良好的契机。

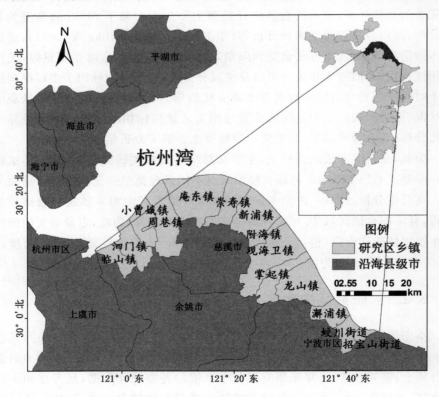

图 6-1 杭州湾南岸岸段地理位置图

6.2.2   评价模型构建

6.2.2.1   驱动力因子选取

一个区域的景观格局演变主要受到自然驱动力和社会经济驱动力的双重影响。自然驱动力即导致景观格局变化的内部因素,如某一区域的气候、地形、河流水系、海拔、区域区位因素等,其均具有静态的特征;而社会经济驱动力即促使景观格局发生转变的外部影响因素,主要包括某一区域的人口变动、社会经济发展水平、产业结构演化、科技水平进步、人民生活水平提高、政策法规引导等,具有动态性。

基于此,本节关于驱动因子指标的选取,本着科学性、典型性、数据资料的一致性及可获得性等原则,结合已有学者的研究成果(姜广辉等,2007;汪小钦等,2007;朴妍和马克明,2006)以及杭州湾南岸岸段几个乡镇的实际情况,分别从自然和社会经济两个方面选取了对杭州湾南岸岸段景观演化有较大联系的指标进行综合分析。

6.2.2.1.1   自然驱动因子

自然驱动因子一般指对景观演化的影响与景观本身结合较为紧密,并且在短时间内保持相对稳定的状态的因子,为此,自然驱动因子对景观格局演化的影响也基本保持一种相对稳定状态(史培军等,2000)。本节选取的自然驱动因子主要从自然环境条件和区位两方面进行考虑,自然环境条件是景观格局变化的基本限制性因素,而区位则是景观格局演变的重要参考。在此,由于考虑到杭州湾南岸岸段区域均属滨海平原地形,以湖海相淤积平原、海相沉积平原以及沿海滩地为主,仅有东南角处有少量低山丘陵分布,故总体而言,地形平坦开阔,海拔较低,地貌类型较为单一;且由于区域面积较小,故南北部和东西部的气候及降水差异甚小,因此,地形、海拔和气候条件对杭州湾南岸不同乡镇岸段的景观格局演变的影响差异不大。而在各类景观类型(如建筑用地、耕地、养殖用地等)的选择中区位因素决定了它们各自的规模和延伸方向。因此,对于自然驱动因子,主要选择以下几类因子:距离河流的距离(X_1),距离国道、省道的距离(X_2),距离县道的距离(X_3),以及距离城镇的距离(X_4)4个因子进行分析。

6.2.2.1.2   社会经济驱动因子

经济驱动因子作为景观演化的动力源,对景观演化方向及规模有着重要的影响,在这一指标因子的选择过程中,主要从区域人口变动,城市化水平以及经济发展状况三个方面来选取评价因子。主要选择反映人口变化的乡镇总人口数(X_5)、人口密度(X_6)、反映城市化水平的城市化率(在此由于数据的缺乏,以非农人口占总人口比重表示城市化率)(X_7)、反映经济发展状况的第一产业产值(X_8)、工业产值(X_9)以及第二、三产业从业人口比重(X_{10})等 6 个因子。在具体分析过程中,选择的各个因子均采用 2000—2010 年的平均值进行分析。

6.2.2.2 评价模型选取

在分析前人的各类研究方法优劣的基础上,本节主要通过建立 GIS-Logistic 的耦合模型来对造成杭州湾南岸岸段不同景观演化的驱动力因子进行定量分析。

Logistic 回归模型是一种对于二分类因变量(即因变量的取值为 0 或 1 两种可能)进行回归分析的非线性分类统计方法(卢纹岱,2010;刘瑞等,2009)。其函数是一个累积分布的函数,具有 S 形曲线增长模式(图 6-2),当自变量在不同的区间范围变化时,对应的事件发生的概率 P 值增长情况不同:当自变量为极大值或极小值时,对 P 的影响较小;当自变量为中间某一范围内的值时,对 P 的影响较大。为此,这种非线性的函数被广泛运用于社会学和自然科学中,能够很好地拟合各类社会或自然中的实际情况。运用 Logistic 回归模型对景观格局演变进行驱动力分析,不仅考虑了景观格局的空间异质性,同时还能在空间统计分析中探讨每个驱动机制解释变量的贡献大小,得到较好的预测结果。

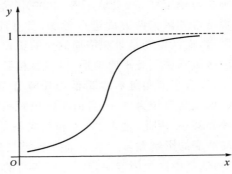

图 6-2 Logistic 回归曲线

根据 Logistic 回归模型建模的要求,假设某一事件在一组自变量 x_n 的作用下所发生的结果用因变量 Y 来表示,如在本研究中用 Y 表示 i 景观类型是否发生变化,则其赋值的规则为:

$Y_i = 0$(景观类型 i 未发生变化)或 $Y_i = 1$(景观类型 i 发生变化)

记景观类型 i 发生变化的概率为 P_i,则景观类型没有发生变化的概率为 $(1 - P_i)$,相应的回归模型可以表示为(罗平等,2010;杨云龙等,2011):

$$\ln\left[\frac{P_i}{(1-P_i)}\right]=\alpha+\beta_1 x_1+\beta_2 x_2+\cdots+\beta_n x_n \qquad (\text{式 }6\text{-}1)$$

式中，$x_1,x_2,\cdots,x_n$ 为影响因变量 Y 的 n 个自变量因子，α 为常数项，$\beta_1,\beta_2\cdots,$ β_n 为自变量的偏回归系数，由此，发生事件的概率可以由该组自变量 x_n 构成的非线性函数表示：

$$P_i=\frac{e^z}{1+e^z} \qquad (\text{式 }6\text{-}2)$$

式中，$z=\alpha+\beta_1 x_1+\beta_2 x_2+\cdots,\beta_n x_n$，$e^z$ 即发生比率（odds ratio），用来解释各个自变量的 Logistic 回归系数。而 wald 统计量表示在模型中的各解释变量所对应的权重，主要用来表征每个解释变量对预测的贡献力大小（谢花林等，2008）。在应用包含连续自变量的 Logistic 回归模型时，需要对模型是否能够有效地描述反映变量以及模型配准观测数据的程度进行评价，Hosmer 和 Lemeshow 检验（以下简称 HL 检验）是被广为接受的评价拟合优度的指标。为此，本章选用"HL 检验"中的 sig. 值来对模型的拟合优度进行检验。当 sig. <0.05 时，表明模型统计显著，拟合效果不好，反之，则模型统计不显著，拟合效果较好。

6.2.3　数据来源与处理

本节杭州湾南岸岸段景观演变驱动力因素分析的数据主要取自第五章的景观分类的矢量数据，截取所需研究的区域进行分析。主要选取的年份为 2000 年与 2010 年两个年度数据，根据第五章的景观分类系统，将研究区的景观同样划分为耕地、海域、建设用地、林地、水域、滩涂、未利用地和养殖用地 8 种景观类型（其中，2010 年为除海域外的 7 种景观类型）（图 6-3）。此外，相关数据源还包括余姚市、慈溪市、镇海区的交通道路等级图、水系图以及 2000 年和 2010 年余姚市、慈溪市、镇海区的统计年鉴等。

Logistic 回归模型的各项因子处理过程见图 6-4。首先，在第五章的景观类型分类基础上提取研究区范围 2000 年、2010 年两期的分类矢量图，运用 ArcGIS10.0 软件中空间分析功能，将二期矢量图叠加处理，从而获取各类用地的变化图（其中，对于每一景观类型，变化的用 1 表示，未变化的用 0 表示）。在此基础上建立空间数据库，即将两类驱动因子空间化。其中，自然驱动力因子的空间化主要导入相应的交通等级图、水系图以及城镇图等，运用 ArcGIS10.0 的空间分析模块进行相应的缓冲区分析，根据缓冲距离分级赋值（其中距离河流和县道的距离均采取 1km 缓冲区分级赋值，距国道、省道以及城镇距离均采取 2km 缓冲区分级赋值），进行驱动因子诊断。而社会经济驱动力因子的空间化方式主要以各乡镇为单位，根据 2000 年及 2010 年的统计

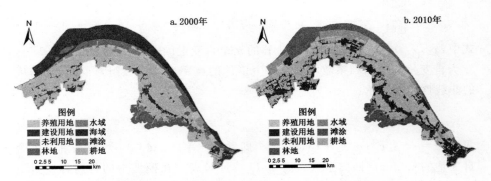

图 6-3　2000 年、2010 年浙江省杭州湾南岸岸段景观类型分布

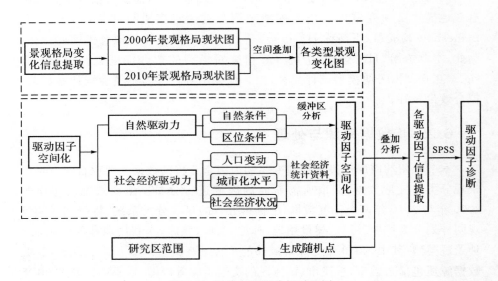

图 6-4　驱动力因子分析过程图

年鉴以及相关调查数据进行赋值,空间化结果见图 6-5。在此基础上通过分层抽样方式随机选取均匀分布在研究区范围内的 534 个观测点,运用 ArcGIS10.0 的相交功能,提取 1990 年和 2010 年景观演化图的因变量和自变量信息,导入 SPSS 统计分析软件中,运用 Logistic 回归模型对浙江省杭州湾南岸岸段各景观类型变化驱动力机制进行分析。

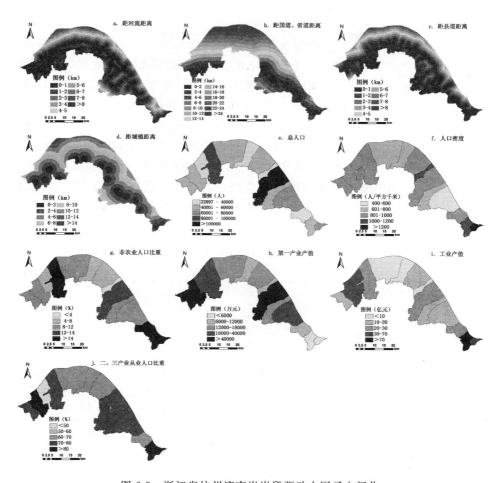

图 6-5　浙江省杭州湾南岸岸段驱动力因子空间化

6.2.4　不同类型景观格局演变驱动力分析

6.2.4.1　杭州湾南岸岸段各景观类型的面积变化总趋势分析

从表 6-2 的 2000—2010 年浙江省杭州湾南岸岸段各景观类型的比例可以看出,近 10 年来,由于杭州湾南岸岸段特殊的滨海平原地形,故耕地是其基质的景观类型,占全区面积的近 1/2。近 10 年来,研究区内随着北岸滩涂的不断淤积,虽有大量的围垦海域被开垦出来作为耕地,但区内更多的耕地不断被建设用地所替代,故面积总体呈现出减少的趋势,所占比例由 2000 年的47.65% 下降到 2010 年的 43.36%。而 2000—2010 年,研究区内面积减少最多的是海域,由于杭州湾南岸岸段地处钱塘江入海口南侧,加之潮汐的作用,大量泥沙不断在此淤积,故为此地区围填海提供了天然的有利条件,故 10 年来,海域面积被大量围垦为耕地及养殖用地等,此外也有大量的泥沙不断在围垦区域外侧再次不断淤积,形成了新的滩涂,因此,滩涂面积也呈现出上升趋势。而与此相对应的是,近 10 年来建设用地面积不断增加,其比例由 2000 年的 6.15% 上升到 2010 年的 19.55%,且新建建设用地大多以原有用地为基准,不断向两侧拓展延伸,尤以甬江北岸镇海区段更为显著。除此以外,未利用地及养殖用地面积也呈现出不断增加的趋势。同时,由于研究区域范围内,林地规模较小,水域用地较为稳定,故 10 年来总体变化不大。由此可见,进入 21 世纪以来,随着杭州湾南岸岸段社会经济的高速发展,杭州湾南岸岸段的生态功能用地明显损失,而作为人文景观类型的建设用地,则在 2000—2010 年间持续扩张。

表 6-2　2000—2010 年浙江省杭州湾南岸岸段各景观类型面积比例

（单位:%）

景观类型	2000 年	2010 年
耕地	47.65	43.36
海域	22.58	0.00
建设用地	6.15	19.55
林地	6.41	6.31
水域	2.52	2.54
滩涂	9.21	13.78
未利用地	0.85	6.00
养殖用地	4.63	8.46

此外,从 2000—2010 年各景观类型的绝对变化面积来看(图 6-6),绝对面积变化量最多的为海域,10 年间共减少了 287.97km²,其次为建设用地,增加了 170.82km²。同时,耕地、滩涂、未利用地及养殖用地的变化也较为明显。而林地及水域变化较小,其中林地减少了 1.33km²,而水域则增加了 0.24km²。为此,对于景观演化的驱动力分析,主要选取面积变化较明显的耕地、海域、建设用地、滩涂、未利用地以及养殖用地 6 类进行分析。

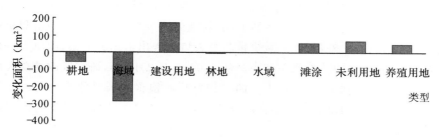

图 6-6　2000—2010 年浙江省杭州湾南岸岸段各景观类型面积变化图

6.2.4.2　耕地变化驱动力分析

为了去除量纲对分析结果的影响,将数据经过标准化处理,运用 Logistic 模型进行回归计算。在耕地景观转变为其他景观类型的 Logistic 回归模型的"HL 检验"中的 sig. 值为 0.521,大于 0.05,故统计结果不显著,即模型的拟合效果较好,且模型的预测正确率为 76.1%,模型较为稳定,即模型较好地拟合了相关数据。相关估计结果见表 6-3。

表 6-3　杭州湾南岸岸段耕地变化估计结果

变量	参数估计 B	标准误差 S. E.	wald 统计量	自由度 df	显著性水平 sig.	发生比率 exp(B)
sig. =0.521;预测准确率=76.1%						
总人口	−0.000008	0.000	4.129	1	0.042	1.000
工业产值	0.000001	0.000	8.763	1	0.003	1.000
距河流距离	−0.295	0.133	4.956	1	0.026	0.744
距城镇距离	−0.306	0.115	7.090	1	0.008	0.736
距县道距离	−0.606	0.149	16.624	1	0.000	0.545
常量	2.375	0.412	33.297	1	0.000	10.756

由表 6-3 中的 wald 统计量可知,2000—2010 年的 10 年间,对耕地变化较为重要的解释变量是距县道距离、工业产值、距城镇距离、距河流距离以及总人口。其中,模型中距县道距离对耕地减少的贡献量最大,同时,该解释变量负的回归系数表明景观类型由耕地转变为其他类型景观的概率随着距县道距离的增加而减少,即对于杭州湾南岸的滨海平原而言,距县道越近的耕地越容易被开发利用为其他用地(如住宅用地、工业用地、商业用地、交通运输用地等),可见,县道对于乡镇地区的重要性。第二个重要的解释变量为工业产值,且耕地转化概率随着工业产值的增加而增加,这表明工业产值越高的乡镇,其

将耕地改造为其他用地的概率越高。第三、第四个重要的解释变量为距城镇距离及距河流距离,负的回归系数表明,耕地的减少大多发生在距城镇和距河流较近的区域。此外,耕地的减少也与总人口呈现出负相关关系,即总人口越多的乡镇,其耕地的减少概率越小。从 2000 年至 2010 年,研究区内的总人口从 72.75 万增加到 76.69 万,人口的增加意味着粮食需求量的增大,为此,需要更多的耕地来满足人们对粮食的需求,故人口多的区域耕地减少的概率降低,甚至耕地有所增加。

由此可见,研究区内耕地的减少受到了自然和人为因素双重的影响,且区位因素显得略为重要,研究时段内减少的耕地主要去向为各类建设用地,且这些用地的选址更多地考虑区位因素,选择交通便利、人口集中、市场广阔之地。此外,社会经济的发展,工业化的不断进步,也促进了耕地的不断转化。

6.2.4.3　海域变化驱动力分析

将 2000—2010 年海域变化数据带入模型,"HL 检验"中的 sig. 值为 0.906,大于 0.05,故模型拟合效果理想,预测准确率达 95%,准确率高,模型非常稳定。在此基础上得到最终回归模型的估计结果见表 6-4。

表 6-4　杭州湾南岸岸段海域变化估计结果

变量	参数估计 B	标准误差 S.E.	wald 统计量	自由度 df	显著性水平 sig.	发生比率 exp(B)
sig. ＝0.906;预测准确率＝95%						
工业产值	0.000004	0.000	15.348	1	0.000	1.000
距河流距离	0.487	0.212	5.311	1	0.021	1.628
距城镇距离	1.130	0.317	12.722	1	0.000	3.095
距县道距离	1.801	0.262	47.251	1	0.000	6.057
常量	−13.070	1.795	53.019	1	0.000	0.000

海域作为海岸带开发利用潜力最大的空间,对海岸带地区的社会经济发展起到了不可替代的作用。近 10 年来,受到泥沙淤积以及人工围垦等作用的影响,杭州湾南岸岸段海域面积不断下降。根据表 6-4 中的估计参数的显著性水平(sig. <0.05)以及 wald 统计量可知,对于海域转变为其他类型的驱动因素除了社会经济因素的工业产值外,自然因素中的距河流距离、距城镇距离、距县道距离起到了更为重要的作用。

从每个变量对海域转化为其他景观类型用地这一事件的发生概率的贡献量来看,最重要的解释变量是距县道距离,模型中该解释变量的回归系数为正,表明海域转化为其他景观类型用地的概率随着距县道距离的增大而增大,即越远离县道的海域,越容易被开发利用,成为其他景观类型。此外,另一个较为重要的解释变量是社会经济因子中的工业产值,结果表明海域转化为其他景观类型的概率随着工业产值的增加而增大,工业越发达的乡镇开发利用海域的速度和规模比工业相对落后的乡镇越大。由此可见,工业等高科技产业的发展推动着海岸带地区的区域不断向海推进。此外,海域景观类型的转变还与距城镇距离及距河流距离有关,正的回归系数表明越远离城镇或河流的海域转变为其他景观类型用地的概率越高。

近 10 年来,随着杭州湾南岸岸段区域从事涉海产业人口的不断增加,客观上引起了海域面积的大量转化。为此,通过对海域转移矩阵进行分析(表6-5)可知,2000—2010 年间,自然因素以及人为因素的双重干涉,导致 287.96km^2 的海域面积发生了转变,其中最多的去向为滩涂,这主要是由于人类活动对海岸的围垦向海推进,改变了潮水原有的水动力,滩涂位置也不断向海推进。此外,有 72.71km^2 的海域转变为未利用地,而这些未利用地大多是养殖用地或建设用地的前身。同时也有 30.10km^2 的海域转变为养殖用地。通过驱动力的分析可知,这类转变主要集中在距河流、城镇及县道较远的海域,且工业水平的高低也对此有着重要的影响。

表 6-5　2000—2010 年杭州湾南岸岸段海域转出面积统计

海域转出	面积/km^2
耕地	8.34
建设用地	5.80
水域	6.52
滩涂	164.49
未利用地	72.71
养殖用地	30.10
总计	287.96

6.2.4.4　建设用地变化驱动力分析

将建设用地变化数据导入模型,得"HL 检验"的 sig. 值为 0.214,大于 0.05,故统计检验不显著,模型具有较好的拟合度,预测准确率为 72.4%,处于中等准确程度,模型较为稳定,能通过检验。最终得到建设用地变化驱动因子的模型估计结果见表 6-6。

表 6-6　杭州湾南岸岸段建设用地变化估计结果

变量	参数估计 B	标准误差 S.E.	wald 统计量	自由度 df	显著性水平 sig.	发生比率 exp(B)
sig.＝0.214；预测准确率＝72.4%						
总人口	－0.00001	0.000	9.234	1	0.002	1.000
工业产值	0.000001	0.000	6.783	1	0.009	1.000
距城镇距离	－0.332	0.102	10.601	1	0.001	0.717
距县道距离	－0.300	0.102	8.658	1	0.003	0.741
常量	1.954	0.356	30.055	1	0.000	7.055

　　从表 6-6 可以看出,近 10 年来,对建设用地的增加较为重要的解释变量可大体归为三类,即人口、经济水平以及区位条件,具体包括距城镇距离、总人口、距县道距离以及工业产值。在此,导致建设用地扩张的最重要的解释变量为距城镇距离,其回归系数为负说明建设用地发生增长的概率随着到城镇距离的增大而减小,即建设用地的增加大多集中在城镇中心区附近,这主要是由于受到城市聚集效应的影响,距城镇中心地带近的区域,受城镇的辐射和带动作用越明显,社会经济活动强度也越大,需要的用地面积越大,故其他用地转变为建设用地的可能性也越大。

　　第二重要的解释变量为总人口,随着沿海地区经济水平的提高,大量人口不断涌入海岸带地区,客观上加剧了沿海城市的承载压力,由此导致了城市建设用地不断向外沿扩张。但是在建设用地驱动力分析的 Logistic 模型中,总人口因子对建设用地的扩张影响并不明显,其回归系数为负值,说明杭州湾南岸岸段区域建设用地的扩张速度高于人口的增加速度。由于受到各个县级市总体规划的影响,城镇中心地区的商业、企业用地形成了一定的规模,但是居住用地规模相对较小,大部分居民白天在中心城区工作,下班后返回到老城区,可见新增建设用地没有真正聚集人口。

　　此外,距县道距离也是导致建设用地增长的重要解释变量之一。其回归系数为负值,表明建设用地的扩张概率随着距县道距离的增加而减小,即建设用地的扩张主要沿着县道发展。对于乡镇而言,县道是其主要的交通轴线,同时便利的交通也成了活跃的经济增长轴线,为此,交通网络布局对建设用地的扩张具有重要的指向作用。而在现今社会,随着城镇内水运的逐渐衰落,对于建设用地的扩张而言,河流对其的影响相对较弱。

　　而经济的发展对杭州湾南岸岸段建设用地的增长同样具有重要影响。这一影响主要通过工业产值来表现。其扩张概率随着第二产业产值以及工业产值的增加而增加,社会经济的发展是城镇建筑用地扩张的根本动力,同时经济发展对城市的扩张以容纳更多的劳动力提出了更高需求,城镇建设用地的扩张又带动了经济发展,两者相互促进。故工业产值高、经济发展水平高的乡镇,建设用地扩张可能性越大。

6.2.4.5 滩涂变化驱动力分析

在滩涂变化的模型中,将提取的有关滩涂驱动力分析的变量经过无量纲处理后,导入 Logistic 模型中进行逐步回归计算。通过"HL 检验"得 sig. 的值为 0.114,大于 0.05,统计不显著,即模型具有较好的拟合效果。且模型的预测准确率达 89.7%,模型较为稳定。最终得到滩涂变化驱动力模型的估计结果如表 6-7 所示。

表 6-7　杭州湾南岸岸段滩涂变化估计结果

变量	参数估计 B	标准误差 S. E.	wald 统计量	自由度 df	显著性水平 sig.	发生比率 exp(B)
sig. =0.114;预测准确率=89.7%						
工业产值	0.000002	0.000	8.687	1	0.003	1.000
距河流距离	0.435	0.155	7.871	1	0.005	1.544
距城镇距离	0.708	0.201	12.419	1	0.000	2.030
距县道距离	0.614	0.143	18.394	1	0.000	1.847
常量	−7.892	0.889	78.871	1	0.000	0.000

根据表 6-7 回归系数的显著性水平(sig. <0.05)以及 wald 统计量可知,对于滩涂面积的增加,较为重要的解释变量为距县道距离、距城镇距离、工业产值以及距河流距离。在距河流、城镇以及县道距离的三个因子中,其回归参数均为正值,表明滩涂增加的概率随着距河流、城镇以及县道距离的增加而增加,越远离城镇的乡村区域,其受人为干扰越小,滩涂的淤积越明显。而工业产值对滩涂面积的增加也有一定的影响,其概率随着工业产值的增加而增加。当然,滩涂的淤积除了受到人为因素以及区位因素的影响外,更多的是受到水动力以及沿海泥沙的影响,自然因素对于滩涂面积的改变也起到了不可替代的作用。

6.2.4.6 养殖用地变化驱动力分析

将养殖用地相关数据导入模型,通过"HL 检验"得 sig. 值为 0.182,大于 0.05,故统计检验不显著,模型的拟合度较好,且模型的预测准确率为 79.2%,模型较为稳定。在此基础上得到养殖用地变化的驱动力模型估计结果,如表 6-8 所示。

表 6-8　杭州湾南岸岸段养殖用地变化估计结果

变量	参数估计 B	标准误差 S.E.	wald 统计量	自由度 df	显著性水平 sig.	发生比率 exp(B)
sig.＝0.182；预测准确率＝79.2%						
第一产值	0.00003	0.000	11.431	1	0.001	1.000
距河流距离	−0.825	0.124	43.949	1	0.000	0.438
距城镇距离	0.576	0.108	28.484	1	0.000	1.779
距县道距离	0.596	0.108	30.550	1	0.000	1.814
常量	−1.202	0.360	11.155	1	0.001	0.301

　　根据表 6-8 回归系数的显著性水平（sig.＜0.05）以及 wald 统计量可知，对于近 10 年来养殖用地面积的增加，较为重要的解释变量为距河流距离、距县道距离、距城镇距离以及第一产业产值。其中，最重要的解释变量为距河流距离，由于回归系数为负值，可见其他景观用地类型转变为养殖用地的概率随着到河流距离的增加而减小，即养殖用地的增加更有可能发生在离河流较近的地方。这主要是由于杭州湾南岸岸段的水产养殖多以坑塘养殖为主，包括淡水养殖以及海水养殖，河流水是淡水养殖的重要来源，故养殖用地对河流有较强的依赖性。第二、第三个重要的解释变量为距县道距离和距城镇距离，其正的回归系数表明其他用地转变为养殖用地的概率随着距县道和城镇距离的增加而增加，即养殖用地更容易出现在距城镇及县道较远的郊区及乡村区域。随着城镇中心地区地价的不断上涨，而养殖用地大多占据面积较大，且当地渔民大多为农村户籍人员，故养殖用地的开辟多为距城镇较远的郊区。此外，第一产业产值对养殖用地增加也有较大的影响。对于杭州湾南岸岸段的沿海区域人民而言，第一产业的收入除了耕种的农业外，渔业也占据了较大的比重，故第一产业产值较高的乡镇其他用地转变为养殖用地的可能性越大，同时更多养殖用地的出现反过来又增加了该地区的第一产业收入。

6.2.4.7　未利用地变化驱动力分析

　　将未利用地数据经过标准化处理后，导入模型，从"HL 检验"的检验结果来看，其 sig. 为 0.142，大于 0.05，统计结果不显著，即模型的拟合效果较好，且预测准确率为 86.9%，模型较为稳定。在此基础上最终得到未利用地变化驱动因子模型的估计结果见表 6-9。

表 6-9　杭州湾南岸岸段未利用地变化估计结果

变量	参数估计 B	标准误差 S.E.	wald 统计量	自由度 df	显著性水平 sig.	发生比率 exp(B)
sig.＝0.142;预测准确率＝86.9％						
总人口	−0.00002	0.000	5.933	1	0.015	1.000
人口密度	0.002	0.001	9.288	1	0.002	1.002
第一产值	0.00006	0.000	10.317	1	0.001	1.000
工业产值	0.000003	0.000	6.564	1	0.010	1.000
二、三产业从业人员比重	6.778	2.026	11.190	1	0.001	878.056
距河流距离	−0.877	0.195	20.128	1	0.000	0.416
距县道距离	1.091	0.160	46.334	1	0.000	2.977
距国、省道距离	0.914	0.141	42.147	1	0.000	2.495
常量	−15.367	2.159	50.662	1	0.000	0.000

　　在此,需要指出的是,本章中所提到的未利用地是指城镇、村庄、工矿内部尚未利用的土地,或已开垦但尚未明确利用方向的荒地等。根据表 6-9 中各驱动力因子回归系数的显著性水平(sig.＜0.05)以及 wald 统计量可知,近 10 年来,对于未利用地增加影响较为显著的解释变量包括距县道距离,距国、省道距离,距河流距离,二、三产业从业人员比重,第一产业产值,人口密度,工业产值,以及总人口。其中,较为重要的解释变量包括距县道以及距国、省道距离,且两者的回归系数均为正值,表明未利用地的增加概率随着距县道、国道、省道距离的增加而增加,即未利用地更多地出现在交通较为不便利的区域,且从转移矩阵来看,近 10 年来的未利用地多由海域以及滩涂转变而来,围垦海域的利用方向多为耕地、养殖用地以及建筑用地等。其次,另一个重要的解释变量为距河流距离,且其他景观用地类型转变为未利用地的概率随着距河流距离的增加而减小,即未利用地的开辟多集中在河流附近,此后利用方向多为养殖用地等。而在社会经济因素中,对于未利用地增加影响较大的为二、三产业从业人口比重和第一产业产值,且转化概率随着两者的增加而增大。此外,这一变化也与人口等因素相关。为此,经济的发展以及人口的不断增多,加快了景观类型转变的步伐,为景观类型的转变提供了内在的动力。

　　通过以上对杭州湾南岸岸段 2000—2010 年来变化较大的几类景观类型(耕地、海域、建设用地、滩涂、养殖用地以及未利用地)的驱动力的分析可知,对于以乡镇为单位的研究区域而言,导致其内部景观类型变化的主要因子包括自然因子中的区位因子以及社会经济因子。其中区位因子中,距国、省道距离对于景观类型演变的影响相对不大(仅在导致未利用地变化的驱动因子中有出现),而对于乡镇而言,县道以及河流、城镇等因子在景观演变中所起的作用更为显著。而从社会经济因子来看,由于所选的研究区域地处宁波发达区域,不同乡镇的城市化水平(非农人口占总人口的比重)以及人口密度相差不多,故这两个因子对引起景观类型演变的贡献相对较小。此外,景观格局的演变除受到以上各个因子的影响外,政府的行政政策等因素也起到了重要的作用,但在此无法将其量化一同考虑,故仅对以上因子进行分析。

6.3　讨论与结论

本章主要从定性和定量角度对浙江省海岸带景观格局演变的驱动力因素进行了分析。对于定性分析,主要以浙江省海岸带为分析对象,选取浙江省海岸带地级市的相关数据指标作为数据来源,从自然地理因素、人口因素、社会经济因素、城市化发展以及政策因素等几方面入手,分析了引起浙江省海岸带景观类型演变的主要因素,在此基础上得出景观格局演变受到多因素共同作用的结论。

而对于定量分析,主要以杭州湾南岸岸段的沿海乡镇为例,以多元遥感影像以及相关统计数据作为数据源,对 2000—2010 年 10 年来杭州湾南岸地区的景观格局演变驱动力进行分析研究。从自然驱动因子和社会经济驱动因子两个方面构建了景观格局演变的驱动力评价体系,在此基础上,通过 GIS-Logistic 模型来探讨杭州湾南岸岸段不同景观类型格局演变的驱动机制。通过分析,得到以下结论及讨论:

(1)从杭州湾南岸岸段沿海乡镇各类景观类型的面积变化总体趋势可以看出,耕地在 2000—2010 的 10 年间,呈现出不断减少的趋势。与此同时,也有较大面积的海域不断转为各类自然或人工景观,故滩涂景观不断增长。而作为人文景观类型的建设用地、养殖用地等景观类型保持持续增长的态势;此外未利用地面积也呈现出增长趋势。

(2)总体而言,在中小尺度研究过程中,纯自然驱动因素较人文驱动因素的影响相对较弱,而区位因素对于景观类型演变的影响相对较为明显。且作为交通要道的国省道对于乡镇而言影响力不及县道明显。此外,经济发展因素对于杭州湾南岸岸段各景观类型的变化具有较强的驱动作用。

(3)通过 GIS-Logistic 耦合模型的建立,将研究区内的空间异质性和相关景观格局变化过程的时间变量相结合,弥补了以往方法中仅考虑时间变量的弊端,更有效地揭示了引起景观格局演变的相关驱动力因子。

(4)由于数据获取的限制,研究中的个别指标因不同年份统计口径的变化而无从获得,故采用了前后几年插值而得到的估计值。同时,由于研究区域范围相对较小,且经济发展水平差异不明显,个别因子对于景观格局演变的贡献不大,研究存在一定的局限性。此外,没有更多地考虑水文、土壤等自然因素对景观演变的影响。

(5)区域景观格局演化是一个具有阶段性、多样性以及复杂性的动态过程,新的政策的出台、交通道路等基础设施的修建、农产品价格的变化等都将对景观格局的变化速度和变化方向产生影响。为此,如何构建更为全面的驱动力模型,以迎合复杂的自然环境及人文环境变化,甚至建立相关的驱动力变化动态模型,将是今后驱动力分析亟需解决的问题。

7 人类活动影响下的浙江省
海岸带景观生态风险演化

    风险是指在某一时间段内的特定环境下,造成某种损失的可能性。科学的生态风险评价及风险格局演化分析对建立生态风险预警机制、降低生态风险概率,促进海岸带地区景观格局优化具有重要意义(刘晓等,2012)。

    景观作为人类活动资源和环境开发利用的对象,逐渐被学者所关注并作为研究人类活动对生态环境影响的适宜尺度。随着社会经济的不断发展,越来越多的景观被打上了人类活动的烙印,同时,人类活动对各类景观资源的开发利用具有明显的区域性和累积性,从区域尺度入手,对景观生态风险进行评价能够有效揭示各类潜在生态环境影响因子对不同景观类型的影响过程及其累积性后果(高宾等,2011)。景观格局水平能够有效展现各种生态影响的时空分布及其时空演变特征,从而通过各种软件实现各类景观空间分析(陈立顶和傅伯杰,1996;李晓燕和张树文,2005)。

    本章主要以浙江省海岸带为研究区域,运用景观生态学原理以及空间分析方法,在第五章 1990—2010 年景观类型结构分类结果的基础上,构建景观生态风险指数,对 1990—2010 年期间浙江省海岸带的景观利用状况进行生态风险格局演化分析,以此来揭示研究区生态风险的时空变化特征及变化趋势,以期为今后研究区的景观生态风险预测以及景观生态环境的管理等提供有益的理论依据和技术参考。

7.1   基于景观的生态风险评价研究方法

7.1.1   数据来源与处理

对于浙江省海岸带的生态风险评价数据主要依赖于第五章中1990 年、2000 年、2010 年 TM 影像数据及分类完成的三个年份的景观格局矢量图(主要包括林地、耕地、建设用地、水域、养殖用地、滩涂、未利用地及海域 8 种景观类型),将此作为海岸带生态风险的受体,在此基础上建立生态风险指数模型,对浙江省海岸带的生态风险时空变化特征进行分析。

7.1.2   风险小区划分

为了能够将生态风险指数空间化,在此结合前人相关研究经验(高宾等,2011;曾辉和刘国军,1999;张学斌等,2014),同时综合考虑研究区范围及处理工作量大小的基础上,采用等间距系统采样法将研究区划分为 11.35km×11.35km 的风险小区采样方格,其中,落在研究区范围内的风险小区共 155 个(图 7-1)。在此基础上,计算每一个风险小区的综合生态风险指数,以此将其作为该小区中心质点的生态风险值。

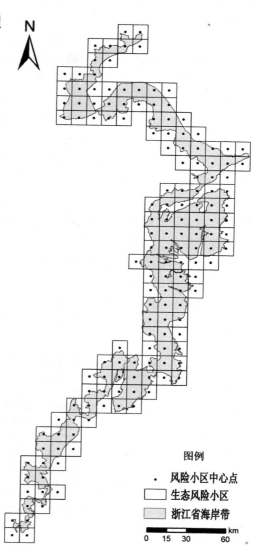

图 7-1   浙江省海岸带生态风险小区划分

7.1.3　生态风险指数构建

在参考前人(付在毅等,2001;刘世梁等,2005)对流域、景观、湿地的生态风险评价的基础上,本章认为人类活动导致的海岸带的生态风险评价可以用海岸带景观的生态脆弱性和风险受体对风险源(即人类对景观的利用活动)的响应程度函数来表示。区域中生态系统的细微变化首先表现在景观结构组分的空间结构、相互作用以及功能的变化上(李景刚等,2008)。因此,本章利用1990 年、2000 年、2010 年的浙江省海岸带景观格局变化来表征风险受体对人类各类开发活动的响应程度。

景观生态学的研究焦点主要集中在景观的空间异质性以及空间格局上,对此提出了表征其变化的不同评价指标(陈利顶等,2010;梁国付和丁圣彦,2005)。

而在现实状态下,一个特定的研究区域的生态风险的大小取决于风险受体受风险源干扰程度的强弱以及风险受体本身的抵抗力的大小,不同的景观类型在不同的风险源刺激下,其抵抗风险能力以及表现出的景观结构演化方向和趋势存在着较大的差异,因此会对研究结果造成不同的影响。本章在具体生态风险评价过程中,主要在整合前人现有研究成果的基础上(张学斌等,2014;吴莉等,2014;高宾等,2011),结合研究区的特点,同时考虑人类活动对海岸带景观的影响,主要选取景观干扰度指数 E_i(王介勇等,2005;李谢辉和李景宜,2008)、脆弱度指数 F_i(谢花林,2008;徐昕,2008)和损失度指数 R_i 来构建浙江省海岸带景观生态风险评价指数(表 7-1),在此基础上分析海岸带生态风险变化情况。

表 7-1　景观生态风险评价指数表

指标	含义	表达式
景观干扰度指数 (E_i)	表征不同的景观类型受体内生态系统受到外部干扰程度的大小。选取景观破碎度指数(C_i)、景观分离度指数(N_i)和景观优势度指数(D_i),通过这三个指数的加权构成景观干扰度指数(E_i),由此来反映不同景观内的生态系统受外界的干扰程度大小	$E_i = aC_i + bN_i + cD_i$ E_i:景观干扰度指数;C_i:景观破碎度指数;N_i:景观分离度指数,D_i:景观优势度指数。a,b,c 分别为 C_i、N_i 和 D_i 的权重[①],且 $a+b+c=1$
景观破碎度指数 (C_i)	表征某一区域内整个景观或某一种景观类型在特定的时间和特定的性质上的破碎化程度,C_i 越大,则表明景观内部的稳定性越差,同时对应的景观生态系统的稳定性也越低	$C_i = \dfrac{n_i}{A_i}$ C_i:景观破碎度指数;n_i:景观类型 i 的斑块数目;A_i:景观类型 i 的总面积

①　根据前人的研究及专家的意见,在此对 a,b,c 分别赋 $0.5,0.3,0.2$ 的权重值,此外,考虑到研究区内地域及景观的特点,对于未利用地的三个指标分别赋予 $0.2,0.3,0.5$ 的权重值。

指标	含义	表达式
景观分离度指数（N_i）	表征某一类景观类型中不同的斑块个体的分离程度，分离程度越大，则表明该类景观类型在区域上分布越离散，景观分布也越复杂	$N_i = \dfrac{A}{2A_i}\sqrt{\dfrac{n_i}{A}}$ N_i：景观分离度指数；A：景观的总面积；A_i：景观类型 i 的面积；n_i：景观类型 i 的斑块数目
景观优势度指数（D_i）	表征斑块在整个景观中的重要性程度，其值的大小直接反映了斑块对景观格局形成和变化影响的大小	$D_i = \dfrac{(R_i + F_i)}{4} + \dfrac{L_i}{2}$ D_i：景观优势度指数；R_i：斑块密度＝斑块 i 数目/斑块总数；F_i：斑块频度＝斑块 i 出现的样方数/总样方数；L_i：斑块比例＝斑块 i 的面积/样方总面积
景观脆弱度指数（F_i）	表征不同景观类型内的生态系统结构的易损性，反映不同的景观类型受体对外部风险源干扰的抵抗能力的大小。景观风险受体抵御风险源的能力越弱，则其脆弱性越大，生态风险亦越大	在参照前人研究基础上，采用专家打分法，将研究区的景观类型脆弱性分为 8 级，由低到高分别为建设用地、林地、耕地、水域、海域、养殖用地、滩涂和未利用地，对此进行归一化处理后得到各类景观类型的脆弱度指数 F_i
景观损失度指数（R_i）	表征不同景观类型受体所代表的生态系统在受到外部风险源（包括自然用人为）的干扰时其自然属性的损失程度。主要由景观干扰度指数和景观脆弱度指数叠加而成	$R_i = E_i \times F_i$ R_i：景观损失度指数；E_i：景观干扰度指数；F_i：景观脆弱度指数
景观生态风险指数（ERI_i）	表征一个样地内综合的生态损失的相对大小，通过采样的方法将景观的空间格局转化为空间化的生态风险变量。在此过程中，引入景观各组分的面积比重，由景观干扰度指数和景观脆弱度指数来构建景观生态风险指数	$ERI_i = \displaystyle\sum_{i=1}^{N} \dfrac{A_{ki}}{A_k} R_i$ ERI_i：第 i 个风险小区的景观生态风险指数；R_i：i 类景观的损失度指数；A_{ki}：第 k 个风险小区内景观类型 i 的面积；A_k：第 k 个风险小区的面积

7.1.4 空间分析方法

地统计学方法是一种检测、模拟和估计变量在某一特定的研究区域内的相关关系和分布状况的统计方法，为此，区域生态风险格局的空间分析评价可采用地统计学中的半方差分析方法(谢花林,2008;刘桂芳,2005)。在本章的研究过程中,主要借助地统计学分析方法中的半方差变异函数的不同模型对采样点数据进行最优拟合,通过克里金(Kriging)插值进行区域生态风险的空间分析。具体计算公式如下:

$$\gamma(h) = \frac{1}{2N(h)} \sum_{i=1}^{N(h)} \left[Z(x_i) - Z(x_i + h) \right]^2 \quad [i = 1, 2, \cdots, N(h)] \quad (\text{式 7-1})$$

式中,$\gamma(h)$为变异函数;h为步长,即为了减少各样点配对的空间距离个数而对其进行分类的样点空间间隔距离;$N(h)$为间隔距离为h时的样点个数,$Z(x_i)$和$Z(x_i + h)$分别为景观生态风险指数在空间位置x_i和$(x_i + h)$上的观测值(邬建国,2007;李晓燕和张树文,2005)。以$\gamma(h)$为纵坐标,以h为横坐标,获得半方差图,利用ArcGIS10.0的空间分析和地统计分析功能,经过克里金空间插值,得到实际半方差图,在此基础上选择最优模型进行拟合,得到生态风险指数的空间分布图。

7.2　浙江省海岸带生态风险评价

借助ArcGIS10.0及Fragstats 3.4软件的相关功能,提取1990—2010年各景观类型的斑块个数及面积,参照以上公式,计算得到浙江省海岸带1990年、2000年、2010年各景观类型的相关景观格局指数(表7-2)。

表 7-2　1990—2010 年浙江省海岸带景观格局指数

年份	类型	破碎度 C_i	分离度 N_i	优势度 D_i	干扰度 E_i	脆弱度 F_i	损失度 R_i
1990	林地	0.07628	0.22348	0.42324	0.18983	0.05556	0.01055
	海域	0.22277	0.84847	0.20182	0.40629	0.13889	0.05643
	耕地	0.09036	0.24406	0.46045	0.21049	0.08333	0.01754
	建设用地	2.22968	4.74385	0.26406	2.59081	0.02778	0.07197
	滩涂	0.35012	1.17834	0.22632	0.57383	0.19444	0.11158
	水域	0.66165	1.77935	0.23401	0.91143	0.11111	0.10127
	养殖用地	1.04637	4.15924	0.13819	1.79860	0.16667	0.29977
	未利用地	0.64432	5.01178	0.05677	1.66078	0.22222	0.36906

年份	类型	破碎度 C_i	分离度 N_i	优势度 D_i	干扰度 E_i	脆弱度 F_i	损失度 R_i
2000	林地	0.09619	0.25830	0.40756	0.20710	0.05556	0.01151
	海域	0.33980	1.26145	0.16857	0.58205	0.13889	0.08084
	耕地	0.15036	0.31904	0.46178	0.26325	0.08333	0.02194
	建设用地	1.67134	2.81732	0.29536	1.73994	0.02778	0.04833
	滩涂	0.41087	1.20374	0.23266	0.61309	0.19444	0.11921
	水域	1.23149	2.58497	0.24912	1.44106	0.11111	0.16012
	养殖用地	1.11998	2.89994	0.21188	1.47235	0.16667	0.24539
	未利用地	0.94462	4.11056	0.11431	1.47925	0.22222	0.32872
2010	林地	0.09850	0.26723	0.39459	0.20833	0.05556	0.01157
	耕地	0.28846	0.47810	0.44746	0.37715	0.08333	0.03143
	建设用地	1.02615	1.33802	0.39094	0.99267	0.02778	0.02757
	滩涂	0.29409	1.16161	0.16534	0.52860	0.19444	0.10278
	水域	1.34290	2.80887	0.25121	1.56435	0.11111	0.17382
	养殖用地	0.71764	1.63825	0.23499	0.89729	0.16667	0.14955
	未利用地	0.41544	1.78745	0.13657	0.68761	0.22222	0.15280

7.2.1 景观生态风险时空分异

根据表 7-2 的各项景观指数以及生态风险指数计算公式分别计算出浙江省海岸带 155 个风险小区 1990 年、2000 年、2010 年的生态风险指数采样数据,并对变异函数进行最优化拟合。在此基础上,选取最优拟合模型和相关参数设置,利用 ArcGIS10.0 软件的地统计分析模块,对 1990 年、2000 年、2010 年的生态风险指数进行克里金插值。为了便于比较浙江省海岸带各个时期的生态风险变化情况,运用相对指标法对生态风险指数进行自然断点等距划分,区间间隔为 0.016,共分为 5 个等级:低生态风险区($ERI<0.031$),较低生态风险区($0.031 \leqslant ERI<0.047$),中生态风险区($0.047 \leqslant ERI<0.063$),较高生态风险区($0.063 \leqslant ERI<0.079$),高生态风险区($ERI \geqslant 0.079$)。在此基础上,得到浙江省海岸带生态风险等级图(图 7-2),并对不同生态风险指数等级所占面积进行统计(图 7-3)。

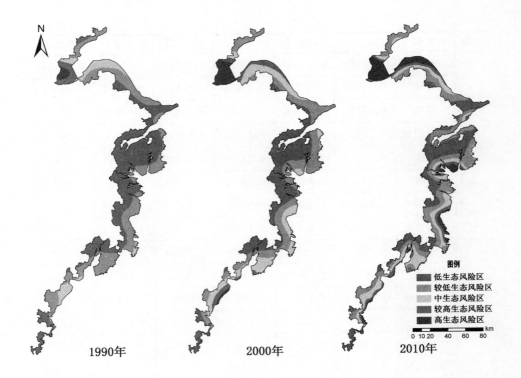

图 7-2 1990 年、2000 年、2010 年浙江省海岸带生态风险变化图

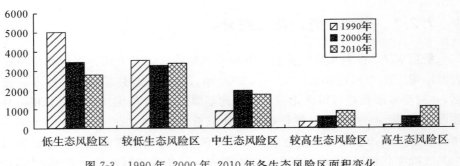

图 7-3 1990 年、2000 年、2010 年各生态风险区面积变化

    如图 7-3 所示,1990 年研究区内处于低生态风险等级和较低生态等级的
区域面积分别为 4991.08km² 和 3565.92km²,约占全区总面积的 50.30% 和
35.94%。其中低生态风险区主要分布在研究区的中西部以及南部地区,包括
宁波的象山县、宁海县一带;较低生态风险区主要分布在研究区的东部及北部
嘉兴市沿海,这主要与这些地区在 1990 年耕地与林地等景观类型面积分布较
广有关。而中生态风险等级区域集中在杭州湾南岸以及瓯江口两岸,面积约

为 882.65km²,约占总面积的 8.90%。这些区域地形主要为平原,社会经济的不断发展,人口不断聚集,城市建设用地以及工业用地、基础设施用地的不断增加,导致原本耕地等大面积地块被破坏,斑块破碎度和分离度不断加大。较高和高生态风险等级区域面积相对较小,面积分别为 329.00km² 和 153.77km²,约占全区面积的 3.32% 和 1.55%,主要分布于钱塘江入海口处,该处分布有较多景观敏感性和脆弱性程度较高的芦苇湿地以及滩涂景观,因此,生态风险等级较高。

与 1990 年相比,2000 年的生态风险等级分布发生了较大的变化,低生态风险区面积减少了 1522.72km²,而较低生态风险区面积也有所减少,其占全区的面积比例由 35.94% 降低到 33.33%,而在空间位置上,主要表现为向陆侧延伸,代替了 1990 年的部分低生态风险区,这一变化在海岸带中部尤为明显。其主要原因是城市化和工业化的不断推进,坡度较缓的山地以及山麓地带的林地、草地被开垦出来,取而代之的是生态风险等级高的耕地以及人工建设用地等,从而增加了生态风险。处于中等生态风险等级的区域面积增长较快,由 1990 年的 882.65km² 增加到 2000 年的 1961.52km²,增加了近 11%。在空间上表现为杭州湾南岸区域中生态风险等级区域向南推移发展,而在台州临海市至玉环县附近,较多的中生态风险等级区域占据了 1990 年的较低生态风险等级区域。此外,处于较高和高生态风险区面积与 1990 年相比有所增加,分别从 3.32% 和 1.55% 提高到 5.99% 和 5.95%,以钱塘江入海口杭州湾南岸及温州市区附近尤为突出。杭州湾南岸区域由于滩涂的不断淤积,大量的海域被滩涂及养殖用地所占据,破碎度和优势度逐渐减小,增大了生态风险指数;而从瓯江口至飞云江口附近的温州市区一带,平原地区耕地的不断开垦利用,建设用地面积的增加,导致景观破碎度和分离度增加,加大了生态风险指数。

2010 年,浙江省海岸带研究范围内生态风险等级分布状况表现为低生态风险等级区域面积继续下降,面积比重由 2000 年的 34.95% 减小到 28.47%。而较低生态风险等级区域面积有所增加,但是增加面积不大,仅为 0.8%。较高和高生态风险等级区域面积不断增加,比重分别由 2000 年的 5.99% 和 5.95% 增加到 2010 年的 8.60% 和 10.79%,净增加面积达 258.93km² 和 480.02km²,这一变化在空间上尤以杭州湾南岸、三门湾两侧以及台州临海市至温岭市东部沿岸地区最为明显。究其原因,主要是这三个沿海区段岸线均以淤泥质岸线为主,为海洋鱼类的生存繁殖提供了有利的自然环境,海洋渔业不断发展起来,同时,近 10 年来由于浙江海洋经济不断受到重视,更多的淤泥质海域以及内陆耕地被围垦为水塘,进行淡水、咸水的水产养殖,至 2011 年,浙江省的海水养殖面积已达 90839ha,且一大部分集中在这些区域,但在此过程中,较多的养殖用地为私人开发为主,缺乏整体的规划和布局,呈现出零星状分布,由此导致区域生态脆弱性、破碎度及分离度均有所增加,从而加深了区域的生态风险程度。为此,在城市化进程过程中,应从整体出发,重视政府规划部门的统筹规划,有组织、有计划、因地适宜地发展工农业生产,如此才能实现经济增长和生态环境保护的协调发展。此外,较 2000 年中生态风险区域面积有所减小。

7.2.2 景观生态风险转移分析

由于在研究时段内,不同时期各个生态风险区面积的减少和增加交互出现,纯粹的面积统计无法较为明确地得到各等级之间的相互转换关系,所以,为了更好地体现不同生态风险指数等级之间的相互转化关系,在此引入生态风险指数等级转移矩阵。运用 ArcGIS10.0 将研究区三个时期的生态风险等级分布图进行叠加,并对 1990—2000 年和 2000—2010 年以及 1990—2010 年三个时间段内的各生态风险指数等级转化方向和转化面积进行了定量分析(表7-3、表 7-4 及表 7-5)。

表 7-3　1990—2000 年浙江省海岸带各生态风险等级转化表　(单位:km²)

2000 年 / 1990 年	低	较低	中	较高	高	总计
低	3420.34	1564.95	5.80	0.00	0.00	4991.08
较低	48.02	1742.30	1660.91	114.69	0.00	3565.92
中	0.00	0.00	294.81	480.14	107.70	882.65
较高	0.00	0.00	0.00	0.00	329.00	329.00
高	0.00	0.00	0.00	0.00	153.77	153.77
总计	3468.36	3307.25	1961.52	594.82	590.47	9922.42

表 7-4　2000—2010 年浙江省海岸带各生态风险等级转化表　(单位:km²)

2010 年 / 2000 年	低	较低	中	较高	高	总计
低	2145.25	1163.85	142.57	16.69	0.00	3468.36
较低	631.35	1677.18	659.36	249.82	89.54	3307.25
中	41.44	501.34	802.33	346.80	269.61	1961.52
较高	6.67	43.85	168.37	129.26	246.67	594.82
高	0.00	0.00	14.61	111.18	464.67	590.47
总计	2824.71	3386.22	1787.25	853.75	1070.49	9922.42

表 7-5 1990—2010 年浙江省海岸带各生态风险等级转换表 （单位:km²）

1990年 ＼ 2010年	低	较低	中	较高	高	总计
低	2677.13	1855.91	333.72	114.44	9.88	4991.08
较低	141.18	1430.13	1255.42	472.98	266.21	3565.92
中	6.39	100.17	198.11	227.22	350.75	882.65
较高	0.00	0.00	0.00	39.12	289.88	329.00
高	0.00	0.00	0.00	0.00	153.77	153.77
总计	2824.71	3386.22	1787.25	853.75	1070.49	9922.42

总体分析表 7-3 和表 7-4,1990—2010 年的 20 年间,研究区内的生态风险等级由低等级转变为高等级的总面积约为 5176.41km²,占研究区总面积的 52.16%,而生态风险等级由高等级转变为低等级的面积仅占总面积的 2%。其中,面积变化最大的是低生态风险区转为较低生态风险区,转化面积达 1855.91km²,发生这类变化的区域主要集中在海岸带平原与山地交界处的山麓地带,随着人类活动对低丘缓坡的利用,生态风险等级较高的林地景观不断转化为耕地甚至建设用地等景观,使得生态风险指数上升。此外,生态风险等级由较低转为中等级的面积也相对较多,达 1255.42km²,此类转化主要集中在平原地段或平原近海地段。由此表明浙江省海岸带在过去的 20 年间,伴随着城市化和工业化的发展,人类不合理的开发利用活动对自然界的影响逐渐加大,使得海岸带地区生态风险等级虽然在局部地区有所下降,但在整体上主要呈现出上升的趋势。

此外,分阶段来看,研究区内生态风险等级呈上升趋势的面积在 1990—2000 年间为 4263.18km²,占研究区总面积的 43%,而 2000—2010 年,这一面积下降为 3184.91km²,比例为 32.1%,说明后 10 年总体而言,人类的各类开发活动速度有所放缓;研究区内生态风险等级呈下降趋势的面积由 1990—2000 年的 48.02km² 上升为 2000—2010 年的 1518.82km²。前 10 年间,面积变化较大的分别是由较低生态风险区转化为中生态风险区(1660.91km²)以及由低生态风险区转化为较低生态风险区(1564.95km²),这类转化区域主要集中在浙江省由北至南的平原及山麓地带。而后 10 年间,面积变化最大的为低生态风险区转化为较低生态风险区,转化面积达 1163.85km²,主要集中在象山港沿岸以及宁波市至台州市的平原山麓地带。这些较大面积的生态风险等级的转化主要与社会经济发展速度加快,产业结构调整加快,各类用地之间转变速度加快等社会现象相吻合。近年来,随着浙江经济的迅猛发展,越来越多的沿海平原甚至滩涂海域地区被开发建设成为城镇用地及工业仓储用地。与此同时,为了缓解耕地快速减少和人口迅速增加之间的矛盾,人们在离海较远的山麓地区毁林开荒,种植农作物及果树,从而导致相应区域的生态风险等级发生了较大的变化。

对比前后两个 10 年间的年均变化速率(表 7-6)可知,生态风险等级呈下降趋势的转化类型主要包括较低—低,中—低,中—较低,较高—低,较高—较低,较高—中,高—中,高—较高等 8 种趋势,且上述前后 10 年的年均转化速率呈现出加快趋势,由此表明后 10 年来,浙江省海岸带的生态风险状况虽比前 10 年更为恶化,但恶化的步伐有所放缓。生态风险等级呈上升趋势的转化类型主要包括低—中,低—较高,较低—中,较低—较高,较低—高,中—较高,中—高,较高—高等 8 种转化趋势。尽管这类转化在前后 10 年均存在,但从年均变化速率来看,其中,低—较低转化方向、较低—中转化方向、中—较高转化方向以及较高—高转化方向的转化速度均大有减缓。为此,从浙江省海岸带生态风险等级前后 10 年的年均变化速率来看,人类在开发利用各类景观的同时,已经意识到破坏的严重性,并为此减缓了开发利用的速度,正在追求经济与生态环境的协调发展。

表 7-6 1990—2000 年、2000—2010 年浙江省海岸带生态风险等级年均转化速率

(单位:km²/a)

转化方向	1990—2000 年	2000—2010 年	转化方向	1990—2000 年	2000—2010 年
低—较低	156.49	116.24	中—较高	48.01	34.68
低—中	0.58	14.26	中—高	10.77	26.96
低—较高	0.00	1.67	较高—低	0.00	0.67
较低—低	4.80	63.13	较高—较低	0.00	4.38
较低—中	166.09	65.94	较高—中	0.00	16.84
较低—较高	11.47	24.98	较高—高	32.90	24.67
较低—高	0.00	8.95	高—中	0.00	1.46
中—低	0.00	4.14	高—较高	0.00	11.12
中—较低	0.00	50.13			

7.3 讨论与结论

本章以 1990 年、2000 年、2010 年三期的 TM 遥感影像数据为基础,在

GIS 技术的支持下,对浙江省海岸带生态风险进行了评价,得到以下结论:

(1)近 20 年来,浙江省海岸带景观生态风险在时间演变过程上发生了显著的变化。1990 年,主要以低和较低等级生态风险区为主,分别占全区总面积的 50.30% 和 35.94%,2000 年低、较低等级生态风险区面积均有不同程度减少,而中等生态风险区面积则有显著增加。至 2010 年,低生态风险区面积进一步减少,而高与较高生态风险区面积增加明显。

(2)此外,自 1990—2010 年的 20 年间,研究区内的景观生态风险在空间分布格局上也发生了显著的变化。总体演化趋势表现为低级和较低级生态风险等级区域不断向陆侧后退,面积分别减少 2166.38km² 和 179.70km²,较高和高生态风险等级区域则不断向内陆推进,占据了原有的较低等级的生态风险区域,到 2010 年,较高和高生态风险区域尤其在沿海平原的淤泥质海岸一侧更为集中分布,20 年来,面积分别增加 524.75km² 和 916.72km²,由此说明人类活动对海岸带资源特别是岸线资源的开发利用正在增强。

(3)海岸带的生态风险转化方式 1990—2000 年共 12 种,而到 2000—2010 年增加为 22 种。20 年间,生态风险等级由低等级转变为高等级的总面积约为 5176.41km²,占研究区总面积的 52.16%,而生态风险等级由高等级转变为低等级的面积为 247.75km²,仅占总面积的 2%。

(4)从浙江省海岸带前后 10 年的生态风险等级年均变化速率来看,2000—2010 年生态风险等级上升的速率明显低于前 10 年,人类在开发利用各类景观的同时,更加注重各类景观生态环境的保护,正在追求经济与生态环境的协调发展。

本章通过对浙江省海岸带划分风险小区,构建了生态风险指数模型,揭示了在人类岸线资源开发影响下的浙江省海岸带生态风险的时空变化特征。但是在研究过程中也存在着一些纰漏与不足,在研究过程中仅仅针对景观建立了生态风险评价模型,没能综合考虑研究区的社会、经济和生态环境等其他因素的影响,故分析结果具有不绝对性。

8 人类活动影响下的浙江省典型潮滩湿地系统特征及演化

8.1 人为引种互花米草潮滩生态系统特征及管理

互花米草是适宜在沿海潮间带广阔滩面生长的耐盐、耐淹植物,属禾本科米草属多年生草本植物。这种植物对盐度的适应范围较广,对滩涂质地的要求并不严格,从肥沃的淤泥质滩面到贫瘠的粉砂、粗砂滩面均能生长(Woodhouse 等,1982)。Odum 曾指出河口盐沼是世界上生产力最高的生态系统之一(Odum,1961),并有效地研究了互花米草碎屑食物链,这些碎屑可以直接或间接被海洋生物所利用(Odum & Cruz,1967)。此后,人们对恢复盐沼植被,重新建立盐沼植被,并用盐沼植被来保护已发生侵蚀的海岸产生兴趣。在美国海岸工程研究中心的赞助下(Woodhouse 等,1972,1974,1976),由北加罗林纳州立大学发起建立人工盐沼植被的活动,后来扩展到华盛顿北部(Garbisch et al.,1975)和墨西哥海岸(Dodd & Webb,1975;Webb & Dodd,1976)。美国陆军工程航道试验站在离密西西比州威克士堡(Vicksburg)相当远的不同疏浚泥沙上进行栽植试验。这些试验及关于固定海潮侵蚀 Virginia 河堤的十年技术报告(Sharp & Vaden,1970),已经表明在各种不同情况下建立海岸盐沼植被的可行性。

基于互花米草在保滩护岸、促淤造陆、改良土壤及绿化海滩、改善海滩生态环境等方面的作用,我国于 1979 年 12 月从美国引进这种比 1963 年引种的大米草生物量更大的耐盐高秆植物(徐国万和卓荣宗,1985)。在诸多的海岸盐沼植被中,互花米草因其繁殖能力强、生命力旺盛、适应性广、抗逆性高,而成为一种有一定经济价值的理想保滩护岸植物。引种后在我国沿海发展很快,成为我国沿海地区分布面积最大的盐沼植被之一。浙江省于 1983 年开始在玉环县桐丽五门滩涂试种互花米草,1984 年扩种到 9.4hm²,1986 年扩展到 100 hm²,并成为浙江互花米草的苗种基地,1991 年开始,浙江省推广了互花米草种植范围,并确立苍南海城涂、瓯海灵昆涂、临海南洋涂和温岭南门涂及长新塘为现场试验点①。1987 年,杭州湾南岸潮滩植被稀少,主要有茅草、盐蒿和大米草等植被。1995 年,杭州湾南岸三北浅滩开始形成稀疏的互花米草滩;2000 年,互花米草面积达 3838 hm²;至 2002 年,形成宽百米以上,最宽近 2km,连绵 50km,面积 5500 hm² 的互花米草海滩生态系统,互花米草防护岸线占杭州湾南岸岸线总长度的 75%。

互花米草生态系统的形成,极大地改变了海岸带水动力、沉积过程和地貌演化过程(张忍顺等,2003,2004),并使得以裸滩为主的杭州湾南岸潮间带覆被特征发生明显变化。互花米草地处海陆交界带,是脆弱敏感的海滩生态系统,人类活动、海平面上升和全球气候变暖等因素都可能对互花米草生态系统和地貌产生剧烈影响,引起其迁移或退化,从而改变生态系统的范围和地貌功能,影响海陆界面。因此,加强互花米草海滩生态系统的生态学特征、能流模式、海滩沉积特征和生态位研究,对于明晰杭州湾南岸潮滩覆被变化过程及预测变化趋势显得非常必要。

8.1.1　互花米草的生态学特征及能流模式

8.1.1.1　互花米草的生态学特征

8.1.1.1.1　互花米草的植物学特征

互花米草为禾本科米草属多年生草本植物。植株形态高大健壮、茎秆挺拔,平均株高达 1m 以上,在合适的生态环境下,如杭州湾南岸及江苏沿海中部等地的滩面上,有相当一部分的互花米草植株高度超过 2m,植株下部茎秆周长达 4cm。2003 年 7 月样方调查结果显示(表 8-1),杭州湾南岸互花米草密度一般为 100 株/m² 以上,最大达 241 株/m²,株高一般在 1m 以上,最高达 2.13m,植株下部直径最大达 1.3cm。互花米草植株茎叶都有叶鞘包裹,叶互生,呈长披针形,茎秆基部叶片相对较短,长仅 10cm 左右,向上至第十片叶子附近,叶变宽变长,长可超过 50cm,宽达 2cm。植株花期为 7～10 月,穗形花序,有十余小穗,白色羽状,穗轴较细,长 20cm 左右(徐国万等,1985)。种子 10～11 月成熟,成熟的种子易脱落,脱落的种子可萌发形成新的植株(徐国万等,1985)。互花米草的地下部分包括地下茎和须根,样方调查表明,地下茎一

---

① 浙江省围垦局.互花米草的观测、试验及其工程效能与应用.1996.

般在十节左右,横向分布,深度在 50cm 左右,根系异常发达,分布深度也可超过 50cm。茎的基部和地下茎的节上,常有腋芽伸出土面,并在适合的条件下形成新的植株。植株具有丛生性,即以母株为中心,通过茎的基部和地下茎或种子脱落萌发而向外蔓延。

表 8-1　杭州湾南岸互花米草样方调查结果

样方	密度 /株·m²	株高/cm		茎粗/cm		地下茎 (节)	地下茎深度 /cm	采样剖面
		最高	平均	最粗	平均			
1	107	115	75	1.0	0.6	8	45	H
2	104	102	51	0.7	0.5	7	51	H
3	187	190	124	0.9	0.7	11	58	H
4	188	143	94	1.1	0.6	10	49	H
5	37	90	45	0.9	0.5	4	38	B
6	241	213	127	1.3	0.7	12	52	B
7	179	164	134	1.1	0.7	9	47	B
8	168	177	153	1.1	0.8	10	69	Q
9	43	89	42	0.7	0.5	4	44	Q
10	139	161	133	0.7	0.6	6	31	Q

8.1.1.1.2　互花米草生境特点

互花米草原产大西洋沿岸,从加拿大的纽芬兰到美国的佛罗里达中部,直至墨西哥湾的经常被潮水淹没的潮间带都有分布,并成为主要海滩植被,且多为纯种分布。在北美,互花米草能在较宽广的气候带生长,从北纬 30 度到 50 度的潮间带海滩都有分布(蒋福兴等,1985)。我国于 1979 年 12 月从美国引种后,互花米草群落的发展较快,其分布范围遍及从辽宁沿海的暖温带至广东沿海的南亚热带海滩。浙江南部沿海进行的互花米草引种表明,在中、高潮区互花米草移植后生长发育较快(宋连清,1997)。在高潮带,互花米草分布于茅草滩带、盐蒿带以下,可与茅草、盐蒿下界直接相接,或相隔几十米宽的光滩。

互花米草对土壤质地的要求不高,根据野外观察资料,无论是矿质营养元素含量较高的淤泥质土壤,还是肥力较差的粉砂、粗砂地,互花米草都能生长。互花米草的耐盐、耐淹能力很强,适盐范围较宽,在 0‰~40‰ 的盐度范围内,都有其分布(宋连清,1997)。盐度在 20‰ 以下的河口区,周期性受潮水淹没,生长良好,除在沿海滩涂、河口生长外,在河口内部的河滩上也能生长,且长势良好。但在每潮淹没时间过长的低滩上,由于见光时间太短,植株将无法生存,而经常受不到潮水淹没的高潮带,也会由于缺水干旱而生长不良甚至不能存活(宋连清,1997)。总的来说,互花米草以在盐度较低(10‰—20‰)、淤泥质沉积物丰富的海滩上生长最好,生物量最丰富,而在土壤肥力低,含盐量较高的海滩生长较差,生物量也低。在栽种初期,互花米草对土壤湿度及盐度的要求相对较高。

8.1.1.1.3 互花米草群落生物多样性

互花米草海滩生态系统位于海陆过渡地带,交替地受到两者的影响。区内湿度、盐度变化剧烈,波浪、潮汐作用明显,底质复杂多样。互花米草群落的庇护,使得互花米草海滩生态系统中的生物多样性较高,各物种的丰度也较大。由于互花米草地下根茎发达,随着滩面的逐年淤高,根茎被埋藏愈来愈深,根茎与淤泥胶结在一起,在土壤中形成大量有机物,这样的生态系统能提供较为丰富的饵料,有利于大量底栖生物的生存、穴居和繁衍。据调查(童远瑞等,1985),互花米草海滩生态系统中的底栖动物主要有甲壳类、多毛类、软体动物等。具体物种主要有双齿围沙蚕(*Perineris aibuhitensis*)、锯缘青蟹(*Scylla serrata*)、弹涂鱼(*Periophthalmus cantonansis*)、青蛤(*Cylina sinensis* Gmelin)、四角蛤(*Mactra veneriformis* Roeve)、笋螺(*Terebra*)、绯拟沼螺(*Assiminea latericea*)等。另外,由于互花米草海滩生态系统中大量底栖动物的存在及互花米草秋后产生大量的种子,也引来各种涉禽海鸟前来觅食栖息。

8.1.1.2 互花米草海滩生态系统的能流模式

能量系统模型是美国著名生态学家 H. T. Odum 在模拟电路模型基础上发展起来的一类独特的生态系统模型。该模型试图将所有物质形态包含的能量,如热能、电能、化学能等标准化,转换为太阳能焦耳(solar emjoules),并用统一的能量符号——能值(emergy)表示(Odum,1996)。该模型将人类经济活动有效地包含在模型系统中,因而在区域生态经济规划、生态工程建设、城乡可持续发展等方面得到广泛应用。

互花米草海滩生态系统位于海洋与陆地的交界地带,受海陆多种生态因子影响。生态系统中有较高的营养物质和能量来源,因而也维持着较大的生物量。其能流模式如图 8-1 所示。互花米草海滩生态系统的外部能量主要来自太阳能输入,当然也包括潮汐、波浪对海水的作用及入海径流作用所带来的能量(位于河口的互花米草海滩生态系统明显地受到入海径流的作用)。互花米草作为生态系统中的主要生产者,太阳能通过光合作用阀,大部分以互花米草植株生物量的形式存储,热耗散主要是其呼吸消耗。波浪、潮汐和入海径流所携带的物质、能量被互花米草海滩生态系统吸收、消耗,水流传递 CO_2、N、P

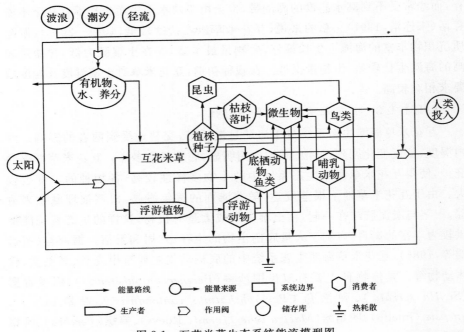

图 8-1 互花米草生态系统能流模型图

及其他矿质养分,提高了植物的光合作用强度,增强了根对矿质养分的吸收。据钦佩等研究,互花米草滩面上矿质元素的季节变动较明显,由于植物的生长吸收,春夏季滩面土壤中的矿质元素含量较少,而秋冬季土壤和海水中的矿质含量则相对较高(钦佩等,1995)。另有部分悬浮泥沙物质因流速降低而沉积于滩面上,水流携带的能量也部分消耗于与互花米草的摩擦上。

互花米草海滩生态系统中的其他生物成分包括陆生生物和海生生物。海生生物主要包括浮游生物和底栖的甲壳类、多毛类、软体动物及鱼类等,随水位的涨落,浮游植物和浮游动物的生物量在生态系统中变化较大,生态系统受水淹时,浮游生物量较大,而生态系统露出水面时,浮游生物量则相对较少。在生态系统中保持一定厚度水层时,浮游植物通过吸收水层中的 CO_2、N、P等养分,进行光合作用,增加自身生物量。浮游植物被植食性动物摄食后,有机物质通过粪团或蜕皮产物排出。水的流动也使得部分有机物颗粒呈悬浮状态,浮游动物通过摄食浮游植物及悬浮在水中的有机物颗粒来提高自身生物量,并通过粪团等释放有机物质。底栖的甲壳类、多毛类、软体动物及鱼类等摄食部分浮游生物和滤食碎屑食物,使物质和能量进入高一营养级,当然也有部分物质和能量随着海水的涨退而被带离互花米草海滩生态系统。互花米草的根茎叶死亡后回归土壤,逐渐腐烂,变为有机质、腐殖质或成为微生物和小型底栖动物的食物而进入新一轮循环。当然也有相当一部分矿质营养通过潮流作用传输到高潮滩或转移到浅海,甚至深海区,进入其他生态系统。

陆生生物主要包括昆虫、鸟类及少量的珍稀哺乳类动物,如江苏大丰、射阳一带互花米草海滩生态系统中发现稀有濒危哺乳类动物獐子。昆虫生活于互花米草植株上,以其茎叶为食,鸟类主要以小型底栖动物、鱼类和米草籽为食。獐子等哺乳动物则以底栖动物、鱼类等为食。

钦佩等通过研究发现,互花米草生态工程的能值投资比率为157%,而净能值产出率为634%,为自然资源投入的9.94倍,为总能值投入的3.87倍(钦佩等,1994,1999)。实际上,互花米草生态工程这么高的能值效益主要是由于其在较大程度上受到人类的开发、设计影响,输出的产品具有很高的经济价值。

互花米草海滩生态系统物质和能量输出的很大一部分被人类开发利用。从互花米草资源到生态系统中的各种动物性资源,都有较高的利用价值,它通过人类的利用而耗散于系统之外。

8.1.1.3　结论

互花米草是适宜在沿海潮间带广阔滩面生长的耐盐、耐淹多年生草本植物,该植被具有很强的抗逆性,引种后在我国扩展很快,已成为我国沿海最主要的盐沼植被之一。互花米草滩生态系统位于海洋与陆地的交界地带,受海陆多种生态因子影响,湿度、盐度变化剧烈,波浪、潮汐作用明显,底质复杂多样。植被的庇护及较高的物质和能量来源,维持着互花米草生态系统较大的生物量。

8.1.2　杭州湾南岸互花米草生境的沉积特征

杭州湾南岸一线海堤所在位置一般都在平均高潮位以下,海堤之外即为互花米草分布带。于2003年7月20—22日在杭州湾南岸西、中、东建立了3个横穿互花米草滩的南北向断面,剖面号分别为 H(西二断面)、B(四灶浦断面)和 Q(海黄山断面),断面起点为一线海堤(图8-2)。每个断面均包括草滩及草滩外的部分光滩,并分别在互花米草滩内及草外光滩上采集若干表层沉积物样品。所有沉积物样品用法国产 Cilas 940 L 型激光粒度仪(测量范围为 $0.01 \sim 2000 \mu m$)进行粒度分析,部分沉积物样用重铬酸钾氧化法测定其有机质含量。

为分析互花米草对潮滩沉积特征的改造作用及草滩内生境沉积特征的差异,我们将互花米草生物海岸划分为互花米草滩和草滩外光滩两个1级地貌单元,互花米草滩指生长有互花米草的海侧边界至海堤的范围,由海向陆又可进一步划分为近海草带、中间草带及近陆草带三个二级地貌单元。草外光滩

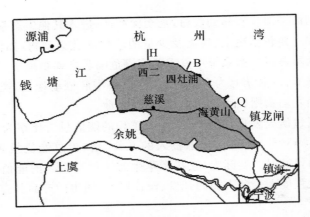

图 8-2　研究区概况

近岸处可能有稀疏互花米草分布,随着海岸的淤涨,互花米草有向海扩张趋势。下面分别按互花米草滩内外两个 1 级地貌单元及草外光滩、近海草滩、中间草带和近陆草带 4 个 2 级地貌单元来探讨互花米草生物海岸的沉积特征。

8.1.2.1　互花米草生物海岸草滩内外沉积特征比较

杭州湾南岸沉积物类型包括黏土质粉砂、粉砂、粉砂质砂和砂质粉砂四类(国家海洋局海洋调查分类方法,1975 年)。由表 8-2 可知,杭州湾南岸潮滩总体上以粒径为 0.0039~0.0625mm (4~8φ)粉砂含量最高,砂和黏土的含量相对较少,但不同断面差异较大。由海向陆,各断面普遍以砂含量大量减少和黏土成分大量增加为特征。即草外光滩沉积物粒级组成表现为粉砂＞砂＞黏土,而互花米草滩内则表现为粉砂＞黏土＞砂。这种分布是杭州湾南岸水动力条件(主要是潮流)与互花米草相互作用的结果。草滩外光滩因无植被阻挡掩护,潮流作用较强,潮流携带的颗粒较大的泥沙才有可能沉积,而悬浮的细颗粒泥沙则继续随潮流向草滩内输移,而互花米草植株及根系的阻挡,则使潮流的能量进一步消耗,越向岸能量越弱,直至最后完全消失。从各断面看,H、B 和 Q 三断面的沉积物粒度组成有一定的差异,现分述如下。

8.1.2.2　H 断面

H 断面草滩内沉积物粒级组成以粉砂为主,平均含量达 71.39%,砂和黏土的含量分别为 18.75% 和 9.86%,中值粒径和平均粒径分别为 5.07φ 和 5.23φ。草滩外沉积物比草滩内粗,粒级组成以砂为主,平均含量达 55.92%,粉砂含量为 41.18%,黏土仅占 2.89%,中值粒径和平均粒径分别为 3.84φ 和 3.92φ。按 1957 年福克和沃德规定的分选系数,整个断面的分选性较差,但草滩外的分选性明显好于草滩内,草滩外沉积物比草滩内沉积物更显正偏,草滩内沉积物为很窄峰态,草滩外沉积物为窄峰态。

8.1.2.3　B 断面

B 断面草滩内外沉积物粒级组成均以粉砂为主,草滩内外的沉积物中粉砂的平均含量分别为 76.10％和 71.92％,砂和黏土粒级平均含量表现出与 Q 断面类似的特征。草滩内沉积物砂和黏土粒组的平均含量分别为 8.40％和 15.50％,中值粒径和平均粒径分别为 5.87φ 和 6.08φ。草滩外沉积物中砂粒组平均含量达 22.77％,而黏土仅占 5.31％,中值粒径和平均粒径分别为 4.86φ 和 4.93φ。整个断面沉积物的分选性较差,草滩外的分选性也明显好于草滩内,沉积物正偏显著,草滩外沉积物正偏更显著,沉积物峰态较窄,草滩外比草滩内要明显。

8.1.2.4　Q 断面

Q 断面草滩内外沉积物粒级组成均以粉砂为主,草滩内外的沉积物中粉砂的平均含量分别为 73.97％和 76.70％,但砂和黏土粒级含量的差别却相当明显,草滩内沉积物中砂和黏土粒组的平均含量分别为 7.19％和 18.84％,中值粒径和平均粒径分别为 6.31φ 和 6.38φ。草滩外沉积物中砂粒组平均含量达 14.49％,黏土仅占 8.81％,中值粒径和平均粒径分别为 5.16φ 和 5.43φ。从草滩内到草滩外,沉积物的分选性由分选差到较差,分选性有变好趋势,沉积物偏态则从正偏向极正偏变化,草滩内沉积物峰态中等,草滩外沉积物为窄峰态。

以上分析表明,杭州湾南岸互花米草生物海岸沉积物的粒级组成以粉砂为主,由于互花米草对潮滩沉积的改造作用,草滩内外砂和黏土粒组平均含量呈现相反的变化趋势,即草滩内砂粒组含量少于黏土粒组,而草滩外砂粒组含量则明显大于黏土。这与通常所认为的随着能量衰减和淹没时间的变短,淤涨型淤泥质潮滩沉积物粒度由低潮线向高潮线逐渐变细的规律一致,但互花米草的作用使这种趋势更加显著。

8.1.2.5　各断面比较

从各断面之间的比较看,由西到东的 H、B 和 Q 断面草滩内、外的沉积物中值粒径平均值分别为 5.07φ、5.87φ、6.31φ 和 3.84φ、4.86φ、5.16φ,均表现为 H>B>Q。沉积物的这种西粗东细的分布主要与钱塘江涌潮作用有关,从东向西,杭州湾缩窄,潮汐能量集聚,潮差增大,Q 断面位于湾口,其滩面主要沉积来自长江远距离输送的极细颗粒,从 Q 断面经 B 断面再到 H 断面,随着喇叭形湾的收缩,潮汐能量增强,携带的泥沙颗粒增大,滩面上的沉积物也相对变粗。草滩内外沉积物的分选性也表现出类似特征,从湾口到湾内,随着潮差的增大,潮流对其携带泥沙分选作用也进一步增强,故沉积物的分选性也

表现出按 Q、B、H 断面逐渐变好的趋势。

表 8-2　互花米草海岸表层沉积物粒度参数

断面	位置	样品数	各粒组平均含量(%)			粒度参数平均值*				
			砂	粉砂	黏土	Md	Mz	σ_1	SK_1	KG
H	草滩内	6	18.75	71.39	9.86	5.07	5.23	1.81	0.17	1.61
	草滩外	5	55.92	41.18	2.89	3.84	3.92	1.05	0.24	1.43
B	草滩内	10	8.40	76.10	15.50	5.87	6.08	1.90	0.25	1.17
	草滩外	4	22.77	71.92	5.31	4.86	4.93	1.23	0.17	1.50
Q	草滩内	8	7.19	73.97	18.84	6.31	6.38	2.01	0.14	1.02
	草滩外	4	14.49	76.70	8.81	5.16	5.43	1.26	0.35	1.36

* 中值粒径 Md、平均粒径 Mz、分选系数 σ_1、偏态 SK_1 和峰态 KG 均按粒度 ϕ 值计算。

8.1.2.6　互花米草生物海岸典型生境部位沉积特征及成因分析

8.1.2.6.1　互花米草滩外边界处形成沉积物中值粒径及分选系数的突变点

在 H、Q 和 B 断面上分别采集 11、12 和 14 个表层沉积物样品,各断面均包括若干互花米草滩内样品和草滩外样品。粒度分析结果表明,从低潮滩向高潮滩方向,沉积物的中值粒径 ϕ 值总体上表现为增大趋势,沉积物粒度变小(表 8-3、表 8-4 和表 8-5)。分选性则从低潮滩的分选中等或分选较差,逐渐过渡到高潮滩草滩的分选差。由于杭州湾外受舟山群岛屏蔽,海岸环境基本上摆脱了外海波浪的直接作用,潮流成为塑造潮滩形态的主要动力因素。由图 8-3 可知,H 断面在互花米草的外边界 6 号样点处,沉积物的中值粒径与分选系数均发生突变;图 8-4、图 8-5 也显示,B 断面和 Q 断面的互花米草外边界(10 号和 8 号样点),沉积物的中值粒径与分选系数发生突变。这种变化是由于涨潮流携带泥沙向岸运移时,受地形影响,能量逐渐减少,泥沙沿程发生沉积,而在潮流到达互花米草滩外界时,受互花米草植株阻挡,潮汐能量大量消耗,潮流运动速度骤减,携沙能力大大降低,大量泥沙未经分选便在草滩边界附近沉积,随着潮流向岸进入草滩,其挟沙能力进一步减小,更细的泥沙颗粒便在草滩内逐渐沉积。因此,在互花米草滩外边界处形成沉积物中值粒径及分选系数的突变点。

表 8-3　*H* 断面中值粒径、分选性及覆被情况

样号	1	2	3	4	5	6	7	8	9	10	11
距离/m	132	313	423	657	774	946	1082	1950	2406	3963	4439
粒度/φ	6.18	5.16	4.921	4.88	4.54	4.72	4.13	4.29	3.82	3.57	3.40
分选性	2.42	2.33	1.48	2.07	1.22	1.38	1.03	1.47	1.00	0.923	0.84
覆被	草滩	草滩	草滩	草滩	草滩	草滩	光滩	光滩	光滩	光滩	光滩

表 8-4　*B* 断面中值粒径、分选性及覆被情况

样号	1	2	3	4	5	6	7	8	9	10	11	12	13	14
距离/m	295	483	734	1039	1098	1276	1374	1590	1801	1873	2150	3700	4300	4700
粒度/φ	6.45	6.39	6.19	6.11	6.23	5.51	5.52	5.53	5.60	5.69	4.78	5.29	4.54	4.81
分选性	3.28	2.07	1.67	1.69	1.75	1.65	1.58	1.83	1.71	1.75	1.32	1.30	1.04	1.26
覆被	草滩	草滩	草滩	草滩	草滩	草滩	草滩	草滩	草滩	草滩	光滩	光滩	光滩	光滩

表 8-5　*Q* 断面中值粒径、分选性及覆被情况

样号	1	2	3	4	5	6	7	8	9	10	11	12
距离/m	56	115	199	258	321	494	571	608	682	888	926	1007
粒度/φ	6.84	6.84	6.72	6.13	5.87	6.13	5.98	6.00	5.27	5.18	5.32	4.86
分选性	2.15	1.98	1.88	1.73	3.03	1.72	1.78	1.82	1.36	1.30	1.22	1.18
覆被	草滩	草滩	草滩	草滩	草滩	草滩	草滩	草滩	光滩	光滩	光滩	光滩

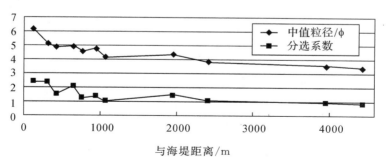

图 8-3　中值粒径(φ)和分选系数在 *H* 断面的沿程变化

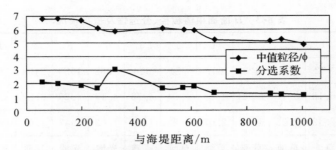

图 8-4　中值粒径(ϕ)和分选系数在 B 断面的沿程变化

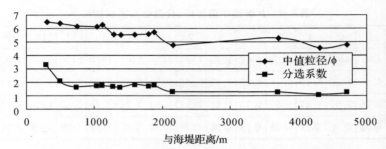

图 8-5　中值粒径(ϕ)和分选系数在 Q 断面的沿程变化

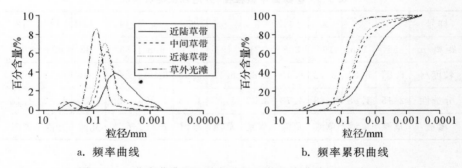

图 8-6　互花米草典型生境部位沉积物粒度曲线图(H 断面)

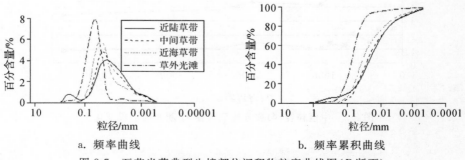

图 8-7　互花米草典型生境部位沉积物粒度曲线图(B 断面)

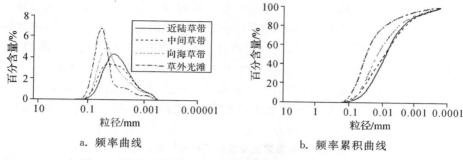

a. 频率曲线　　　　　　　　　　b. 频率累积曲线

图 8-8　互花米草典型生境部位沉积物粒度曲线图(Q 断面)

8.1.2.6.2　互花米草改变了潮流携带泥沙的粒径及运动状态

杭州湾南岸互花米草海岸不同生境部位上的沉积物粒度频率曲线基本上都为较窄的单峰型,仅 H 断面的近陆草带、中间草带及 B 断面的近陆草带表现出一高一低的双峰(图 8-6a、图 8-7a 和图 8-8a),说明沉积物来源以潮波输送泥沙为主,而非原地沉积,沉积物受改造程度高,近岸带出现的低峰可能是雨水对沉积物的改造所致。从草外光滩到近海草滩、中间草滩,再到近陆草滩,频率曲线上的众数逐渐向颗粒较细的一端移动,说明沉积物中出现频率最高的粒级逐渐变小,这与断面上沉积物中值粒径的变化是一致的。

由于搬运方式不同,沉积物的粒级构成可以分为悬移质、跃移质和推移质 3 个粗细不同的部分。频率累积曲线可用来分析沉积物中悬移质、跃移质和推移质的构成及比例。由沉积物粒度频率累积曲线(图 8-6b、图 8-7b 和图 8-8b)可知,杭州湾南岸互花米草生物海岸不同生境部位上的沉积物均包含三种搬运方式的沉积物。从各组分的构成看,表现为跃移质为主,悬移质次之,推移质最少;从各组分的粒级看,由海向岸悬移质、跃移质和推移质均有变细趋势。此外,从图 8-6b、图 8-7b 和图 8-8b 还可以看出,各断面草外光滩与草滩内不同搬运方式的沉积物有明显的跃变现象,H 断面的近陆草带与中间草带及向海草带也存在明显的跃变,这说明互花米草的存在明显地改变着潮流携带泥沙的运动状态。沈永明等在江苏东台笆斗垦区外滩地测得互花米草滩内涨潮流速明显小于草滩外光滩(沈永明等,2003),闵龙佑等在浙江瓯海的消浪试验表明,在潮位加波浪的作用水体总高度为 7m 时,互花米草带宽度为 40m、80m 和 120m 时的消能效果分别为 11%、45% 和 75%[1]。因此,悬浮的粉砂、黏土等细颗粒物质便在草滩中渐次沉降。表 8-6 表明,H、Q 和 B 断面从草外光滩到近陆草滩的不同生境部位的沉积物类型分别为粉砂质砂—砂质

---

①　浙江省围垦局. 互花米草的观测、试验及其工程效能与应用.1996.

粉砂—砂质粉砂—粉砂、粉砂—粉砂—黏土质粉砂—黏土质粉砂、砂质粉砂—粉砂—粉砂—黏土质粉砂；沉积物粒级构成也表现出类似的变化规律，由海向陆含量最多的粉砂变化相对较少，而砂含量明显减少，黏土含量则不断增加。不同生境部位上沉积物分选系数均介于 1.0～2.5，分选性属差到较差，但由海向陆表现为变差趋势，这是由于草外光滩受较强劲的潮流反复冲刷，而草滩内互花米草的消能作用使得海水能量减弱，潮流的分选能力减弱。沉积物的偏态表现为以正偏为主，峰态介于 0.9～2.2，为中等至很窄峰态。

表 8-6 互花米草各典型生境部位沉积物粒度参数和底质类型

断面	生境部位	沉积物类型	各粒组平均含量/%			粒度参数平均值*				
			砂	粉砂	黏土	Md	Mz	σ_1	SK_1	KG
H	近陆草带	粉砂	12.22	68.07	19.71	6.18	6.31	2.42	−0.04	1.45
	中间草带	砂质粉砂	20.7	70.99	8.31	4.88	5.04	2.07	0.04	2.18
	近海草带	砂质粉砂	21.53	72.65	5.82	4.72	4.82	1.38	0.25	1.46
	草外光滩	粉砂质砂	66.38	31.86	1.76	3.57	3.64	0.92	0.19	1.24
Q	近陆草带	黏土质粉砂	3.13	74.25	22.62	6.84	6.95	2.14	0.12	1.04
	中间草带	黏土质粉砂	5.09	70.76	24.15	6.72	6.82	1.88	0.11	0.95
	近海草带	粉砂	3.05	79.24	17.71	6.13	6.44	1.72	0.31	1.00
	草外光滩	粉砂	12.2	77.72	10.04	5.18	5.55	1.30	0.43	1.39
B	近陆草带	黏土质粉砂	10.06	71.25	28.75	6.39	6.50	2.07	−0.01	1.29
	中间草带	粉砂	5.15	76.43	18.41	6.23	6.50	1.75	0.25	1.01
	近海草带	粉砂	6.01	78.87	15.13	5.69	6.12	1.75	0.40	1.12
	草外光滩	砂质粉砂	31.33	65.76	2.91	4.54	4.56	1.04	0.12	1.29

* 中值粒径 Md、平均粒径 Mz、分选系数 σ_1、偏态 SK_1 和峰态 KG 均按粒度 ϕ 值计算。

表 8-7 为杭州湾南岸三个断面上不同生境部位典型沉积物有机质百分含量，各断面有机质含量的总体变化规律是由陆向海呈递减趋势，近陆草带、中间草带、近海草带和草外光滩沉积物有机质百分含量的平均值依次为3.65%，2.78%，1.12%，0.32%，不同地貌部位上有机质含量的这种变化与由陆向海水动力作用增强，沉积物变粗，细颗粒的粉砂和黏土含量减少，不利于有机质的沉降和累积相一致。同时草滩内部不同地貌部位上有机质含量的差异还与不同的生境部位上互花米草生长年限有关，近陆草带互花米草生长年限要比刚扩展的近海草带长，因此，沉积物中积累的有机质含量也相对较多。

表 8-7 互花米草生物海岸有机质含量

剖面	有机质含量(%)			
	近陆草带	中间草带	近海草带	草外光滩
H	3.72	2.28	1.32	0.38
B	4.03	2.84	0.97	0.35
Q	3.19	3.23	1.08	0.23
平均值	3.65	2.78	1.12	0.32

8.1.2.7 结论

以上分析表明,杭州湾南岸互花米草生物海岸沉积物的粒级组成以粉砂为主,但草滩内外砂和黏土粒组平均含量呈现相反的变化趋势,即草滩内砂粒组含量少于黏土粒组,而草滩外砂粒组含量则明显大于黏土。这与通常所认为的随着能量衰减和淹没时间的变短,淤涨型淤泥质潮滩沉积物粒度由低潮线向高潮线逐渐变细的规律一致,但互花米草使得这种趋势更加明显。

从各断面之间的比较看,各断面草滩内、外沉积物中值粒径平均值呈西粗东细分布,这是由于随着喇叭形杭州湾的收缩,潮汐能量增强,携带的泥沙颗粒增大,滩面上的沉积物也相对变粗。草滩内外沉积物分选性分布也表现出类似特征。

粒度分析结果表明,从低潮滩向高潮滩方向沉积物的中值粒径 ϕ 值总体上表现为增大趋势,沉积物粒度变小。分选性则从低潮滩的分选中等或分选较差,逐渐过渡到高潮滩草滩的分选差。由于互花米草植被对携沙潮流的阻挡和消能作用,互花米草滩外边界处形成沉积物中值粒径及分选系数的突变点。

频率累积曲线分析表明,杭州湾南岸沉积物以跃移质为主,悬移质次之,推移质最少,由海向岸悬移质、跃移质和推移质均有变细趋势。各断面草外光滩与草滩内不同搬运方式的沉积物有明显的跃变现象,H 断面的近陆草带、中间草带及向海草带也存在明显的跃变,这说明互花米草的存在明显地改变着潮流携带泥沙的运动状态。

各断面底质有机质含量由陆向海呈递减趋势,这种变化与由陆向海水动力作用增强,沉积物变粗,细颗粒的粉砂和黏土含量减少,不利于有机质的沉降和累积相一致,同时还与不同生境部位上互花米草生长年限有关。

8.1.3　互花米草覆被与潮汐水位的关系

——杭州湾南岸与江苏中部潮滩的对比

　　大米草($Spartina$)是禾本科米草属几种植物的总称。我国大米草主要有四种,分别为大米草($S.\ anglica$)、互花米草($S.\ alterniflora$)、大绳草($S.\ cynosuroides$)和狐米草($S.\ patens$)。由于大米草对潮滩底质条件及海水盐度具有广适性,大米草在潮滩上的分布位置反映了其对潮汐能量、海水浸淹程度及海岸带物理、化学环境的适应。因此,潮汐及其潮浸率对大米草在潮滩上的总体分布起控制作用,成为互花米草生态学研究的重要内容。

　　关于大米草在潮间带的分布位置,国内外众多文献说法不一。下面对一些主要观点进行介绍。Gray等认为大米草($S.\ anglica$)具有很强的适生能力(Gray et al.,1991;Thompson,1991),能在包括粉砂、黏土、有机泥、砂和鹅卵石滩在内的多种底质上生长。它具有比其他植物更强的耐淹能力,能在每潮次淹没时间9h甚至超过9h的潮间带生长(Ranwell,1967;Thompson,1991)。Van等认为大米草只能在每潮次浸淹时间小于3h的地方生长(Van et al.,1996)。而Niels等的观测表明,大米草斑块可在平均海平面附近生长,而成片草滩分布位置则要高些(Niels et al.,2001)。在英国,大米草能在其他植被向海侧边界外成带生长(Ranwell 1967;Gray et al.,1991),在受庇护的地方大米草长得更好,由于波浪作用可将大米草苗连根拔起,其生长的下限可能还受波浪作用影响(Chung,1982;Gray et al.,1991)。

　　Silander认为狐米草($S.\ patens$)一般生长于盐沼的上部地带,也能扩展到沙丘、沼泽、沙滩和灌木丛林地(Silander,1984),其生长的典型部位是平均高潮位及以上0.5m(Raupp & Denno,1979),Lefor等的研究表明,72%的狐米草生长在平均高潮位以上(Lefor et al,1987)。

　　互花米草($S.\ alterniflora$)同样生长于潮间带,它能在泥质或含盐的沙滩中拓展,能在低或中等波能的地方生长,适合在包括沙、淤泥、疏松的鹅卵石、黏土和砂砾层在内的多种不同底质上生长。该种能忍受较广范围的环境条件,包括每天12h的浸淹,4.5~8.5的pH值,10‰~60‰的盐度条件(Landin,1990)。Bertness的研究表明,在原生地,互花米草成为低盐沼的优势种(Bertness,1991),能生长在平均海平面以下0.7m到平均高潮位(Landin,1990)。在威拉德湾,互花米草能生长在平均低低潮位(MLLW)以上1.75~2.75m,移植种在平均低低潮位(MLLW)以上1m也能生长(Sayce & Kathleen,1988)。在威拉德湾外围和注入该海湾诸河流的感潮地带均有分布(Kunz & Martz.,1993)。国内对互花米草在潮滩上分布位置的专门研究较少,大部分以引用国外文献资料为主。徐国万曾报道互花米草生长的潮间带位置是高潮带下部至中潮带上部的滩面(徐国万等,1985),也有报道认为互花米草可以生长在低潮滩(宋连清,1997)。

由于引种后的快速蔓延,目前互花米草已成为我国沿海潮滩的两大重要盐沼植被之一,对于互花米草引种的评述各地说法不一,认为互花米草大量占领滩涂从而影响滩涂养殖和破坏海滩生态系统的报道主要来自福建沿海(林如求,1997)。而认为互花米草具有促淤保滩、美化环境、改良土壤等生态服务价值的报道主要来自江苏、山东、浙江和广东(徐国万等,1985;宋连清,1997;曹洪麟等,1997;钦佩等,1999;张晟途等,2000;沈永明,2001;李加林等,2003)。无论互花米草的功过如何,搞清互花米草在潮滩上的生态位,真正建立起互花米草与当地潮汐水位的确切关系对研究互花米草覆被的扩展过程、预测互花米草在潮滩上未来的扩展范围及其对滩涂养殖业的可能影响都具有重要意义。

目前国内外对互花米草与潮汐水位关系的专门研究较少,上述文献提及互花米草分布与潮汐水位的关系,但没有明确提及互花米草生态位与潮汐水位之间关系的测定方法,对于其生长部位的论述比较模糊。由于互花米草在潮滩上的分布位置是其对潮汐能量和海岸带物理化学环境的适应,选择滩面环境特征相似的潮滩进行互花米草生态位与潮汐水位之间关系研究显得尤其重要。由于滩涂围垦高程的下降,浙江沿海一线海堤相当一部分位于大潮平均高潮位以下,海堤外侧即有互花米草分布,所以,互花米草分布下限便成为互花米草生长带与潮汐水位关系研究的重点。江浙沿海是我国互花米草分布最广的地区,潮滩底质以粉砂为主,在潮滩剖面上表现出高滩黏土粒组含量较高,而低滩砂粒组含量较高;同时杭州湾南岸和江苏中部的潮汐类型都是以半日潮为主,且分别受辐射沙洲和舟山群岛的屏蔽,波浪作用相对较弱。因此,本研究拟通过对杭州湾南岸和江苏沿海中部多条互花米草滩剖面高程的水准测量及邻近验潮站实测潮汐资料的分析、潮汐特征水位的计算,研究互花米草在该类潮滩上的分布下限。

8.1.3.1　研究区概况

杭州湾为东西走向的喇叭形强潮河口湾,具有潮流急、潮差大,海水含沙量高的特点。海湾面积约 5000km²,其中岸线至理论基准面以上滩涂面积约 550km²。杭州湾南岸地处北亚热带南缘,属亚热带季风型气候,受冬夏季风交替影响,雨量充沛,四季分明,温暖湿润,为浙江省重要的粮棉产区。1995年以来,杭州湾南岸已形成宽百米以上,最宽达 2km,总面积为 5500km² 的互花米草盐沼。杭州湾的潮汐运动能量来自外海潮波,由于水域面积较小,由天体引潮力直接产生的天文潮很微弱。太平洋潮波传至东海后,其中一小部分进入杭州湾内。大洋的半日潮波由东南向西北方向传播,在舟山附近受阻碍而偏转向西,几乎与纬线平行。在湾内其同潮时线呈弧形,南北两岸发生高潮早于湾中央(中国海湾志编纂委员会,1992)。

　　杭州湾是以半日潮波为主的海区,潮波在传播过程中,波形和结构不断发生变化,潮波振幅急剧增大,波形畸变,波峰前坡陡直、后坡平缓。由于杭州湾的平均水深仅 10m 左右,浅海分潮显著,根据 10 个潮位站潮汐性质特征值统计浅水影响系数 H_{M4}/H_{M2},一般大于 0.04,除甬江口附近几个站及长江口外的大戢山站外,浅海振幅之和 $H_{M4}+H_{MS4}+H_{M6}$ 皆为 20cm。因此,杭州湾的潮汐性质可分为三类,甬江口附近属不正规半日潮海区,大戢山附近海域属于正规半日潮海区,湾内大部分海区属浅海半日潮型。杭州湾北岸潮差比南岸大,但在慈溪西三至四灶浦之间大片滩地的集能作用使得该处潮差大于对应北岸沿海地区的潮差。潮差从湾口向湾顶沿程逐渐增大,至澉浦达最大。镇海口两侧及其附近沿海地区潮差最小(中国海湾志编纂委员会,1992)。

　　江苏沿海的潮汐状况主要受两大潮波系统的影响,一是由东海传入黄海、自南向北传播的东海前进潮波系统,二是东海前进潮波系统受山东半岛的反射而产生的自北向南传播的南黄海西部的旋转潮波系统(张忍顺等,1991,1992,2002)。在江苏北部沿海,除无潮点附近为不正规日潮外,其余多属不正规半日潮,小部分区域是正规半日潮,南部海区受东海传来的前进潮波影响,为正规半日潮型。江苏沿岸由于浅海分潮显著,潮汐过程曲线明显变形,如射阳河口、新洋港、梁垛河闸及弶港等地都属非正规半日浅海潮(任美锷等,1985)。

8.1.3.2　研究方法

　　潮汐现象是海水在天体(主要是月球和太阳)引潮力作用下所产生的周期性运动。潮汐运动受到各种不同周期引潮力及海岸复杂地形影响而呈现复杂的周期运动。因而平均特征潮位很难用短期实测潮位来直接代表。沿海验潮站的长期潮位观测资料可以直接有效地计算各潮汐特征。并且,随着潮汐分析技术的提高,也可用短期资料(几天至数月)推算潮汐调和常数,计算潮汐特征水位并进行潮汐预报。对于半日潮型港点,特征潮汐水位主要有大潮平均高潮位、大潮平均低潮位、小潮平均高潮位、小潮平均低潮位、平均高潮位、平均低潮位、平均海面高度、潮汐浸淹累积频率等。本书通过潮汐调和分析、滩面高程水准测量来研究互花米草在潮滩上的生态位,用到的潮汐特征指标有平均高潮位、平均低潮位、平均海面高度和潮汐浸淹累积频率等。

　　平均高潮位是指一段时间内(一月、一年或更长时间)每个潮次的最高潮位之平均值,平均低潮位是一段时间内每个潮次的最低潮位之平均值;平均海平面是长期观测得到的每小时实际潮位的平均值。平均海面高度指潮高基准面至平均海面的高度,平均海面高度均由潮高基准面起算,也即潮高基准面在平均海面下的数值,潮汐浸淹累积频率是指高于研究区高程的潮位出现频率的平均值。

8.1.3.2.1　资料来源

由于杭州湾南岸淤积速度较快,原国家级水文站海黄山站在 1980 年以后就观察不到低潮位,1991 年海黄山站被撤销,杭州湾南岸一直没有进行连续的潮位观察。目前杭州湾南岸有五闸进行不连续的潮位观测,分别为海黄山站、建塘江闸、四灶浦闸、徐家浦闸和镇龙闸。但是由于滩涂的快速淤涨,各闸均无法观测到低潮位。本书选用海黄山站 1980 年 7—8 月的逐时潮位资料、镇龙闸和四灶浦两站 2003 年 3、7 月的实测逐时潮位资料及西二临时站资料进行潮汐调和分析[①]。江苏沿海射阳河口外、新洋港外潮汐资料为 2001 年潮汐预报资料,梁垛河闸下潮位资料为 2001 年 9 月闸下实测资料。

8.1.3.2.2　潮汐调和分析

根据平均平衡潮理论(陈宗镛,1980;方国洪等,1986),由月球和太阳的引潮力引起的潮汐,是许多余弦函数的叠加,每一个余弦函数称为一个分潮。潮汐的调和分析就是利用实测的潮位资料分离出各个分潮的调和常数,它对于某一潮位站可近似地认为是常数,它们是潮汐预报的基础。潮位表达式可以写成:

$$h(t) = A_0 + \sum_1^j f_j \cdot H_j \cos(\sigma t + V_0 + u - g)_j \qquad (式 8-1)$$

式中,j 为考虑的分潮数;A_0 是平均海面;f 为交点因子;σ 为分潮角速率;V_0 为分潮初相角;u 为天文相角的交角订正角;H 和 g 是根据实测资料确定的分潮平均振幅和反映实际潮汐滞后于假想天体中天时间的迟角,二者合称为分潮调和常数。在各种各样的潮汐分析方法中,最小二乘法是最常用、最具灵活性的方法之一。因此,本研究采用最小二乘法进行调和分析。H 和 g 的精度依赖于观测潮位资料的时间长短,资料时间序列长,调和常数的精度就高,但通常综合考虑现有潮位资料多少以及对预报潮位精度的要求,可以用短期资料(1 个月至 3 个月不等)来得到调和常数,也可以采用 1 年连续观测潮位资料做调和分析来得到较高精度的调和常数。

理论上天文潮分潮数目有几百个,其中的大部分振幅都很小,对特征潮位计算及潮汐预报贡献不大。同时分潮数目过多,截断误差的累积反而给精度

[①]　慈溪市水利局. 慈溪市四灶浦西侧围涂工程初步设计. 2003.

带来负面影响。因此,对一个潮位站来说,从大量的分潮中选择那些振幅较大、对预报结果有重要作用的分潮来处理,是提高精度、减少计算量的有效途径(龚政等,2003)。总结大多数测站的实践经验,本研究对大量分潮进行自动优化,去掉振幅较小的分潮,形成测站的最佳分潮系列,再按优化后的分潮系列求出最后调和常数(方国洪等,1986),并计算出各潮汐特征值(表8-8),本研究的潮汐调和分析由南京师范大学地理科学学院吴德安老师帮助完成。

表8-8   各站位主要潮汐特征值

站位		潮汐类型数	潮汐类型	平均海平面	平均高潮位	平均低潮位	平均潮差
杭州湾南岸	镇龙闸	0.45	正规半日潮	2.19	3.02	0.95	2.07
	海黄山	0.49	正规半日潮	2.21	3.27	0.78	2.41
	四灶浦	1.06	不正规半日潮	2.22	4.02	0.14	3.88
	西二	0.58	不正规半日潮	2.23	4.56	−0.13	4.69
江苏沿海	梁垛河闸	0.24	正规半日潮	1.33	2.62	−0.11	2.73
	射阳河外	0.47	正规半日潮	0.71	1.27	−0.18	1.45
	新洋港外	0.4	正规半日潮	0.83	1.69	−0.41	2.1

8.1.3.2.3   互花米草潮滩高程的水准测量

杭州湾南岸镇龙闸、海黄山、四灶浦和西二断面互花米草潮滩高程的野外水准测量工作在 2003 年 7 月 20—22 日进行(图8-2);江苏沿海梁垛河闸附近各断面分别于 2001 年 12 月、2002 年 4 月、2003 年 6 月进行多次测量,新洋港外断面于 2001 年 4 月测量、射阳河外断面于 2001 年 1 月测量[①],测量仪器均为日产拓普康 GTS 全站仪(图8-9)。

8.1.3.3   结论与讨论

8.1.3.3.1   基本结论

通过对浙江杭州湾南岸和江苏沿海多个互花米草分布断面的研究,结果表明互花米草生长带的海侧边界高程在当地平均海面稍下的地方(表8-9),其潮汐浸淹累积频率约为 53.4%～56.7%(梁垛河闸以北 2km 处的花米草断面的边界为废黄河高程 1.42m,高于当地平均海平面 0.09m,这与该处互花米草滩外侧死生港向陆摆动,影响互花米草扩展有关)。因此,前文对互花米草在潮间带的生态位的描述可以更加准确地表述为"互花米草为适合生长于暖温带至南亚热带海岸潮间带的多年生禾本科草本植物,其生长带的下界为平

---

①   张忍顺,李加林,张正龙,等. 东台市仓东片匡围可行性论证报告.2003.。

均海面稍下、平均潮浸率约为 53%～57% 的潮间带"。

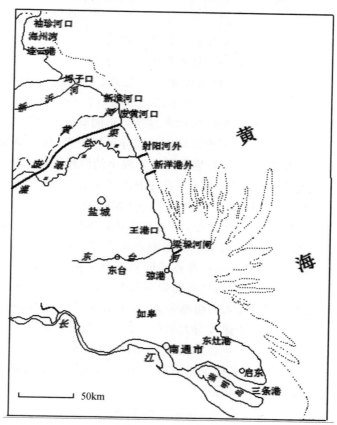

图 8-9 江苏沿海互花米草断面分布图

表 8-9 互花米草外界高程及其潮浸率

站位	断面数	互花米草带宽度/m	互花米草外界高程/m	互花米草外界在平均海面之下高度/m	潮浸率
镇龙闸	1	280	1.81(吴淞高程)	0.38	55.7
海黄山	1	950	1.89(吴淞高程)	0.32	54.8
四灶浦	1	1880	1.98(吴淞高程)	0.24	54.4
西二	1	610	2.10(吴淞高程)	0.13	53.4
梁垛河闸	3	790～1380	1.17～1.42(废黄河高程)	-0.09～0.16	49.0～56.4
射阳河外	1	140	0.57(废黄河高程)	0.14	56.4
新洋港外	1	795	0.76(废黄河高程)	0.07	56.7

8.1.3.3.2   讨论

8.1.3.3.2.1   关于前人对大米草生长带与潮汐水位关系研究的评述

前文已述,国内外对大米草生长带与潮汐水位的关系已有一定研究,由于缺乏专门研究,本书不对大米草和狐米草生长带与潮汐水位关系进行评述,仅对互花米草生态位的已有研究略做评述。前人关于"互花米草能生长在每天浸淹 12h 的平均海平面以下 0.7m 到平均高潮位"(Landin,1990)的描述,对于特定的海岸来讲应该是准确的,但这种描述对不同潮差的海岸来讲,则缺乏科学性,这主要是因为不同类型海岸潮差的差异可能很大,从而使得平均海平面以下 0.7m 的位置很难确定,特别是对潮差较小的海岸来说,该位置可能已达平均低潮位甚至更低。而"互花米草能生长在平均低低潮位(MLLW)以上 1.75~2.75m"及"移植种在平均低低潮位(MLLW)以上 1m 也能生长"(Sayce,1988)的描述也有欠妥之处,因为平均低低潮位的概念一般都是针对日潮型港点及日潮不等显著的混合潮型港点而言的,并且"平均低潮位以上 1.75~2.75m"或"1m"的论述同样难在不同潮差海岸推广。而国内学者提出的"互花米草生长的潮间带位置是高潮带下部至中潮带上部的滩面"(徐国万等,1985)则应属研究不够深入的粗略表述。"互花米草可在低潮滩生长"(宋连清,1997)的报道则类似于国外对大米草生长带的报道(Niels et al. ,2001),实为斑块状(或簇状)互花米草在低潮滩的分布,而非成片分布。考虑到潮汐现象复杂多样,且特征潮位名称也相当多,我们认为用潮浸率来描述互花米草在潮滩上的生态位是较为合理的。

8.1.3.3.2.2   互花米草生长带的区域差异

互花米草生长带下限为平均海面稍下、潮浸率在 53%~57% 的潮间带,体现了互花米草对潮水浸淹的适应。由于浸淹或暴露频率是一条单调平滑的渐变曲线,互花米草分布界限只能在该曲线上找到相应的浸淹累积频率,而不能找到突变点,互花米草在低潮滩也有簇状分布恰好说明了这个道理。至于分布界限的具体解释,正如张乔民等研究红树林生态位时指出的,需要从植物生理学角度进行深入定量分析(张乔民等,1997)。因此,认为"每一种潮位都有一种界限作用,当超越这个界限时,暴露和干燥时间会骤然成倍增加,相应的物理和化学因素也必然引起较大变化"(李荣冠等,1995)及 Colman 提出的临界潮位线假说均已被证明是不恰当的(Underwood,1987;张乔民等,1997)。

互花米草在潮滩上的分布除受潮汐浸淹影响外,其他因素如地貌和潮沟分布、潮滩和盐沼不同的底质特征、波浪作用、海水盐度、气候和海水污染等都可能对互花米草盐沼海侧边界高程产生影响。Long 等在研究温带盐沼的分布时指出,强波不利于维管植物在潮滩上的定居,盐沼通常分布在小潮平均高潮位与最高天文潮位之间,但在缺乏掩护的强波能开阔海岸,只限于最高天文潮附近,而掩护条件较好的则可以延伸至小潮平均高潮位以下(Long & Mason,1983)。互花米草的分布有类似特征,仲崇信等的研究表明在受庇护的地方,由于波浪作用减弱,互花米草能长得更好(Chung,1982)。我们曾于1998年在江苏沿海最大的沙洲条子泥西侧潮滩平均海平面以上种植1km² 互花米草苗,该处波浪作用较弱,当年互花米草成活率相当高,但由于滩面沉积物颗粒较粗(以粗粉砂为主),有机质含量低,至今互花米草生长发育不良,草滩面积不但没有扩展,并且有多处被侵蚀破坏,目前有草面积已不到 0.5km²。

8.1.3.3.2.3　研究互花米草生态位的意义

互花米草在潮滩上的生态位研究表明,互花米草在潮滩上生长带的相对高程是与潮汐动力和浸淹频率相适应的。对于互花米草海侧边界区域,由于潮汐动力和淹没频率均相对较大,再加上波浪进入盐沼时受阻破碎,互花米草的生长条件相对较差,其促淤作用往往是第二位的。即只有当盐沼前沿区淤高到一定高程时,真正意义上的互花米草生态系统才得以建立,从而加速盐沼的淤积,并为其向海扩展提供可能。因此,明确互花米草生态位的确定,可为互花米草盐沼的扩展和演替研究提供基础数据。

互花米草生态位研究对于预测互花米草在我国沿海的可能分布范围也具有重要的参考价值。由于对互花米草生态效益的不同认识,各地对互花米草生态系统的扩展有着不同的看法,互花米草生态位研究成果可直接用于护岸保滩工程中互花米草引种高程的确定和滩涂养殖区互花米草控制方案的制订。同时,由于目前互花米草是否与滩涂养殖业"争地"的争论非常激烈,互花米草生态位的确定可为互花米草"泛滥"区域控制互花米草扩展提供可靠的依据,互花米草生态位与滩涂养殖物种生态位的比较研究对平息互花米草是否与滩涂养殖业"争地"的争论具有重要意义。

全球气候变暖及其伴随的海平面上升已成为人类关心的重要问题。近十年来,全球海平面上升对地球环境变化的影响已受到世界各国政府和科学家的普遍关注。互花米草盐沼生态系统受到海陆两相环境的双重影响,属于生态脆弱带或敏感带,全球变化对互花米草生态系统的主要影响因素包括海平面上升、气温升高、CO_2 含量增加、降水量变化等,这些变化将直接导致互花米草生态系统受海水浸淹程度和受潮汐影响程度的变化;此外,海平面上升后,预计风暴和巨浪的频度都将增加,位于潮间带的互花米草将首当其冲,其在海岸防护、防洪(海平面上升以及导致的风暴潮)以及促淤、减污、优化海滨生态环境等方面的潜在价值也将受到影响。对于全球变化及其导致的海平面上升,互花米草生态系统将调整其在潮间带的分布部位,作出地貌学和生态学上的响应。而互花米草生态位的研究对于预测互花米草海滩生态系统对全球变化的响应方式,揭示海陆气相互作用与人类活动互馈-协调机制,实施相应的减灾、防灾对策,构建滨海关键区域生态过程与研究生态安全对全球变化的反馈模式具有重要意义。

8.1.4　潮滩典型外来覆被生态系统服务功能及其价值评估

互花米草($Spartina\ alterniflora$)和红树林($Rhizophoraceae$)是广布于我国沿海潮滩的两大重要盐沼植物,以它们为主要成分组建的海滩生态系统是海岸带社会经济可持续发展的重要生态基础。1995年杭州湾南岸光滩上开始有稀疏外来覆被互花米草分布,至2000年已形成面积达38.38km² 的草滩生态系统,使得杭州湾南岸潮滩覆被发生显著变化,并改变着潮滩的水动力条件和沉积过程;而互花米草生态系统的形成和发展的利弊又是生产部门和学术界争论的一个重要问题。因此,本节在总结前人大量工作基础上,结合长期野外调查结果,对杭州湾南岸典型外来覆被互花米草生态系统的服务功能及其经济价值进行专门探讨,以期为我国互花米草海滩生态系统的合理开发利用、沿海生态环境保护及可持续发展决策提供参考。

8.1.4.1　互花米草生态系统服务功能的构成

互花米草海滩生态系统位于海陆交界地带,受海陆多种生态因子的综合影响,系统具有较高的营养物质和能量来源,因而也维持着较大的生物量,是地球上生物量最大的生态系统之一。互花米草海滩生态系统的服务功能不仅有系统提供的包括互花米草和底栖动物在内的各种生物量构成的物质价值(直接经济价值),而且还有生态系统所提供的对人类及其生存环境有益的其他非物质价值(间接经济价值),主要有保滩促淤、消浪护岸、固定 CO_2、释放 O_2、动物栖息地及生物遗传信息价值、营养物质的积累、净化环境、废物处理、干扰调节、水分调节、水分供给、休闲和文化等功能。目前国内外对互花米草生态系统服务价值的研究较少,如以 Costanza 等(1997)研究得出的全球滩涂湿地各项生态系统服务价值的平均来计算,可能会产生较大的误差。因此,本研究尽量利用实测或国内已有相关研究成果,对国内没有展开研究的干扰调节、水分调节、水分供给、休闲娱乐和文化等功能未作计算。

8.1.4.1.1　提供物质产品

互花米草生态系统所提供的有机物以互花米草植株本身的生物量为主,其生物量由地上和地下两部分组成。互花米草的传统利用方式主要包括用作肥料、饲料、燃料、造纸、化工原料等。由于米草营养成分较高,在英国,在较坚实的海滩上进行放牧(牛、马、驴、绵羊、猪等),已有 50 多年的历史。20 世纪 70 年代末,江苏启东的兴垦农场办起了第一个海滩羊场,用大米草放牧绵羊,获得成功。英国地球生物化学家 E. I. Hamliton 对海水、地壳岩石和人血中的化学元素进行对比分析后指出,海水中的绝大部分化学元素含量明显更接近人血中的化学元素和人体中的元素含量水平。该研究成果不仅从化学成分上证明生命起源于海洋,而且为开发海洋食品有益于人类健康提供了证据(钦佩等,1999)。在绿色工艺下,互花米草可提取具有很强保健功能的精制生物矿质液(BMT)和米草总黄酮(TFS),钦佩等通过多年的研究证明,BMT 具有显著增强机体免疫功能、强心、抗炎、耐缺氧等生理作用,而 TFS 则具有显著的纤溶活性、较强的抗脑血栓等生理功能(张康宣和钦佩,1989,杨晓梅和钦佩,1998,钦佩等,1999)。

除了植物生物量外,互花米草生态系统还提供多种底栖生物资源,如沙蚕(*Perineris aibuhitensis*)、锯缘青蟹(*Scylla serrata*)、弹涂鱼(*Periophthalmus cantonansis*)、青蛤(*Cylina sinensis Gmelin*)、四角蛤(*Mactra veneriformis Roeve*)、笋螺(*Terebra*)、绯拟沼螺(*Assiminea latericea*)等。其中部分具经济价值的底栖生物资源是沿海群众的重要收入来源之一,如苏北大米草滩、杭州湾南岸互花米草滩中有大量沙蚕分布,当地渔民挖捕沙蚕创汇不少。浙江温岭、杭州湾南岸互花米草滩中还有大量青蟹活动其中,为当地群众增加不少收益。

8.1.4.1.2 保滩促淤

互花米草根系发达,盘根错节,秆粗叶茂,在潮滩上形成一道软屏障,挟带泥沙的潮流进入互米草滩时,能量大量消耗,流速显著降低,潮流挟带的泥沙大量沉积于草滩中,使得滩面逐渐淤高。互花米草在未成片时,促淤效果不明显,而随着成片草滩的形成,滩面的淤积速率也将不断加快。南京大学米草及海滩开发研究所在东台边滩的促淤试验表明(徐国万等,1993),有互花米草的滩面与对应的无草滩面淤蚀速率完全不同,同为淤长型海岸,互花米草滩的淤长速率为 14~15cm/a,对照光滩仅为 4~5cm/a。陈宏友在射阳、滨海的试验表明(陈宏友,1990),互花米草的促淤速率为 3.4~4.3cm/a。陈才俊等的米草促淤试验表明(陈才俊,1994),淤涨型潮滩种植米草后淤涨速率为 4.2cm/a,而光滩仅为 1.5cm/a。为获取量化的促淤效果,浙江省围垦局在温岭和苍南设立试验区,进行互花米草的促淤效果试验。温岭南门涂的试验表明[1],有草区的年淤涨量为 11.61 cm,而无草区仅为 5.23 cm,有草区比无草区高 6.38cm/a。温岭长新塘的试验表明,无草区的淤积量在 2cm/a 左右,而有草区的平均淤积量则达 16.5cm/a。海城试验区 6~10 月为滩面冲刷期,涂面平均冲刷量为 0.086cm,种草后略有淤积,平均淤高 0.095cm。

---

[1] 浙江省围垦局. 互花米草的观测、试验及其工程效能与应用. 1996.

以上促淤观测试验表明,在淤涨型海岸,种草后,淤涨速率有明显增加趋势,一般每年可达 3cm 以上;在稳定型海岸种植互花米草后,也能有一定的促淤效果;而在强侵蚀海岸与高能海岸,米草在消浪促淤工程配合下,能在一定程度上减轻侵蚀。

8.1.4.1.3 消浪护岸

互花米草消浪护岸功能主要是通过控制高潮位附近的波浪,消耗其波能来实现。生长于潮间带的互花米草,由于根系发达,植株粗壮,连片分布后可形成很好的"生物软堤坝"。高潮位附近的波浪伴随着强大的波能冲击互花米草滩时,由于植物的柔韧性,互花米草植株随波摆动并对波浪产生反作用,使波能大大降低,从而降低高潮位波浪对其后海岸、堤坝的冲刷破坏作用。江苏如东县东凌垦区于 1982 年围成,围区南部互花米草封滩后,有效地抵御了风浪的侵蚀,而围区北部堤外没有种植互花米草,则受风浪侵蚀严重,并经过两次大修(陈才俊,1994)。1990 年 6 月 24 日在浙江瓯海登陆的 5 号台风,1992年 8 月 30 日在福建长乐登陆的 16 号台风,1994 年 8 月 21 日在浙江瑞安登陆的 17 号台风,产生的狂风巨浪对瓯海、苍南、温岭沿海地区的高标准海堤产生巨大的破坏作用,而同在该区的堤前有互花米草滩分布的低标准海堤仅略有损坏或安然无损,这些都很好地说明了互花米草的消浪护岸功能。

8.1.4.1.4 固定 CO_2、释放 O_2

植物的一项重要功能就是吸收 CO_2,放出 O_2。互花米草通过光合作用和呼吸作用与大气进行 CO_2 和 O_2 交换,从而起到维持大气中 O_2 平衡,降低大气温室效应的作用。

8.1.4.1.5 动物栖息地及生物遗传信息价值

栖息地功能主要是指生态系统为野生动物提供栖息、繁衍、迁徙、越冬场所的功能。成片的互花米草滩涂生态系统可为野生动物提供良好的生态环境。互花米草不仅可为大量底栖生物的生存、穴居和繁衍提供庇护地,同时,互花米草的凋落物还可为这些动物提供丰富的饵料,因此,互花米草生态系统中的动物种类和数量较光滩丰富得多。据南京大学生物系调查,草滩区生物密度比无草区增加了 19 倍。另外,互花米草海滩生态系统中大量底栖动物的存在及互花米草秋后产生大量种子,也引来各种珍禽海鸟前来觅食栖息。国家级自然保护区盐城海滩珍禽自然保护区以米草海滩生态系统为主,有国家一类保护鸟类 11 种、二类保护鸟类 36 种,中日候鸟协定保护鸟类 134 种,此外还有数百种鸟类在南徙过程中在此停留栖息(沈永明,2001)。杭州湾南岸互花米草海滩生态系统中亦有牛背鹭、大白鹭等近十种国家一、二类保护鸟类活动。互花米草生态系统为各种珍禽海鸟及底栖动物提供了合适的栖息地,从而对我国滩涂生物,特别是珍禽海鸟的生物遗传信息保护具有重要的生态经济价值。

8.1.4.1.6 营养物质循环与养分积累

互花米草生态系统中营养物质的循环流动不仅表现在生态系统中的生物组分和土壤与大气之间,而且还发生在水体与生态系统之间。互花米草作为生态系统中的主要生产者,通过光合作用吸收太阳能,而波浪、潮汐和入海径流主要传递 CO_2、N、P、K 及其他矿质养分,这些营养物质和能量进入海滩生态系统后部分被互花米草吸收,并以互花米草植株生物量的形式将能量存储于植物体内,冬季互花米草地上部分死亡后部分营养物质回归土壤或被潮流带至外海。

8.1.4.1.7 减轻污染,净化环境

杭州湾南岸滩涂底质以粉砂、淤泥为主,细颗粒的黏土和细粉砂很容易形成灰尘进入大气,并成为当地大气污染的重要指标之一,互花米草对这种粉尘具有明显的阻挡、过滤和吸附作用。同时,互花米草也可通过对水体和土壤中农药及汞等重金属元素的吸附来减轻土壤和水体污染,起到净化环境的作用。

8.1.4.2 互花米草海滩生态系统服务价值的评估方法

本研究对互花米草生态系统服务价值的评估主要采用能值分析法、市场价值法、专家评估法、替代市场法、防护费用法和恢复费用法等。由于互花米草生态系统服务价值研究涉及面非常广,研究所涉及的互花米草生态系统的相关参数主要来自有关文献的研究成果,部分则为本研究的调查实测结果。

8.1.4.2.1 物质产品价值

互花米草生态系统的有机生物量主要由互花米草植株和底栖动物两部分组成,其中植株生物量的价值可用 Odum 的能值分析方法进行计算(Odum,1996),以互花米草年净生长量乘以其能值转化率,转换成太阳能值,然后再除以当地的能值货币比率,即得到其宏观经济价值。互花米草底栖动物的经济价值可使用市场价值法,将单位面积上各种经济动物资源的年捕获量乘以单价,再乘以互花米草面积即可得到其总价值。

8.1.4.2.2 保滩促淤价值

互花米草生态系统的促淤保滩功能主要体现在两方面。首先,互花米草的促淤作用使得滩面淤积加快,有利于提高围垦工程的起围高程,从而降低围垦工程的土方量及相应的技术手段方面的要求,使得围垦成本减小。这方面的价值可结合具体的围垦工程,通过专家评估法求算。其次,互花米草的促淤保滩功能还表现在增加生态系统中的土壤总量方面,可使用替代花费法计算增加土壤的经济价值。

8.1.4.2.3　消浪护岸价值

互花米草消浪护岸价值主要表现在提高海堤抗浪标准上，降低台风、风暴潮造成的海堤维修费用。其计算可用降低海堤设计标准所节省的费用或海堤遭受破坏后节省的海堤修理费用来替代。据研究[①]，互花米草宽度在 $100\sim150\text{m}$ 时，其消浪效果在 50% 以上，可使原设计标准为 20 年一遇的海堤安全高度降低 1m 左右；草带宽度超过 200m 的消浪效果为 90% 以上，可使原设计标准为 20 年一遇的海堤安全高度降低 2m 以上。其价值可用修建海堤节省的土方量来表示。消浪护岸价值也可用种植互花米草节省的海堤修理净费用来估算（钦佩等，1999），其值可由下式计算

$$P=(T\times E-F)\times M \tag{式 8-2}$$

式中，P 为节省的净费用，T 为台风损害系数，E 为环境因子系数，F 为种植互花米草的费用系数，M 为种植 1hm^2 互花米草节省的修理费用。

8.1.4.2.4　固定 CO_2、释放 O_2

据植物光合作用方程式可推算出植物形成多糖类有机物与吸收 CO_2、释放 O_2 之间的比例关系，植物每生产 162g 干物质可吸收 264g CO_2，即相当于每形成 1g 干物质，需要吸收 1.62g CO_2，释放 1.19g O_2，根据生产力可求得互花米草生态系统每年固定的 CO_2 和释放的 O_2 总量。固定 CO_2 和释放 O_2 的经济价值可用碳税法、造林成本法和工业氧价格替代法等计算。

8.1.4.2.5　动物栖息地的生物遗传信息价值

生物遗传信息价值可通过能值分析法来评估。根据能值理论，生物遗传信息是地质进化的产物，主要体现在生物多样性和珍稀物种两方面。生物多样性的能值用系统生物多样性的 Shannao-wearer 指数 H 的 bits 值乘以 bit 的转化率得到（Odum，1996；朱洪光等，2001；张晟途等，2000）。其中 H 可由下式计算：

$$H=\sum_{i=1}^{s}N_i/N\log_2 N_i/N \tag{式 8-3}$$

式中，N_i 是指第 i 物种的个体数，N 是 s 个物种的总个体数。而珍稀物种的能值可认为是进化该种物种所消耗的地质能值。据 Ager 估计，地球上每个物种的能值为 $1.26\times10^{25}\text{J}\cdot\text{sp}^{-1}$，一个具体生态系统中的珍稀物种能值是这个系统对该物种支持率与 $1.26\times10^{25}\text{J}\cdot\text{sp}^{-1}$ 的乘积。支持率 P 也即该系统对该物种生存的贡献（Odum，1996；朱洪光等，2001；张晟途等，2000）。其值可由下式计算：

---

① 浙江省围垦局.互花米草的观测、试验及其工程效能与应用.1996.

$$P = (m/M)(t/12)(s/S) \qquad (\text{式 8-4})$$

式中,m 为系统中该物种个体数,M 为地球上该物种总数,t 为该物种一年中在该系统中生活的时间(月),s 为该系统的面积,S 为 t 时间内该物种个体的实际活动面积。

8.1.4.2.6 营养物质循环及积累价值

互花米草生态系统所持留的营养物质价值,主要累积在互花米草植株中,因而其价值主要取决于群落面积、单位面积持留量及化肥的替代价格。互花米草生态系统所持留的营养物质以植株固定的 N、P 和 K 三种元素为主,其价值基本上可用这三种元素的价值来替代。方法是先计算出互花米草所固定的三种元素的总量,然后乘以化肥的平均价格。

8.1.4.2.7 减轻污染,净化环境

杭州湾南岸沿海地带风力较大,风向随季节变化较明显,平均风速在 3.0m/s 以上,土壤中的细颗粒物质较易进入大气,形成污染。根据《中国生物多样性国情研究报告》,针叶林滞尘能力为 33.2t/hm² (中国生物多样性国情研究报告编写组,1998),考虑到互花米草植株高度及生物量均比针叶林小,但同时本区灰尘来源较丰富,本研究以针叶林滞尘能力的 1/2 作为互花米草的滞尘能力,用单位面积互花米草滞尘能力的平均值乘以互花米草面积,即可得到其滞尘总量,再乘以削减粉尘的成本 170 元/ t,即可得到其总价值。

互花米草治理汞等污染物质的价值可通过计算单位质量互花米草生物量中汞等污染物质的含量来推算,然后用治理每吨污染物所需要的成本乘以互花米草富集的各种污染物质的总吨数。

8.1.4.3 互花米草生态系统服务经济价值的计算

8.1.4.3.1 生物量价值计算

据研究(钦佩等,1994),滨海县废黄河口互花米草群落的总生物量在 10 月份达最大,互花米草年平均生物量达 3154.8g·m⁻²(dw),其中地上部分生物量为 2657.2g·m⁻²(dw),地下部分可达 497.6g·m⁻²(dw)。2003 年 7 月在杭州湾南岸选择 5 个 0.5m×0.5m 的互花米草样方,采集其地上和地下生物量,洗净、烘干后分别称重,得到互花米草生物量的平均值为 2968.6 g·m⁻²(dw),其中地上部分生物量为 2501.3g·m⁻²(dw),地下部分为 467.3g·m⁻²(dw)。总生物量略小于废黄河口,而地上部分生物量与地下部分生物量的比值则基本上与废黄河口相同,为 5.35∶1(废黄河口为 5.34∶1)。互花米草的能值转换率为 3.80×10³sej/J,每克互花米草的能量为 1.725×10⁴J(张晟途等,2000),据 2000 年卫片译结果,杭州湾南岸互花米草面积约为 38.38km²,而互花米草植被的总盖度约为 60%,这样就可得杭州湾南岸互花米草群落年平

均净生物量的太阳能值 4.48×10^{18} sej，另据计算，2000 年宁波的能值货币比率为 2.07×10^{12} sej/元(李加林等，2003)，由此得到相应的生物量经济价值为 2.16×10^{6} 元。

底栖动物生物量的价值主要计算沙蚕、青蟹、弹涂鱼等具有经济价值的生物资源。据底栖动物实地调查资料，以及对渔民在互花米草滩上经济动物资源的采集情况和市场价格的调查，得到底栖动物生物量的经济价值约为 1000 元/(hm²)(李加林等，2003)，以此值乘以互花米草群落面积，得到底栖动物生物量的经济价值为 3.84×10^{6} 元。

8.1.4.3.2　促淤保滩价值计算

根据上文资料，淤涨型海滩互花米草的促淤作用在 3cm/a 以上，以 3cm/a 计算互花米草的促淤保滩价值，杭州湾南岸互花米草分布岸段的长度约为 50km，海堤底部宽度一般在 50m 以上，这样互花米草的促淤作用可以为围垦工程节省 75000m³ 土方，目前沿海垦区围垦工程每立方米土方的单价约为 8 元，其节省的资金为 0.60×10^{6} 元。互花米草增加生态系统中的土壤总量、提高土壤肥力的价值可用替代花费法计算，即以无草条件下土壤侵蚀及肥力丧失的经济价值替代之。互花米草在保滩促淤中增加的土壤总量为 1.15×10^{6} m³，以我国耕作土壤的平均厚度以 0.5m 计，则每年杭州湾南岸互花米草生态系统在促淤或防止土壤侵蚀方面的贡献可认为是增加土地面积大约 230hm²，我们可采用土地的机会成本来估算其价值，2000 年慈溪市农业生产的平均收益约为 17271 元/hm²，因而其经济价值为 3.97×10^{6} 元。

8.1.4.3.3　消浪护岸价值估算

杭州湾南岸互花米草海滩生态系统保护着慈溪沿海 50km 的海堤，取互花米草消浪护岸效果为使原设计标准为 20 年一遇的海堤安全高度降低 2m，海堤宽度以 15m 计，则互花米草生态群落的存在使得杭州湾南岸沿海海堤建设节省的石方量为 1.50×10^{6} m³，石方价格按 15.0 元/方计算，互花米草的消浪护岸功能价值为 2.25×10^{7} 元。如用互花米草种植节省的海堤修理净费用来估算，取 T 为 0.5，E 为 0.5，F 为 0.1，M 为 10000 元(钦佩等，1999)，可得互花米草消浪护岸的价值为 8.25×10^{6} 元，取两者的平均值 1.54×10^{7} 元。

8.1.4.3.4　固定 CO_2、释放 O_2 价值估算

根据光合作用化学反应方程式及单位面积互花米草生物量，可以估算杭州湾南岸互花米草海滩生态系统每年固定的 CO_2 总量为 1.11×10^{5} t，释放的 O_2 为 0.82×10^{5} t。固定 CO_2 的生态经济价值可用造林成本法或瑞典碳税率法分别计算，根据中国的造林成本 251.40 元/t(C)，换算为 68.56 元/t (CO_2)，估算杭州湾南岸互花米草海滩生态系统每年固定 CO_2 的价值为 7.60×10^{6} 元。

根据瑞典碳税率法,可计算得到江苏互花米草海滩生态系统每年固定 CO_2 的价值为 3.770×10^7 元,取两者的平均值为 2.270×10^7 元。释放 O_2 的价值也可用造林成本法和工业制氧价格法估计其价值,按造林成本法可把释放 O_2 的价值折合为 352.93 元/$t(O_2)$,总计为 2.880×10^7 元。目前工业氧的价格为 0.4 元/$kg(O_2)$,以工业制氧价格法计算,该价值为 3.270×10^7 元,取两者的平均值为 3.080×10^7 元。

8.1.4.3.5　生物遗传信息价值估算

朱洪光等利用能值分析方法,得出以互花米草为主要植被类型的盐城海滩珍禽自然保护区生物遗传信息的宏观经济价值为 5.24×10^8 元(朱洪光等,2001),据实地调查及渔民采访,估计杭州湾南岸互花米草生态系统中栖息的珍禽种类和数量约为盐城珍禽自然保护区的 1/50,由此得到杭州湾南岸互花米草海滩生态系统在生物遗传信息方面的价值为 1.048×10^7 元。

8.1.4.3.6　营养物质循环及积累价值估算

据研究(钦佩和谢民,1988),互花米草植株中 N、P、K 的百分含量分别为 1.358%、0.142% 和 0.544%。根据杭州湾南岸互花米草海滩生态系统中植物的年平均净生物量,可计算固定的 N、P、K 总量分别为 928.34t、97.07t 和 371.88t。以化肥的平均价格 2549 元/t 计算,杭州湾南岸互花米草海滩生态系统每年固定营养物质的间接经济价值为 3.56×10^6 元。

8.1.4.3.7　减轻污染,净化环境价值估算

根据互花米草的滞尘能力和互花米草的面积,可计算出互花米草总滞尘量为 6.37×10^4t,而削减粉尘的成本为 170 元/t,则可得滞尘功能的潜在经济价值为 1.08×10^7 元。

互花米草具有富集汞等多种重金属元素和降解农药的作用,据仲崇信等的研究成果,可得出自然状态下互花米草富集汞的能力为 4.43×10^{-5} g/g。杭州湾南岸互花米草每年对汞的富集量为 3.22 t,以当前主要污染业削减率为 0.9 时的全国平均边际削减费用 12725.34 元/t(小规模)计(曹东和王金南,1999),互花米草富集汞的经济效益为 0.41×10^4 元,据估算,互花米草富集汞的经济效益约为减轻土壤和水体污染,净化环境效益的 5%(仲崇信等,1983;钦佩等,1995;钦佩等,1989),则杭州湾南岸互花米草海滩生态系统治理土壤和水体污染的效益为 0.82×10^6 元。

8.1.4.4　结论与讨论

互花米草海滩生态系统是维持海岸带社会经济持续发展的一个重要生态系统,具有巨大的直接和间接经济价值。由以上分析可知,杭州湾南岸互花米草海滩生态系统服务功能的总经济价值为 1.045×10^8 元,相对于等面积光滩

而言,互花米草生态系统提供了更多的生态服务价值。互花米草生态系统提供的总服务价值中直接经济价值为 6.00×10^6 元,间接经济价值为 9.853×10^7 元,间接经济价值是直接经济价值的 16.42 倍。互花米草海滩生态系统服务的经济价值远远超出了其实物产出的价值。因此,人类在进行海岸带资源开发时必须注意生态系统和生态环境的保护,以免大自然赐给人类的福利在现在和将来受到损害。

生态系统服务功能及价值评价问题是多学科综合的研究领域,随着研究工作的深入,生态系统的某些未知服务功能会逐步被人类所认识。因此,生态系统的服务价值也不是静态的,它将随着社会经济的发展和人类认识水平的提高而不断增加。由于生态系统服务的多价值性及对生态过程和功能认识的不确定性,本研究仅对互花米草海滩生态系统在当前社会经济条件下的部分主要服务价值进行了估算,远不能包含互花米草海滩生态系统的所有服务价值。因而本研究反映的仅是互花米草海滩生态系统服务的最低价值,其目的是通过对互花米草生态服务价值的评估,使人们加深对互花米草海滩生态系统服务价值的认识,保护海岸带的生态环境,促进海岸带的持续发展。

当然,互花米草在某些岸段的不适当引种也会带来一定的负面影响,如与滩涂养殖业争地及导致沿海河口、航道、闸下淤积等。因而互花米草海滩生态系统服务功能及环境影响评价研究,应作为今后我国互花米草海滩生态系统的研究重点之一,这对进一步深入认识互花米草生态系统的服务价值、维护和合理开发利用我国沿海分布最广的生物海岸生态系统——互花米草海滩生态系统具有十分重要的意义。

8.1.5 互花米草潮滩生态系统的管理对策

植物外来种在全球范围内具有普遍性,尤其是热带和亚热带地区,植物外来种的分布最为广泛,如美国的夏威夷为 45%,佛罗里达为 40%。外来种可能引起当地生态系统的巨大波动,极大地改变引入区域的生态环境。外来种入侵对区域生态系统的负面影响已引起了政府部门和学术界的广泛关注。但外来种本身并无"有害"或"无害"之称,多种蔬菜水果、五谷杂粮都曾是中国历史上的外来物种,如红薯、玉米、油菜、向日葵、马铃薯和棉花等。因此,对外来种的认识必须是一分为二的,外来物种既可能给当地生态环境乃至经济发展造成一定负面影响,也可能改善生态系统,造福人类。作为外来种的互花米草对潮滩生态系统服务功能的影响具有双重性质,既存在明显的正面效益,也可能带来严重的负面影响。因此,要做到趋利避害,加强对外来种互花米草潮滩生态系统的管理是关键,要根据不同区域的潮滩特征及其开发利用方向,因地制宜充分利用其正面影响,尽量减少其负面影响。

8.1.5.1   造成互花米草入侵的主要原因

互花米草为禾本科米草属多年生草本植物,原产于大西洋沿岸,从加拿大的纽芬兰到美国的佛罗里达中部,直到墨西哥海岸均有分布,并成为优势植被。为保滩促淤,我国于 1979 年 12 月从美国引入互花米草这种适宜在潮间带生长的耐盐、耐淹植物种子,首先在南京大学植物园进行种子萌发和试种。互花米草种子引种成功后,在我国沿海适宜的温度、湿度、盐度、土壤、水分、营养环境条件下,开始定植并形成种群,随后通过人为推广引种及潮流等自然力量广为扩散传播。目前互花米草已成为我国沿海潮滩分布面积最广的盐沼植被,从辽宁、天津、山东、江苏、上海,到浙江、福建沿海地区淤泥质潮滩上均有分布。互花米草盐沼面积已超过 12500hm²。20 多年来,该植被在保滩护岸、促淤造陆、改良土壤、绿化海滩和改善生态系统等方面的功能已被人们所认识,但是互花米草在我国沿海的快速蔓延影响着潮滩的生物多样性,并造成河口航道淤积、与滩涂养殖"争地"等负面影响。因而互花米草的快速蔓延及其盐沼生态系统的形成被认为是典型的外来种入侵。

8.1.5.1.1   互花米草自身的极强繁殖能力和抗逆性

互花米草具有无性和有性两种繁殖方式,互花米草茎的基部和地下茎的节上,常有腋芽伸出土面,并在适合的条件下形成新的植株。在立地条件较好的滩涂上,自然脱落的种子可直接萌发成幼苗,种子萌发率达 80%～90%。互花米草植株具有丛生性,即以母株为中心,通过茎的基部和地下茎或种子脱落萌发而向外蔓延。由于叶片密布盐腺和气孔,耐盐、耐淹能力很强,互花米草在盐度范围 0～40 和每天二潮、每潮浸淹时间 6h 以内的条件下仍能正常生长。此外,互花米草还表现出极强的耐淤埋、耐风浪的特征,非常适宜在沿海潮滩生长,并形成大面积的单种优势群落。

8.1.5.1.2   沿海适宜的生境条件

由于互花米草能在较宽广的气候带分布,在我国从山东沿海的暖温带至广东沿海的南亚热带海滩均能分布。同时,由于我国沿海地区粉砂淤泥质潮滩广布,土壤条件、沿海及河口地区的海水盐度条件也适合互花米草生长。在沉积物丰富的海滩上生长最好,生物量最丰富;而在土壤肥力低,含盐量较高的海滩生长较差,生物量也低。

8.1.5.1.3   人为引种推动了互花米草的种群扩散

我国海岸线总长为 3.2 万 km,其中大陆为 1.8 万 km,潮间带滩涂面积约 200 万 hm²,大部分缺乏天然植被保护,海岸侵蚀严重。20 世纪 80 年代以来,为了保护海滩、防止海岸侵蚀、增加土地面积、减缓人地矛盾,改善土地理化性质、提高土地生产力,互花米草在我国沿海地区得到推广,极大地促进了互花米草在我国沿海地区的扩散。

8.1.5.1.4　通过自然或人为媒介传播扩散

风和潮流是互花米草扩散的主要自然媒介。互花米草种子可以随风传播,也可以随着落潮流越过草滩外侧潮沟在更低的滩面上立地生长。因海岸侵蚀或潮沟摆动而破坏的互花米草植株可以被沿岸流带到无互花米草生长的潮滩,进行远距离传播。此外,互花米草还可以借助多种人为方式,如船只、港口及部分陆上运输等无意传播。如浙江象山港及杭州湾南岸潮滩互花米草生态系统就是通过自然媒介传播和人为无意识传播形成的。

8.1.5.1.5　缺乏自然控制机制

到目前为止,我国还没有发现本地的天敌可以控制互花米草种群增长和扩散,这也是互花米草在我国沿海能迅速扩展的原因之一。自然控制机制的缺乏,使得互花米草能依靠其自身极强的生长能力快速扩展。

8.1.5.2　互花米草对潮滩生态系统服务功能的影响

互花米草的扩散及其对潮滩的占领,极大地改变了原生潮滩生态系统结构,从而引起潮滩生态系统服务功能的变化。主要表现在影响生态系统生物量、生物多样性、潮滩水动力和沉积过程、土壤形成和营养物质积累、植被演替序列等方面。对于不同区域而言,互花米草对同一种服务功能的影响可能表现出完全相反的特征,即正面和负面影响。为进一步查明互花米草对潮滩生态系统服务功能的影响,我们选择开敞型的杭州湾南岸和相对封闭的福建三都湾作为调查对象,探讨互花米草对潮滩生态系统各项服务功能的影响。

8.1.5.2.1　互花米草对潮滩生态系统生物量的影响

互花米草植株高大,生物量丰富,每公顷鲜生物量达 30t,最多达 50～80t,使得潮滩生态系统的初级生产力大大提高。互花米草生态系统可孕育多种底栖生物资源,如沙蚕、锯缘青蟹、弹涂鱼等具经济价值的底栖生物资源。杭州湾南岸潮滩宽广,潮间带面积 408km²,互花米草面积 38km²,通过计算得到互花米草生物量及其底栖动物生物量的经济价值达 6.00×10^6 元[①]。在负面影响上,福建三都湾口小腹大,潮滩面积为 308km²,大米草和互花米草面积 40km²,互花米草的蔓延扩展,侵占蛏蛏、牡蛎、泥蚶、花蛤等贝类良好的养殖埕地或贝苗的天然产地,使得三都湾滩涂养殖业遭受巨大损失,此外互花米草枯枝落叶的漂移对湾内紫菜、海带等藻类的生长、收获及产品质量也有明显的不良影响。造成三都湾互花米草与滩涂养殖业"争地"的原因是封闭、狭长的

---

① 李加林. 杭州湾南岸滨海平原土地利用/覆被变化研究[D]. 南京:南京师范大学,2004.

海湾无法为滩涂养殖业生态位的下移提供空间。而杭州湾南岸潮滩则随着互花米草的扩展和滩涂的北涨,经济贝类的生态位也相应下移北迁,养殖业不受互花米草扩展影响。

8.1.5.2.2　互花米草对潮滩生态系统生物多样性的影响

互花米草作为潮滩先锋植被,通过对潮滩的占领,形成单优势群落。茅草、盐蒿等植被很难在滩面淤高后侵入其中,使得互花米草与本土植物存在竞争生长空间的现象,从而威胁本地的植物多样性。同时,高大互花米草植株的庇护也为大量底栖生物的生存、穴居和繁衍提供了饵料和庇护地。此外,互花米草海滩生态系统中大量底栖动物的存在及互花米草秋后产生大量种子,也引来各种珍禽海鸟觅食栖息。据估算,杭州湾南岸互花米草在牛背鹭、大白鹭等珍禽海鸟生物遗传信息保护方面的经济价值为 $1.048×10^7$ 元/年①。当然互花米草通过对潮滩生态结构的改变,也改造了本地底栖动物的生存环境,从而影响本地动物区系。如三都湾宁德二都垦区外互花米草的扩展,几乎造成"二都泥蚶"的绝迹。

8.1.5.2.3　互花米草对潮滩水动力和沉积过程的影响

互花米草根系发达,盘根错节,秆粗叶茂,在潮滩上形成一道软屏障,高潮位附近的波浪伴随着强大的波能冲击互花米草滩时,互花米草植株随波摆动并对波浪产生反作用,降低波能,从而降低高潮位波浪对其后海岸、堤坝的冲刷破坏作用。挟带泥沙的潮流进入互米草滩时,能量大量消耗,流速显著降低,潮流挟带的泥沙大量沉积于草滩中,使得滩面逐渐淤高,并促使潮滩土壤的形成和营养物质的积累。据估算杭州湾南岸互花米草的促淤保滩、消浪护岸和营养物质累积的经济价值为 $2.353×10^7$ 元/年①,三都湾二都垦区堤坝外的互花米草也发挥着很好的保滩护堤作用。

互花米草通过其消能促淤,对潮间带水体循环产生明显影响,从而改变了潮滩沉积物的分布规律。特别是泥沙在沿海闸下引河中的淤积,影响渔船通行及闸下排涝,导致沿海涵闸的过早废弃。这种负面效应在杭州湾南岸表现得特别明显,如海黄山闸的废弃、四灶浦闸和徐家浦闸的外迁均与之有一定关系。

8.1.5.2.4　互花米草对潮滩养分循环和土壤污染的影响

互花米草将进入海滩生态系统的各种营养物质和能量以生物量的形式存储于植物体内,冬季互花米草地上部分死亡后部分营养物质回归土壤或被潮流带至外海。互花米草对粉尘具有明显的阻挡、过滤和吸附作用,同时对水体和土壤中农药及汞等重金属元素具有较强的吸附能力,具有净化环境功能。

---

① 李加林. 杭州湾南岸滨海平原土地利用/覆被变化研究[D]. 南京师范大学,2004.

据估算,杭州湾南岸互花米草生态系统在养分循环、滞尘和水土净化等方面的经济价值为 1.444×10^7 元/年[①]。互花米草在三都湾的扩展,加速了湾内潮滩的淤积,在潮滩养分积累和土壤形成方面也有明显的促进作用。

8.1.5.2.5　互花米草对潮滩植被演替序列的影响

沿海潮滩植被演替序列与植被本身的耐盐、耐淹性有关,在淤长型岸段,原生潮滩植被演替序列一般为裸滩—盐蒿—茅草,互花米草的生态位一般在盐蒿滩以下,因此互花米草一般入侵平均高潮位以下、经常受海水浸淹的裸滩,潮滩植被演替序列变为裸滩—互花米草滩—盐蒿滩—茅草滩。互花米草根系发达,且在潮间带的分布范围相当宽广,具有纯生性,常形成单种优势群落,盐蒿群落很难侵入其中,它又对潮滩植被的正常演替产生明显影响,杭州湾南岸潮滩植被演替过程中已表现出盐蒿缺失现象。

8.1.5.3　加强互花米草生态系统综合管理的对策

8.1.5.3.1　加强对互花米草的综合利用

互花米草植株中粗蛋白含量为 11%,粗脂肪为 2%,粗纤维为 25%,同时富含氨基酸、维生素和微量元素(沈永明,2001),其传统用途主要包括用作肥料、饲料、燃料,以及用于改良土壤和培育食用菌等。20 世纪 70 年代末,江苏启东的兴垦农场用大米草放牧绵羊,获得成功。在绿色工艺下,互花米草可提取具很强保健功能的精制生物矿质液(BMT)和米草总黄酮(TFS)。钦佩等的研究表明,BMT 具有显著的增强机体免疫功能、强心、抗炎、耐缺氧等生理作用,而 TFS 则具有显著的纤溶活性和较强的抗脑血栓等生理功能(钦佩等,1997;张康宣和钦佩,1989;杨晓梅和钦佩,1998)。近年来,江苏和福建沿海人民在互花米草萌芽的 4—5 月份采挖新芽用作蔬菜。因此,在传统用途基础上,增加科技投入,开发推广互花米草保健产品不仅可增加沿海人民的收益,而且对控制互花米草的扩散和蔓延具有重要作用。

8.1.5.3.2　合理开发利用和保护互花米草潮滩生态系统

Odumd 在乔治亚州萨帕娄岛的研究表明,互花米草滩海水中有机碎屑的 95% 来自互花米草,并为底栖动物所利用。互花米草生态系统的形成,大大增加了潮滩底栖动物的类型和生物量,互花米草海滩生态系统中的沙蚕、蟹类等底栖动物具较高的经济价值,利用互花米草潮滩生态系统养殖沙蚕、青蟹,可弥补互花米草蔓延侵占泥螺、蛤类等滩涂养殖业造成的损失,提高沿海农民的收益。同时利用互花米草促淤功能,围垦有草潮滩不但可增加土地面积,也可达到根除负面影响明显岸段的互花米草的目的。

---

① 李加林. 杭州湾南岸滨海平原土地利用/覆被变化研究[D]. 南京:南京师范大学,2004.

互花米草海滩生态系统中大量底栖动物的存在及互花米草秋后产生大量种子,也引来各种珍禽海鸟前来觅食栖息。杭州湾南岸互花米草海滩生态系统中有牛背鹭、大白鹭、白骨顶、震旦鸦雀等近十种国家一、二类保护海鸟活动,保护着珍稀鸟类的基因资源,在生物多样性保护方面发挥着巨大作用。对于此类互花米草潮滩生态系统必须加大保护力度,按核心区、缓冲区和试验区分别加以保护和利用。

8.1.5.3.3　因地制宜控制或发展互花米草

我国引进互花米草的主要目的是保滩促淤,20 多年来,互花米草在保滩促淤方面的作用是有目共睹的,但其负面影响也很明显。因此必须因地制宜控制或发展互花米草。对于稳定型的封闭式海湾潮滩,如福建罗源湾、浙江象山港等绝对不能发展互花米草,以免造成港湾淤积,影响滩涂养殖业或航运业;而对于淤长形的宽阔潮滩,如江苏中部淤长型潮滩,适当发展互花米草,不仅不会影响沿海滩涂养殖业,而且能增加沿海农民的经济收入,并发挥其促淤功能,通过围垦增加土地面积;对于侵蚀型的潮滩,如江苏废黄河口适当发展互花米草,可减缓潮滩侵蚀速度,保护海堤等沿海工程设施;对于半封闭的潮滩,如淤长形的杭州湾南岸潮滩,互花米草的发展也必须加以控制,以免引起杭州湾潮波特征改变,使得南北两岸岸线产生重大调整,造成巨额经济损失。

8.1.5.3.4　加强对互花米草传播扩散途径的控制

互花米草具有极强繁殖能力和抗逆性,能借助多种途径传播扩散,加上缺乏自然调控机制,造成了互花米草在我国沿海地区的快速蔓延,因此必须加强对互花米草传播扩散途径的控制。首先是通过宣传教育,让人们充分认识互花米草对潮滩生态系统的正负面影响,切断人为无意识传播途径。对于不适于互花米草生长的潮滩,养成主动灭草习惯,防止互花米草通过人为或自然媒介侵入。

8.1.5.3.5　加强根除互花米草的药物和生物措施研究

潮滩植被周期性地被海水淹没,很容易造成除草剂的散失,因此用药物根除互花米草相当困难。美国、荷兰、澳大利亚和新西兰等国家较早开展药物根除大米草研究工作。美国采用 Rodeo 和 Arsenal 杀除米草有较好的效果,且后者比前者更高效(Crockett,1991;Patten,1999),荷兰采用 Gallant 控制米草蔓延也取得了较好的效果(Shaw & Gosling, 1997)。福建省农科院刘建等研制的大米草专用除草剂 BC-08 也有一定的除草效果(刘建等,2000)。因此,研制高效且又不影响或少影响水生生物和环境安全的药剂显得非常必要。互花米草在原产地的天敌主要有昆虫、螨虫、线虫等(王蔚等,2003)。其中一种昆虫——光蝉被认为是最有潜力的互花米草生物防治天敌因子(Wu 等,1999)。麦角菌能显著降低互花米草种子产量,也有可能用于互花米草生物防治(Gray 等,1991)。在我国,互花米草生物根除研究鲜见报道,因此发展生态学防治技术显得非常重要,但引进生物天敌时需慎重,以免引起新的问题。

8.1.5.3.6　加强互花米草对潮滩生态系统服务功能影响的定量研究

目前,关于互花米草对潮滩系统服务功能定量影响研究较少(李加林等,2003)。这些研究仅对互花米草在当前社会经济条件下的部分主要服务价值进行了估算,但远不能包含互花米草的所有服务价值,并且未见对负面影响的定量研究。因此,对互花米草海滩生态系统服务功能及其环境影响的定量评价研究,应作为今后我国互花米草海滩生态系统的研究重点之一。这对深入认识互花米草对潮滩生态系统服务功能的影响、保护海滩生态环境和促进海岸带的持续发展具有重要的意义。

8.2　围垦影响下的象山港潮汐汊道及其沿岸生态系统演化

海岸带是环境变化的敏感地带,在自然和人类双重力量的作用下,其资源环境问题日益突出,给人类的社会经济发展带来巨大的负面影响。潮汐汊道是海岸带系统的一个重要子系统,对环境变化尤为敏感。象山港潮汐汊道系统内海洋资源丰富,生态类型多样,有国家"大鱼池"之称。作为浙江省海岸带系统的一个子系统,其动态演化由系统内部和外部环境间能量流、物质流和信息流组成,具有自适应性和不可逆性。长期多项人工地貌建设提升了象山港海洋经济社会的发展水平,推动了港航业、滨海旅游业、海洋高新技术产业和海洋水产业的高速发展,缓解了人口增长带来的土地和就业问题,但也使得象山港海洋生态环境受到了严重的影响,如海岸地形轮廓改变、纳潮量降低、生物种类减少、珍稀物种濒危、近岸泥沙淤积、港航道淤积及水质恶化等。所以,象山港作为码头航道、海洋生物基因库及最佳人居环境的功能大大下降,其生态系统稳定性难以为继,人类活动的叠加效应更进一步威胁着象山港潮汐汊道及其沿岸生态系统的稳定性。目前,学者们关于人类活动对潮汐汊道的影响开展了较多研究,涉及对口门地形和枯季潮汐动力变化的影响、沉积物输移平衡及涨落潮历时、盐水入侵等的影响等。但是,对潮汐汊道及其沿岸生态系统演变的时空规律研究较少,尤其对人类活动影响下潮汐汊道及其沿岸生态系统演变的研究较为鲜见。本书对 1985—2014 年间象山港潮汐汊道及其沿岸生态系统演化进行了分析,以期为象山港潮汐汊道系统稳定性维护及区域海岸带资源开发利用过程中实现生态环境保护、经济建设以及环境管理之间的协调有序发展提供有益的理论依据和技术参考。

8.2.1　研究区概况

象山港位于浙江省宁波市东南部沿海,地理位置介于 $29°24'\sim30°07'N$,$121°43'\sim122°23'E$,跨越象山、宁海、奉化、鄞州、北仑五县(市、区),北面紧靠杭州湾,南邻三门湾,东侧为舟山群岛,是一个 NE−SW 走向的狭长形潮汐通道海湾。象山港潮汐汊道内有西沪港、铁港和黄墩港三个次级汊道。从港口到港底全长约 60km,港内多数地区宽度 5~6km,平均水深 10m,入港河川溪流众多。象山港通过青龙门、双屿山和牛鼻山等水道与外海相连,流域面积 1455km²,其中水域总面积为 630km²。象山港潮汐属不正规半日潮,涨潮历时大于落潮历时,落潮流速大于涨潮流速。

近年来随着海洋经济的迅猛发展,象山港沿海的人类活动不断增强,使象山港潮汐汊道及其沿岸生态系统发生了明显变化,影响着整个象山港的海岸地貌过程,表现为陆源水沙输入通量发生改变、天然潮滩面积不断缩小、纳潮量降低、沿岸输沙过程受到干扰、潮汐汊道口门淤积严重等。港湾内水产养殖、火电工业的快速发展也使得象山港水域环境污染严重,生态系统不断恶化。本书所指的象山港潮汐汊道及其沿岸生态系统是统一以象山港 2014 年海岸带向陆 2.5km 为边界,包括整个象山港潮汐汊道水域的区域。将研究区土地利用划分为建设用地、耕地、养殖用地与盐田、林地、未利用地、湖泊河流、海域及滩涂等 8 种生态系统类型。

8.2.2　研究方法与结果

8.2.2.1　生态系统演变的研究方法及结果

以 1985 年、1995 年、2005 年及 2014 年的 TM 遥感影像作为数据源(成像时间均为植被覆盖率较高的 6—10 月份),同时,参考结合象山港行政区划图、象山港 1∶50000 地理背景资料等基础数据。在 Envi4.7软件的支持下,以象山港1∶50000地形图为基准并结合 GPS 野外调查控制点对 1985 年、1995 年、2005 年及 2014 年 4 期的 TM 遥感影像数据进行几何纠正、地理配准、图像镶嵌、研究区裁剪等综合处理。在 ArcGIS10.2 环境下通过人机交互式解译,得到 4 个时期的土地利用数据库,解译后的土地利用类型经野外验证和校正后,最后得到研究区 1985 年、1995 年、2005 年及 2014 年的人类活动影响下象山港生态系统类型矢量图,用于象山港潮汐汊道及其沿岸生态系统类型变迁研究。结果表明,人类活动对象山港潮汐汊道及其沿岸生态系统产生了明显冲击。

8.2.2.2　生态环境评价的研究方法及结果

8.2.2.2.1 水质的评价及结果

参考《国家海水水质标准》(GB3097—1997)、《象山港海洋环境公报》(2005—2012年)、《浙江省生态环境十年变化(2000—2010年)遥感调查与评估项目实施方案》,选取了营养化指数进行水质分析。富营养化指数是用来表征大量的氮、磷、钾等元素排入到流速缓慢、更新周期长的地表水体,使藻类等水生生物大量地生长繁殖,使有机物产生的速度远远超过消耗速度,水体中有机物积蓄,破坏水生生态平衡的。其表达式为:

$$E = \frac{COD \times DIN \times DIP}{4500}$$

式中:COD为化学需氧量,单位mg/L,DIN为无机氮,单位$\mu g/L$,DIP为无机磷酸盐,单位$\mu g/L$。当$E>1$时,即为富营养化型,表明水质受污严重。另外,根据《国家海水水质标准》(GB3097—1997)、《陆源入海排污口及邻近海域生态环境评价指南》(HY/T 086—2005)、《污水综合排放标准》(GB 8978—1996)和《地表水环境质量标准》(GB 3838—2002)进行临海工业生态系统影响评价。研究发现,象山港海域水体以Ⅳ类和超Ⅳ类水质为主。

8.2.2.2.2 生物多样性的评价及结果

以《象山港海洋环境公报》、《浙江省海岸带调查报告》、《中国海湾志》(浙北分册)及《象山港海洋生态环境保护与修复技术研究》中的环境质量、潮间带生物调查结果为生物多样性的数据来源。研究表明,近年来经济的发展,使象山港海域生物多样性指数下降、生物量减少及栖息密度降低。

8.2.2.2.3 生态系统服务功能的评价及结果

基于千年生态系统评估(MA)工作组提出的生态系统服务功能分类方法,结合人类活动对研究区的影响强度分析。结果表明,象山港潮汐汊道及其沿岸生态系统的调节服务功能和支撑服务功能明显受损。

8.2.3　分析与讨论

8.2.3.1　对象山港潮汐汊道及其沿岸生态系统类型的影响

通过遥感解译得到1985年、1995年、2005年及2014年研究区生态系统类型分布图(图8-10),借助ArcGIS10.2软件的相关功能,可得到1985—2014年象山港潮汐汊道及其沿岸生态系统类型分布面积的变化信息(图8-11)。由图8-11可知,研究区耕地、海域、滩涂、湖泊河流以及林地面积均呈现出下降态势,建设用地、未利用地以及养殖用地与盐田呈现出增加的态势,其中面

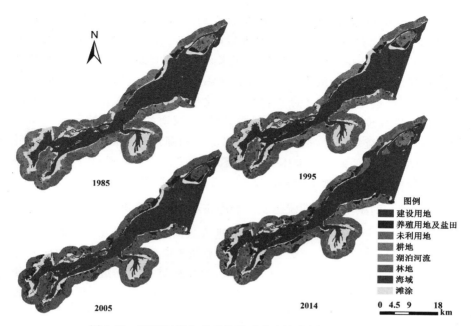

图 8-10   不同时期生态系统类型分布演变图(1985—2014)

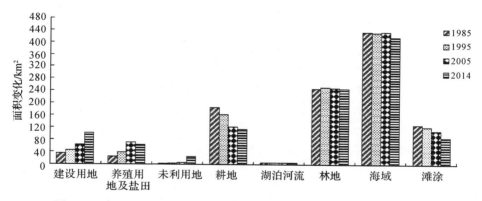

图 8-11   象山港潮汐汊道及其沿岸生态系统类型面积变化(1985—2014)

积减少较多的为耕地与滩涂,净减少量分别为 70.63km²、41.94km²,且滩涂
2005—2014 年减少量为 1985—2005 年的 3.56 倍,2014 年的耕地面积只有
1985 年的 62.20%,建设用地面积增加较多,增加了 67.89km²。可以看出在
人类活动的影响下,潮汐汊道及其沿岸生态系统类型发生了明显变化,特别是
海域与滩涂面积的减少,对潮汐汊道的动态平衡及稳定性产生严重冲击。

纳潮量指由低潮到高潮海湾所能容纳海水的体积,纳潮量的大小与海湾
的水域面积成正比,它直接影响到海湾与外海的交换强度,制约着海湾的自净

能力。陆域形成将缩小海域面积,从而导致纳潮量减小。象山港在 20 世纪 50 年代以前,由河口等注入的泥沙及少量的工业"三废"等物质,通过涨落潮水体交换,几乎全部携带到湾外。但近年来研究成果显示,大规模围填海形成的人工海岸地貌,使象山港天然潮滩面积大幅缩小,导致港湾纳潮量降低。可以看出,随着城市化进程的不断加快和工业化步伐的推进,大量的围填海工程建设使象山港潮汐汊道及其沿岸受到明显影响,汊道的有效水域面积减少的同时破坏了原有流场状况,造成了涨、落潮历时和潮流流速格局变化,进而引起象山港纳潮海湾的淤塞和水体交换滞缓,改变了污染物的迁移规律,这将会给已不健康的象山港海湾生态环境带来一系列更为严重的破坏。

8.2.3.2　对象山港潮汐汊道及其沿岸生态系统水质的影响

陆源污染物主要通过河流、排污口等进入近海海域。随着象山港沿海地区经济高速发展,陆域污染源数量与污染物总量不断增加,再加上农业面源与生活污水所携带的大量污染物质汇入海域,致使海域特别是近岸海域和部分港湾污染严重(表 8-10)。另外,根据 2005—2012 年《象山港海洋环境公报》的内容与宁波市海洋与渔业局海域监测结果,临海工业的发展,对水质的影响较大,例如,国华宁海电厂、大唐乌沙山发电厂、浙江造船厂及象山港跨海大桥邻近海域水体的 DIN 和 DIP 普遍超标严重,海域水质以Ⅳ类和超Ⅳ类水质为主。而且,伴随着水质恶化的同时,海域的浮游生物和底栖生物群落都会发生变化,最终导致一系列灾害事件的发生,如赤潮,象山港海湾 2007—2012 年有记录的赤潮事件就有 13 起,累积面积约 1642km²。

表 8-10　象山港沿岸陆源入海排污口现场状况、主要污染物及综合评价结果

排污口名称	地理位置	排污口类型	主要污染物	排污口污水颜色、气味、泡沫等现场状况	年份及评价结果
象山墙头综合排污口	象山县墙头镇	印染	苯胺、多氯联苯、COD、总磷、BOD、悬浮物、粪大肠菌群	黑色,很臭	2007—2010 年:A 2011—2012 年:B
宁海颜公河入海口	宁海县桥头胡镇	工业市政	多氯联苯、苯胺、COD、石油类、氨氮、BOD、总磷、挥发酚、悬浮物	灰褐色,臭,有泡沫	2008—2012 年:A
象山西周工业园区综合排污口	象山县西周镇	工业综合	石油类、氨氮、挥发酚、COD、多氯联苯、苯胺	灰色	2008—2011 年:A
宁海西店崔家综合排污口	宁海县西店镇	化工	多氯联苯、COD、硫化物、总磷	灰褐色	2008—2010 年:A 2011—2012 年:B

续表

排污口名称	地理位置	排污口类型	主要污染物	排污口污水颜色、气味、泡沫等现场状况	年份及评价结果
奉化下陈排污口	奉化市莼湖镇	综合	COD、氨氮、悬浮物、总磷、粪大肠菌群、苯胺	土黄色	2009—2012 年:A
奉化裘村横江排污口	奉化裘村	综合	COD、氨氮、苯胺	灰色	2009 年:A
北仑三山排污口	北仑区春晓镇	综合	COD、氨氮、油类	灰色	2009—2010 年:A 2011 年:B

资料来源:根据 2007—2013 年《象山港海洋环境公报》整理。

此外,采用目前国内经常采用的富营养化公式评价象山港潮汐汊道水域富营养化类型,如(2.2-1)公式所示,当 $E > 1$ 时,即为富营养化型。根据国内有关调查表明:DIN 在 $0.20 \sim 0.30 \mu g/L$,DIP 在 0.02 mg/L 以上为富营养化。象山港 8 年来监测资料(表 8-11)表明:87.5% 的 DIN > 0.2 mg/L,90% 的 DIP > 0.015 mg/L。所以根据上述公式计算 E 值,推理得出象山港各时期水质的大部分 E 值都大 1,说明象山港大面积海域都处于富营养化状态,并且 DIN 是该港湾富营养化的主要贡献因子。

表 8-11　象山港海域 DIN、DIP 含量时间变化趋势

名称（单位）	年份							
	2005	2006	2007	2008	2009	2010	2011	2012
DIN(mg/L)	0.384~1.218	0.335~1.075	0.351~1.069	0.175~0.995	0.262~1.347	0.511~1.369	>0.50	>0.50
DIP(mg/L)	0.021~0.116	0.024~0.117	0.016~0.137	0.001~0.127	0.008~0.130	0.002~0.134	>0.045	>0.045

资料来源:根据 2005—2012 年《象山港海洋环境公报》整理。

8.2.3.3 对象山港潮汐汊道及其沿岸生态系统生物多样性的影响

海岸工程建设使得生物的生态环境质量下降、生物群落分布发生变化、生物多样性减少。2007—2008 年的"象山港海洋生态环境保护与修复技术研究"调查与 1981 年"海岸带综合调查"、1987—1988 年"《中国海湾志》(浙北分册)编写项目"调查结果相比生物量、栖息密度明显低下(表 8-12),其中 1981 年到 1988 年,人类活动干扰较小,宁波岸段潮间带、象山港潮间带生物量及栖息密度变化不大,但是 1988 年之后象山港潮间带生物量、栖息密度由

$107.28g/m^2$、$796ind/m^2$ 下降到 2007—2008 年的 $101.1g/m^2$、$359.2ind/m^2$，分别减少了 5.76%，54.87%，栖息密度下降显著。由此充分说明，象山港沿岸经过近 30 年的经济发展，对沿岸海洋生物群落的影响日趋明显，沿岸城镇人口的增加、临海工业的快速发展、海洋水养殖业的蓬勃推进对沿岸海洋生态造成了很大压力，致使潮间带生物的多样性指数下降、生物量减少及栖息密度降低。

表 8-12　平均生物量及栖息密度与历史资料比较

项目编号	调查年份（年）	项目	潮间带平均生物量（g/m²）	潮间带栖息密度（ind/m²）
Ⅰ	1981	海岸带综合调查	107.30	796
Ⅱ	1987—1988	《中国海湾志》(浙北分册)编写项目	107.28	796
Ⅲ	2007—2008	象山港海洋生态环境保护与修复技术研究	101.10	359.20

资料来源：①尤仲杰，焦海峰，等.象山港生态环境保护与修复技术研究[M]北京：海洋出版社，2011.

②《中国海湾志》编撰委员会.中国海湾志(第五分册.上海市和浙江省北部海湾)[M].北京：海洋出版社，1992.

值得一提的是，温度是影响底栖硅藻种类组成和数量分布的主要因子之一，象山港属亚热带季风气候区，具有四季分明的气候条件，水温受气温和水团的影响也有较大的季节变化。国内有关温排水对浮游生物影响的研究表明，在水体强增温区($\Delta T > 3℃$)，水生生物群落中种类出现减少，尤其是在夏季自然水温较高时，浮游动物的种类和数量都会减少，最终会导致群落的物种多样性减少。象山港海域在人类活动的影响下，生产生活"三废"的排放、涉海工业的排污等，使附近海域水温温升明显，以《象山港海洋环境公报》(2007—2011年)统计的电厂热水排放情况为例，国华宁海电厂排水口附近的海域，2007—2009 年冬夏季的水温均高于正常水域水温，其中，2008(1、7 月)年、2009(8、11 月)年电厂前沿海域累积超出 4℃温升控制范围 $0.50km^2$；2011 年夏季 4℃温升面积达 $0.61km^2$，到 2012 年温升范围仍有部分超出；相比之下，浙江大唐乌沙山电厂排水口附近海域温升情况更加明显，2007 年小潮时超出 4℃温升控制范围；2008(1、7 月)年、2009(8、11 月)年，附近海域的水温 4℃温升超出 $13.41km^2$；2010 年与 2009 年相比 4℃温升面积继续有所增大。由此可以看出，电厂热水的排放直接导致水温增升，造成生物栖息环境破坏，使生物种类与数量大大减少。

此外，象山港海域水体富营养化使生境愈渐宜于少数耐污种类生长、海岸人工地貌的不断增加逐渐压缩着潮间带的生物生存空间、海水养殖造成浅海或内湾内生物多样性向单一性转化,这些都会对象山港潮汐汊道及其沿岸生态系统生物多样性产生不可逆的影响。

8.2.3.4　对象山港潮汐汊道及其沿岸生态系统服务功能的影响

滩涂为象山港的海岸工程建设、经济社会的发展提供了大量的土地和空间资源,在我国,潮滩围垦成为实现区域耕地占补平衡的重要举措,基于千年生态系统评估(MA)工作组提出的生态系统服务功能分类方法,将生态系统服务功能类型归纳为供给、调节、支撑和文化服务四个大的功能组,并结合人类活动对象山港及其沿岸生态系统服务功能的影响程度,得出人类活动影响下研究区生态系统服务功能的损失情况(表 8-13)。

表 8-13　人类活动影响下滩涂服务功能损失程度

服务功能	价值表现	具体形式	人类活动影响下损失程度
供给服务	物质生产	供水、农产品、水产品、化学产品	★
调节服务	调节气候	诱发降雨、提高湿度、调节温度	★★★★
	均化洪水	降低洪峰、滞后洪水过程、减少洪水造成的损失	★★★
	涵养水源	存贮和保留水分、增加地下水供应	★★★★
	水质净化	分解和降低土壤水中的有毒有害物质,提高水质	★★★★
	干扰调节	抵御风暴袭击,防治河岸、湖岸和海岸侵蚀	★★★★
支撑服务	促淤保滩	淤积砂石土壤,为建筑提供材料,保护岸滩	★★
	生物多样性	提供野生生物栖息、繁衍、迁徙、越冬地	★★★★
	养分循环	吸收、固定和转化土壤水中的营养物质含量	★★★
文化服务	休闲娱乐	休闲、旅游、摄影场所	★
	科研教育	提供特种标本,研究对象,环境教育地点	★

注:★的多少表示影响程度大小,越多表示损失程度越大。

滩涂各类服务功能其重要性各不相同,不同的服务功能其价值也不相同。象山港沿岸自 1985 年以来,潮汐汊道及其毗邻的海域共围垦滩涂面积 41.94km²,其中 1985—1995 年围垦了 6.48km²,1995—2005 年围垦了 12.16km²,2005—2014 年围垦了 23.30km²,并且近 10 年来滩涂面积减少量占 30 年来总量的 55.56%。从以上分析可以看出,象山港沿海滩涂生态系统分布面积的减少,将直接导致近海底栖生物多样性的降低和局部群落结构的变化,导致生物栖息地减少和水产养殖产量下降,并引起水质恶化等生态问题,说明人类活动使象山港潮汐汊道及其沿岸生态系统调节与支撑服务功能明显受损。

8.2.4　结论

本节以 1985 年、1995 年、2005 年及 2014 年的 TM 遥感影像数据为基础,分析近年来宁波市海洋与渔业局的监测数据、《象山港海洋环境公报》的统计数据,在 GIS 技术的支持下,对人类活动影响下象山港潮汐汊道及其沿岸生态系统演变进行了分析,得到以下结论:

(1)在研究时段内,研究区生态系统类型中耕地、海域、滩涂、湖泊河流以及林地等生态系统类型分布面积呈下降态势,而建设用地、未利用地以及养殖用地与盐田的面积呈增加态势。人类活动的热点空间区域因时间不同而有所差异,开发重点由咸祥镇海域不断向港湾内的西沪港、铁港和黄墩港方向转移。

(2)近 30 年来,象山港潮滩及海域面积的缩小,使纳潮量减少、纳潮面积降低,引起纳潮海湾的淤塞和水体交换滞缓,改变了污染物的迁移规律。并且,临海工业发展使邻近海域水体的 DIN 和 DIP 超标严重,这些都破坏了潮汐汊道的生态系统。

(3)近年来人类活动对研究区的影响占主导地位,特别是对潮汐汊道及其海域生物多样性的干扰在增强。

(4)在城市化、工业化的大潮中,人类活动使象山港及其沿岸生态系统调节与支撑服务功能明显受损。这说明人类向海洋要地的趋势依旧明显。

下篇 | 中国象山港与美国坦帕湾岸线与景观资源演化对比

9 绪 论

9.1 选题背景及意义

9.1.1 选题背景

港湾是镶嵌在海岸带上的明珠和宝石,地处海洋和陆地结合部,受两者的双重影响,不仅蕴藏着丰富的资源,而且因其独特的自然环境和优越的地理位置而具有明显的区位优势。港湾水产资源富足、周边土地资源丰富、自然景观和人文景观众多,海洋药物资源和矿产资源集聚,使其逐渐成为渔业和盐化中心、海陆交通枢纽、滨海旅游中心、临海工业中心和海洋能源基地(陈则实,2007)。

港湾是物质、能量、信息交换最频繁、最集中的区域之一,同时又是生态环境的脆弱带,人口与经济活动的密集区,资源环境问题冲突特别尖锐的区域。随着港湾开发利用的深入,城市围海造地、盐田围垦、海岸工程建设、湾内水产养殖等人类活动为港湾社会经济发展做出巨大贡献的同时,也带来了诸多负面影响。港湾造地引起了港湾面积的减小、降低了港湾可开发程度;围垦工程减少了港湾纳潮量,降低了潮流流速,使港湾产生淤积,影响港湾水体交换;同时,临港工业和水产养殖污水的排放也导致了海洋环境进一步污染,突出表现为海洋水质富营养化,油类、有机质及重金属污染;除此以外,还有一些不良影响或无结果的人类活动,也影响到了港湾的正常过程,如外来生物入侵、围湾区荒废(陈则实,2007)。

近年来,象山港人工海岸建设及资源开发强度持续加大,特别是大规模的潮滩围垦,使得港湾陆源水沙输入量发生改变,天然潮滩面积不断缩小。象山港纳潮面积及纳潮量明显减小,纳潮面积由最初的 555.7km² 减至当前的 391.2km²,纳潮面积减少了 29.6%(中国港湾志编纂委员会,1992);沿岸输沙过程受到围垦工程的干扰,潮汐汊道口门淤积严重。同时,水产养殖业的快速发展也使得象山港水域环境污染严重,港内氮、磷营养盐已超过三类海水标准,赤潮频发,生态系统恶化严重。象山港潮汐汊道作为码头航道、海洋生物基因库及最佳人居环境的功能大大下降,其生态系统稳定性难以为继(高抒等,1990)。此外,由于象山港从行政区域上分属北仑区、鄞州区、奉化市、宁海县和象山县 5 县(市、区),各行政单位在追求自身利益的时候缺乏资源环境保护方面的协调机制,围垦等开发活动从整体及各项工程的叠加效应上严重威胁着象山港海洋环境及海洋生态系统。

几乎位于和象山港相同纬度的美国佛罗里达州中段西部海岸的坦帕湾,是美国的一个大型天然港湾,曾是鱼类和野生动物的乐园。但为快速发展经济,人类对港湾开发加剧,如过度捕鱼、船道疏浚及大量砍伐红树林等活动导致港湾水产资源减少、生态环境被破坏。同时,坦帕湾周边生活污水和工业废水的排放极大地破坏了港湾的水质和海草,到 20 世纪 70 年代,坦帕湾海草面积减少了 80%(Xian et al.,2006)。为保护坦帕湾生态环境,美国环境保护署于 1991 正式实施坦帕湾河口计划(The Tampa Bay Estuary Program)。经过港湾法律法规制定、坦帕湾志愿者网络招募、坦帕湾海洋水质环境信息化系统建立等一系列保护性措施,目前坦帕湾水质、海草覆盖率、生物多样性等多项生态环境指标基本接近坦帕湾 20 世纪 50 年代的水平(Greening & DeGrove,2003)。坦帕湾开发与保护的过程对国内港湾的合理开发起到了警示性的作用。通过对比研究两个港湾在人类活动影响下的资源变化特征,能明确不同的开发利用方式对港湾资源环境可持续发展的影响机制,评估人类对港湾岸线、景观资源的影响程度,借鉴港湾开发与管理经验,有效促进国内港湾开发中对于自然海岸和自然景观的合理保护。

9.1.2　选题意义

港湾地区海洋生物资源、土地资源、岸线资源、旅游资源及海洋能源十分丰富,交通便利,区位优势明显,港湾的开发利用逐渐成为沿海地区的重要发展战略。港湾地区包括生物、潮汐等可更新资源,也包括岸线、空间、景观等不可更新资源。这些资源的形成一般在地质营力作用的基础上,与海洋水动力条件的作用直接相关。然而,在海洋资源开发热潮下,人类活动对港湾地区的影响已远超过自然营力的作用。面对港湾所承受的巨大压力,人类的目光已经开始从仅仅追求经济利益向着同时兼顾生态、环境效益转变。为此,本研究从象山港岸线和景观资源变化及开发利用的特点出发,并与已实施近 25 年来河口保护计划的美国坦帕湾资源变化进行对比分析,研究港湾不同开发利用方式对港湾海岸线变化和景观格局演化的影响,探索港湾良性开发管理途径。本研究的意义主要体现在以下几个方面:

9.1.3　理论意义

已有研究大多集中在单一区域的港湾岸线变化研究或者景观格局变化研究,且研究多以单学科为主,将两者相结合且从多学科角度切入的研究相对较少。而本研究结合地理学、生态学、环境学等多学科的理论对港湾岸线景观资源变化特征和人类活动强度进行了定量化研究,对比分析中美两国典型港湾资源的演变过程,科学划分港湾人类活动干扰强度区,建立港湾地区空间资源特征的变化与人类活动强度的响应关系,为港湾合理利用与保护的理论体系提供重要评判依据。

9.1.4　现实意义

本研究通过中国浙江象山港与美国佛罗里达州坦帕湾不同港湾开发利用与保护模式下人工海岸建设对港湾地区岸线资源和景观资源的影响程度的对比分析,进一步明确不同开发利用方式对港湾资源环境可持续发展的影响机制,借鉴国外港湾开发与管理的先进经验,为我国港湾开发利用与保护规划提供科学基础和技术依据,有效促进港湾开发中自然生态环境的合理保护。因此,本研究对促进港湾资源合理利用,提高民众环境保护意识,实现港湾地区可持续发展具有重要的现实意义。

9.2　国内外研究进展

9.2.1　岸线提取及其变化分析研究进展

海岸线为人类生存发展提供了重要的资源,随着沿海地区开发建设加剧,人们对于海岸线资源合理开发与保护的关注程度日益上升,海岸线提取与变化分析的相关研究成了众多学者探讨的热门课题。

9.2.1.1　国外研究进展

基于 Landasat TM 影像数据,YU 等(2011)利用 ISODATA 监督分类方

法实现海岸线自动提取,并在此基础上分析美国佛罗里达州中西部海岸线变迁特征。White 和 Asmar(1999)利用区域生长影像分割算法,基于 Landsat TM 影像对尼罗河三角洲 1984 年、1987 年和 1990 年的岸线进行了自动提取和岸线变迁分析。Maiti 和 Bhattacharya(2009)等利用 Landsat MSS、TM、ETM+和 ASTER 等多源影像数据确定了印度东部孟加拉海湾岸线的位置,并利用线性回归的方法估计出岸线的变化率 Bhattacharya。Effat 等(2011)利用 1987 年 Landsat TM 和 2000 年 Landsat ETM+影像对埃及尼罗河三角洲北部区域进行了土地利用分类,并结合分类图层对该区域的海岸线侵蚀和增长进行了分析。Li 等(2003)利用改善的 IKONOS 有理函数在 1m 分辨率全色立体影像上提取了 3-D 海岸线。Sheik 等(2011)利用 6 期 IRS 和 Landsat 数据对印度南部科摩林角和杜蒂戈林之间的岸线进行提取,利用 EPR、LRR、LMS 和 JKR 方法计算出岸线的变化率,然后根据岸线的变化率分析岸线的侵蚀与增长。

9.2.1.2　国内研究进展

国内学者对岸线提取及变化研究也取得了较多的研究成果。刘鑫(2012)利用 Landsat 影像对铁山港地区的海岸线进行提取,进行了变迁分析,发现该区域主要受人为因素影响,海岸线整体向海推进。陈正华等(2011)利用 TM、ASTER 和 HJ 影像提取了 1986—2009 年浙江省的大陆海岸线,并对浙江省大陆海岸线多年来的变迁进行了连续的监测。冯永玖等(2012)利用集成非监督分类、离散地物去除和岸线快速追踪等技术的海岸线提取软件提取了 2001 年、2005 年和 2008 年上海市九段沙自然保护区岸线信息,并对岸线变迁的显著区域进行了分析。于杰等(2009)利用 Landsat TM 影像数据并结合边缘检测技术方法对大亚湾的岸线进行自动提取,同时分析了大亚湾岸线 1987—2005 年的变化特征。杨金中等(2002)利用 20 世纪 50、60 年代航空影像和 70 年代以来 MSS、TM 和 IRS 卫星影像,并依据 1∶50000 地形图,分析了杭州湾南北两岸的岸线变迁特征。基于 Landsat-5 TM 影像,李行等(2010)利用面向对象的方法解译出 1987 年、1990 年、1995 年、1998 年、2003 年和 2006 年的上海崇明东滩岸线,并基于地形梯度的正交断面方法分析了岸线的演变特征。

本研究通过多种岸线提取方法比对,结合前人小尺度研究区岸线提取方法,根据已获得的近 30 年来较高精度的多时相 Landsat TM、OLI 影像,采用基于 TM 第 5 波段(OLI 第 6 波段)对海水反射率低的特性来分离海陆的岸线快速提取方法,提取精度较高且满足本研究需求。本研究构建了海岸人工化强度与岸线特征的定量化计算方法,分析了两者变化关系,重点探讨人类活动影响下的岸线的类型、长度和曲折度演变特征。

9.2.2　景观提取及其演变分析研究进展

景观格局是大小和形状不一的景观嵌块体在空间上的组合和布列。对于景观格局的分析是目前景观生态学研究的重点和热点之一,对人类和自然的可持续发展均有重要的意义。因此,海岸带包括海湾地区景观格局研究越来越受到国内外学者关注。

9.2.2.1　国外研究进展

国外景观格局演化研究起步较早,研究领域主要包括森林、湿地、城镇、海岸带、大河流域等,研究区尺度在时间和空间上跨度不一。Lluis 等(2012)对1950—2005 年间地中海沿岸地区的景观变化做了研究,研究表明,在这段时间,地中海沿岸的环境正处于急剧恶化的过程中,其中城市建设以及其他基础设施建设对农田的占用是最主要的驱动力。Solon(2009)对 1950—1990 年这40 年间波兰华沙大都会地区的景观格局变化进行了研究,通过相应的景观格局指数计算,得出该地区景观变化大多发生在 1950—1970 年,且其变化有一个连续性,主要从城市往四周扩散。Muttitanon 等(2005)采用 1990 年、1992年、1996 年、1999 年的 Landsat-5 TM 数据对泰国本东湾(Ban Don Bay)进行监督分类,结果表明,在养虾场、红树林区、城镇等人工景观逐渐增长的同时,农田和未开垦土地却在逐渐减少。

9.2.2.2　国内研究进展

国内学者对于景观格局演化的研究开始于 20 世纪末期,研究对象大多集中在中小尺度上区域的景观格局变化,研究的时间尺度也大多以中小尺度为主,很少涉及百年尺度的研究。姜玲玲等(2008)对大连湿地 2000—2006 年这6 年间的景观格局及其驱动因子进行了研究,研究结果表明人类活动已经成为大连湿地景观格局变化的主要驱动因子。崔晓伟等(2012)以 2002 年、2007年、2010 年的遥感影像为数据源,对三峡库区开县蓄水前后的景观格局进行了研究分析,为库区未来土地的合理规划利用提供了参考。田光进(2002)用1986 年、1996 年和 2000 年三期 TM 遥感影像对海口市景观格局变化进行了动态分析,并得出在此期间,海口市的景观表现出从林地、水体、沙地、农田等自然景观向城市、农村居民点和独立工矿建设用地等人文景观的变化。

本研究基于 Landsat-5 TM 和 Landsat-8 OLI 影像,采用面向对象的方法提取海湾景观,提取结果符合研究需求;同时利用美国俄勒冈州立大学森林科学系开发的 Fragstats 软件分析了海湾景观格局指数,构建了景观人工干扰强度定量化计算方法,分析了景观人工干扰强度与景观格局指数的关系,重点探讨人类活动影响下景观的类型、多样性和破碎度的变化特征。

9.2.3 人类活动对岸线及景观变化的影响研究进展

近年来,随着海岸资源开发强度的持续加大,原始的自然海岸不断被人类活动所建成的人工海岸所替代。这里所说的人工海岸是指被堤坝、护坡等非透水性人工构筑物终止了自然的海岸发育过程且高潮时水面不能没过的海岸,而自然海岸被人工海岸替代的过程和趋势,称之为"海岸人工化"。自然海岸具有人工海岸无法替代的生态功能,人工海岸的无制约增长损伤海岸的景观价值和生态服务功能。自然海岸减少、海岸人工化加剧等问题受到了越来越多国内外学者的关注。人类活动对岸线及景观资源的影响研究是海岸合理利用的研究基础,也是海岸永续利用的关键议题。

9.2.3.1 国外研究进展

海岸人类活动不断加剧,不仅会影响岸线形态,而且会损害生物生产力和海岸带景观。Tirkey 等(2005)利用 RS 和 GIS 技术研究了印度、孟买海岸线的变化情况,认为人类活动的干预是孟买西部岸线出现大范围外移的重要原因。Paterson 和 Loomis(2014)提出差异分析方法,从跨学科视角出发研究社会经济影响下的岸线变化,认为人的因素在岸线的冲淤变化中起着重要作用。Davis 等(2002)调查研究了圣地亚哥湾内 4 个堤坝构筑物处的海洋生物情况,发现受堤坝阻隔的海域相较于开放海域,海洋生物的种类和数量都有明显降低。Rivas 等(1991)利用遥感卫片、航片、海图等历史图件,重现了西班牙北部地区海岸的围垦历史,研究了海岸围垦的环境和生态效益,发现围垦所形成的土地对比之前的海域和滩涂,无论是生物生产力还是娱乐功能都有了明显的降低。

9.2.3.2 国内研究进展

陈吉余(2000)系统地总结了我国滩涂围垦的类型、历史进展及其社会经济效益,肯定了滩涂围垦在解决沿海地区人地矛盾中所起到的积极作用,认为在特定的地区环境和历史背景下,通过滩涂资源的围垦,可以有效地拓展人类生存空间。李加林(2006)分析了杭州湾南岸耕地变化过程,认为滩涂淤涨及围垦为杭州湾南岸提供了重要的耕地后备资源。王燕飞等(2013)认为在大面积滩涂养殖和自然适应共同作用下,乳山湾涨潮不对称性减弱、淤积速率逐渐减缓,有利于海湾潮滩系统的保持,港湾地区设计合理的堤坝等海岸构筑物,对处于冲刷状态的海岸能够起到很大的稳定作用。然而,海岸开发在带来社会经济发展、维持岸段稳定的同时,也产生了诸多生态环境问题,特别是大规模围填海也会导致海岸资源的损伤和环境的破坏。李加林等(2007)从水沙环境、海岸带物质循环、潮滩生物生态、盐沼恢复与生态重建等几方面探讨了滩涂围垦所产生的主要环境影响,认为应该综合对比海岸带环境的自然演替与围垦效应的影响,来分析人类围垦活动影响下的海岸环境演化机制。王艳红等(2006)以滩涂总量动态平衡为前提,研究了江苏省淤泥质海岸围垦的适宜速度,认为目前江苏省滩涂围垦的速度已经大大超出了自然淤涨所形成的资源补给能力,滩涂资源面临衰减的风险。孙云华等(2011)分析了1973年以来6个时期莱州湾东南岸海岸线及自然湿地、人工湿地的演变规律,认为在研究时间内,莱州湾东南岸人工围垦力度加大,造成自然湿地逐渐消失或向人工湿地转化。史经昊(2010)认为人类填海造田、河沙运输等活动,改变了胶州湾的几何形态,破坏了胶州湾水动力平衡,建议严禁胶州湾填海活动,实施环境修复工程。

总结已有成果可见,现有研究主要侧重于作为人工海岸建设诱因的围填海对环境和生态的影响方面。然而目前采用定量化指标来系统评价人类活动对海湾地区岸线变化及海湾景观的影响研究较少,或尚缺乏系统的评价与研究。本研究尝试寻找人类活动和岸线、景观变化的特征的定量关系,来评价人类活动对两地岸线及海岸景观的时空演变的影响。

9.3 研究内容和方法

9.3.1 研究目的

本研究拟选取中国浙江象山港与美国佛罗里达州坦帕湾为研究区,研究分析20世纪80年代以来港湾地区人工海岸和典型资源演化规律,定量分析人类活动强度,研究人工海岸建设对海湾岸线与景观资源的影响机制和影响程度,为港湾开发规划提供科学基础和技术依据,有效促进港湾开发中对于自然海岸的合理保护。

(1)揭示象山港和坦帕湾海岸人工化过程中的主要人类活动类型及其时空差异。

(2)揭示两地人类活动对典型港湾岸线长度和岸线曲折度资源的影响特征及差异。

(3)揭示人类活动对两地典型港湾景观空间构型、景观多样性、景观破碎度等景观特征的影响。

9.3.2　研究内容

本研究拟采用史料查阅及野外实地调研相结合的方法,运用遥感和地理信息技术获取人类活动影响下的资源环境时空变化信息,分析人类活动与海岸带资源环境变化的关系。具体内容如下:

(1)绪论:提出港湾开发中面临的海岸带资源环境遭受影响的问题,综述国内外人类活动对港湾地区资源环境的影响研究进展,并由此确立本研究写作的目的、内容、研究方法及技术路线。

(2)研究区概况:确定研究区范围,在分别分析两个港湾海岸带的自然地理环境特征、社会经济状况、开发利用现状及历史的基础上提出存在的问题。

(3)数据来源与处理方法:选取 1985 年、1995 年、2005 年、2015 年的遥感影像,完成数据预处理,在此基础上提取象山港与坦帕湾的海岸线及对海湾景观进行解译;绘制海岸线和景观分布专题图。

(4)海湾岸线和景观分类与指标确立:确定人类活动影响下的海岸线和海湾景观分类系统以及岸线变化和海湾景观格局指标。

(5)海湾岸线与景观时空演变与人类活动的关系分析:构建海岸人工化指数和景观人工干扰指数,定量探讨近 30 年来海湾岸线和景观时空演化特征与人类活动的关系。

(6)海湾保护与利用的中美经验借鉴:对比分析象山港、坦帕湾岸线和景观资源的演变过程,总结国内和国外对海湾地区的不同开发利用方式,探索国内海湾可持续发展的道路。

9.3.3　研究方法

本研究采用规范的理论分析与实证研究相结合、微观特征与宏观行为相结合、定性分析与定量研究相结合的研究方法,对本研究进行全面而系统的研究。

(1)文献研究法:文献资料和数据的收集、处理、分析,包括国内外港湾开发利用与保护研究的成果、经验与发展趋势,我国港湾开发利用中存在的问题等。

(2)实地调查法:深入象山港和坦帕湾沿海进行实地调查研究,并通过拜访国土部门、海洋部门、环境保护部门、旅游管理部门以及南佛罗里达大学等高校,全面获取象山港和坦帕湾开发的相关数据资料,确保研究数据信息的实时性和有效性。

(3)系统分析法:综合运用区域经济、地理学、海洋学、管理学等学科的相关理论,采用 RS、GIS 等手段,建立科学合理的决策模型,分析人类活动对海湾岸线和景观资源变化影响研究。

(4)实证研究法:选择国内典型港湾象山港和美国典型港湾坦帕湾的"流

域-海岸-海洋"连续系统区域,进行实证研究,据此对研究成果进行检验并加以修改、补充。

9.3.4　技术路线

本研究以 1985 年、1995 年、2005 年、2015 年象山港和坦帕湾 Landsat-5 的 TM 影像、Landsat-8 的 OLI 影像、1∶50000 地形图和数字高程模型等为基础数据,首先根据影像上的地物特征建立解译标志,对遥感影像进行人机交互解译,提取海湾岸线和景观专题信息,包括海岸线长度、岸线类型、海湾景观格局。同时构建海岸人工化强度指数和景观人工干扰强度指数,在此基础上分析人类活动影响下岸线时空变化特征及景观格局演化过程,最后比对分析中美港湾保护与利用的差异,借鉴港湾开发管理成功经验。具体技术如路线图(图 9-1)。

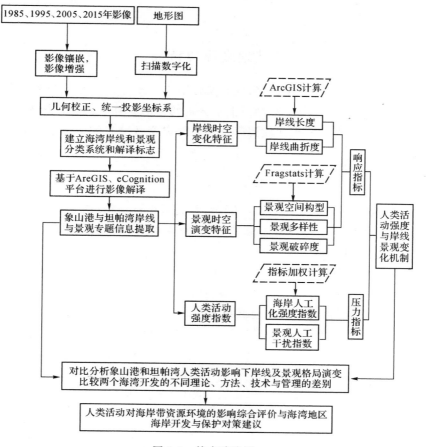

图 9-1　技术路线图

10 研究区概况

10.1 象山港概况

10.1.1 象山港自然地理环境特征

象山港地处亚热带季风区,气候温暖湿润。象山港多低山丘陵,亦分布有海积、冲积平原,沿岸众多小型河流汇入海湾海域。在自然条件影响下,象山港冲淤稳定,逐渐形成淤泥质海岸和基岩海岸交替分布的中国东部沿海典型海湾。

10.1.1.1 象山港地理位置

象山港位于中国浙江省东部沿海,北面紧靠杭州湾,南邻三门湾,东北过佛渡水道、双屿门水道与舟山海域毗邻,东南通过牛鼻山水道与大目洋相通(迟万清,2004),从湾口到湾顶全长约 60km,宽度 3~6km,平均水深 10m(图 10-1)。象山港海岸线绵长曲折,海湾岸线全长 392km,其中大陆岸线 260km。湾内拥有大小岛屿 65 个以及西沪港、铁港和黄墩港三个次级港湾。象山港横贯象山、宁海、奉化、鄞州、北仑五县(市、区),陆地流域面积为 1455km²,海域总面积 563km²。象山港入港的河流多为山溪型河流,约有 37 条,其中凫溪和大嵩江较大,年均径流量 $12.89 \times 10^8 m^3$,年平均输沙量 $14.5 \times 10^4 t$。象山港海岸地貌主要由海蚀岸、海积岸和人工海岸组成;潮间带地貌多为广布淤泥质的滩涂,局部为冲洪积形成的卵砾石岩滩(赵玉灵和杨金中,2007)。

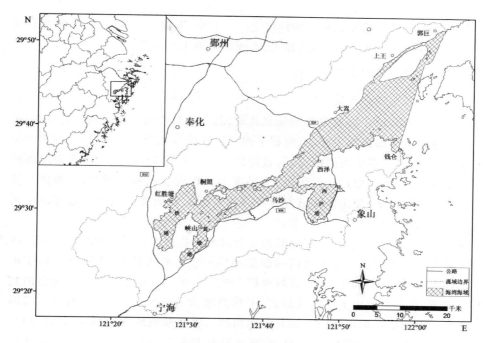

图 10-1　象山港研究区

10.1.1.2　气候特征

象山具有非常明显的亚热带季风性气候,受季风的影响,年平均气温适中,夏季高温湿润,冬季寒冷干燥,冬、夏长,春、秋短,但严寒和酷暑期不长。象山港多年平均气温为 16℃,最冷月平均气温为 4.8℃,最热月平均气温为 27.5℃。冬季受强冷空气影响降温幅度大,持续时间长,其中海湾南部气温稍高于北部。夏季受到东南季风影响,海湾湾顶气温稍高于湾口。

象山港雨水充沛,多年平均降水量在 1221~1628mm,降水量分布由湾口北向湾口南递增,且湾顶降水量大于湾口。象山港降水的季节变化较大,降水较多季节主要集中在 3~9 月,占年降水 76%~80%,且 9 月份多锋面雨和台风雨(中国海湾志编纂委员会,1992)。10 月至次年 2 月象山港受干燥的极地大陆气团控制,期间降水量较少,占全年的 20%~25%。7 月中旬到 8 月,降水大而集中,利用率低,易出现伏旱。

象山港主要有旱灾、洪涝、强冷空气和台风三类灾害性天气(中国海湾志编纂委员会,1992)。旱灾主要发生于夏季、秋季和冬季,尤其是 7~8 月的伏旱发生较频繁,而春旱发生较少。象山港暴雨主要集中在 5~10 月,8 月和 9 月较多,其次是 6 月和 10 月(中国海湾志编纂委员会,1992)。象山港强冷空气会对当地农业生产带来较大影响,时间主要集中在 11 月至次年 2 月。象山港亦是受台风影响较为频繁的地区之一。1956 年和 1988 年曾有 2 次强台风在海湾登陆,给当地居民生活和工、农业生产带来严重危害。

10.1.1.3　水文特征

10.1.1.3.1　河流

象山港陆地周边地貌骨架受北北东、北东和东西向三组断裂构造所控制,自陆地向海洋形成低山丘陵、海积平原和海蚀崖等地貌,海湾内低山间多小型谷地,发育成众多山溪型河流,而且海湾气候温暖湿润,山间亚热带常绿阔叶林茂密,谷地水位变化相对较小,流经淡水携带较少泥沙。因此,在海湾自然环境综合作用下,象山港流域发育有众多自低山流向海洋的源短近流的山溪型河流(袁麒翔等,2014),并形成了多达 24 个子流域汇水盆地。

象山港北岸的奉化东部和鄞州交界区域海拔较高,平均高度为 450m。该区域发源的大嵩江主要受北西向断层邹溪—余塘断裂控制,由西北流向东南汇入海洋,形成大嵩江流域,流域面积 193.25km²。象山港湾顶位于天台山北延地带,在整个象山港中海拔最高,平均高度为 560km,凫溪位于梅林—镇海断裂带上的南东向深甽断裂和北东向梅林—冒头断裂地带(袁麒翔等,2014),几乎整个凫溪流域都位于山地,流域面积为 185.42km²。另一个较大流域颜公河流域位于凫西流域东南侧,流域主要位于平原地区,流域面积达 86.69km²。

10.1.1.3.2　潮汐

象山港是一个 SW－EN 向的潮汐通道,根据象山港各潮位站获得历史潮汐数据分析,象山港涨落潮基本与岸线走向平行,海湾潮汐属不正规半日浅海潮流,涨潮历时长于落潮历时,并且湾顶涨落潮历时差值大于湾口。象山港落潮流速亦大于涨潮流速,最大落潮流速约 180cm/s,最大涨潮流速约 154cm/s(中国海湾志编纂委员会,1992)。象山港潮差均大,平均潮差达 3.18m,且越往湾顶潮差越大,湾口平均潮查达 2.84m,而湾中和湾顶潮差分别为 3.33km 和 3.74km。

象山港周边群山环抱,岸线曲折绵长,并且湾口附近有梅山岛、六横岛、佛度岛等岛屿避风,水域掩护条件好,风浪影响小。象山港存在上层水体向湾外,下层水体向湾内的纵向环流,水体交换速度较为缓慢。象山港水温平均为 16.6℃左右,最热月 8 月的均温为 26.5～27℃,而最冷月 1 月的均温为 3～7.2℃;海水盐度平均为 21.9～29.11;水体透明度一般在 0.1～2.8m,其变化与潮汐、风浪和季节变化有关。

10.1.1.4　生物资源

10.1.1.4.1　林牧资源

象山港气候适宜,生态环境稳定,适合种植亚热带果树和喜温多年生经济林,如柑橘、金橘、桃林和竹林。亚热带果树生产区域集中于鄞州的咸祥,奉化的莼湖、松岙和宁海的峡山;象山港竹林连片分布,主要分布于海拔 300m 以下的背风山谷、山麓或平缓的山坡上;水草资源较为丰富,低丘滩地存在广阔草场,适合家禽饲养、发展牧业。

被称为"浙东白鹅"的宁波白鹅,就产于象山港一带。"冻鹅"远销于日本、中国香港、马来西亚、新加坡等地,在港澳和国际市场享有较高声誉。象山港还利用广阔草场资源发展当地养牛业和养兔业,宁海一带已建立了多个年产牛 500 头的小型养牛基地,奉化区杨村建立饲养规模达到 6 万只的长毛兔生产基地。

10.1.1.4.2　水产资源

象山港自然环境适合多种海洋生物繁殖孵化、生长肥育,是索饵栖息的优良场所。据调查统计,湾内水产资源品种有 330 多种。其中鱼类 120 余种,贝类 90 余种,甲壳类 80 余种,藻类 30 余种。

象山港常见的经济鱼类有 40 多种,主要的有黄鱼、鲳鱼、鲈鱼、马鲛鱼等。象山港对虾养殖始于 20 世纪 70 年代,目前已培育大批放流对虾,并被列为国家重点对虾科研项目。象山港贝类养殖业历史悠久,奉化象山有经济贝类 20 多种,其中牡蛎、毛蚶、泥蚶和蛏子等为传统的养殖品种。象山港藻类资源也很丰富、有经济价值较高的海带和紫菜,还有自然生长或人工采集的浒苔、江篱。

10.1.2　象山港社会经济状况

象山港位于中国东部中心区域,又处于长江三角洲腹地,交通便利,具有得天独厚的区域位置优势。象山港海涂广阔,水产捕捞业和海水养殖业发达。海湾生态环境和谐,事宜人居,海岸旅游资源也极为丰富。

10.1.2.1　人口经济

象山港流域从行政区域上分属北仑区、鄞州区、奉化市、宁海县和象山县5 县(市、区)。象山港沿海劳动力资源充足,利用潜力大。但是象山港的人口整体文化程度低,区域科技力量不足,新兴产业不发达。象山港拥有广阔的海涂,丰富的营养盐和饵料生物,海湾的经济发展主要以海水养殖为主和沿岸工业生产为主,同时开发农、林、牧、旅游等资源。据 2012 年象山港社会经济政府工作汇报,2011 年区域户籍人口达 72.94 万,农业总产值 62.6 亿元,规模以上工业总产值 572.6 亿元(续建伟,2012)。

10.1.2.2　交通运输

象山港交通以公路为主,宁波—临海干线通过象山港顶部的奉化、宁海县域。为了沟通象山港南、北两岸交通,1988 年建成横山—西泽车渡码头,开通了象山至宁波的第二条直达公路线。到 2012 年年底,横跨象山港两岸象山港大桥正式开通,高架大桥连接了象山丹城街道和鄞州云龙,极大地缩短了象山县到宁波城区的距离,路程由 120km 缩减为 47km,为象山港经济腾飞营造良好条件。

10.1.2.3　采矿业和旅游业

象山港矿产资源丰富,尤其是当地花岗岩和贝壳。象山港花岗岩质地坚硬,色呈肉红,且主要分布在墙头乡下山至亭溪一带,运输十分方便。西店至峡山、桥头胡至峡山的贝壳储量丰富,年产贝壳(主要是牡蛎壳)在 1 万吨以上,当地开采利用时间较早。贝壳的用途广泛,不仅可以烧制石灰,还可以生产水泥、饲料添加剂及活性离子钙等。

象山港自然条件稳定,海湾水域宽阔,幽深宁静,适宜旅游和人居。海湾海岸带自然景观和人文景观丰富,山清水秀,湾内大小船只、众多海岛点缀其间,令人心旷神怡。随着宁波市建设事业的发展,将有更多的人来此地休憩和旅游。象山港当前已开发奉化休闲度假海岸、宁海水上旅游乐园、象山旅游黄金海岸等旅游景点,包括钓鱼、海滨浴场、水上运动等众多旅游活动。

10.1.3　象山港开发利用历史及现状

象山港开发历史悠久,宋庆历年间(1041 年)王安石任鄞县(现鄞州区)县令时开始筑海塘,清雍正八年(1730 年)建大嵩塘,清咸丰八年(1858 年)建永成塘,至清光绪三十一年(1905 年)修咸宁塘。1950 年以来又筑西泽、团结、飞跃、联胜等海塘,到 2010 年象山港围垦总面积已达 164.5km^2,基本上已开发利用。20 世纪末,象山港沿岸区域对原先的低产值盐田进行了改造整治,逐步发展为围塘养殖。

象山港是一个多资源的海湾,也是我国重要的军事港口之一。象山港拥有丰富的土地、山林和海产资源。由于受周边群山和海岛庇护,象山港隐蔽条件好,基本上不受台风和涌浪的影响,是船只优良的天然避风海湾。海湾地势险要,淤积甚微,特别是象山港中段,即西泽至王家塘,横山码头至桐照。象山港民用港口众多,如峡山码头、湖头渡码头。随着两岸大桥建立及其他航线开辟,横山、西泽等码头交通量逐渐开始分流。

象山港也是鱼、虾、贝、藻等海洋生物的栖息、生长、繁殖的优良场所。发展水产养殖处于优势地位,是浙江省不可多得的养殖基地。象山港温暖湿润的气候亦是种植亚热带和喜温多年生经济林的理想区域,目前已建立柑橘、桃子、金橘和竹子等植物培育基地。

10.2 坦帕湾概况

10.2.1 坦帕湾的自然地理环境特征

坦帕湾位于美国佛罗里达州,地理位置十分优越,是美国的一个大型的天然海湾。区域地处亚热带湿润区,气候温暖湿润,湿地遍布,有众多河流汇入海湾。海湾生态和谐,环境优美,是动物栖息的乐园。

10.2.1.1 坦帕湾地理位置

坦帕湾位于佛罗里达州中段海岸的西部,海湾三面环陆,西侧与墨西哥湾相连,从湾口到湾顶全长约 56km,宽为 8~16km。坦帕水深较浅,整体平均水深为 3.5m,其中航道处平均水深约为 12m,湾口最大水深可达 25m(图10-2)。坦帕湾海岸线绵长曲折,岸线全长 1040km。海湾内拥有两个主要人工岛屿以及希尔斯伯勒湾、旧坦帕湾、中坦帕湾、低坦帕湾四个支湾。坦帕湾包含了希尔斯伯勒、马纳提和皮内拉斯的大部分区域,以及帕斯科和萨拉索托的小部分区域。周边有坦帕、圣彼得斯堡和克利尔沃特等较大城市。坦帕湾流域面积大约为 5700km²,其中海域面积为 1000km²。坦帕湾入海河流众多,其中希尔斯伯勒河、亚拉菲亚河、马纳提河和小马纳提河较大,为坦帕湾流域带来丰富的淡水资源。墨西哥湾暖流流经坦帕湾沿岸,因此海湾沿岸湿度红树林茂盛。坦帕湾沿岸潮滩发育,吸引了水鸟、海牛等野生动物来到这里索饵、栖息和繁殖。

10.2.1.2 气候特征

坦帕湾的气候类型是亚热带湿润气候。温度的改变主要源于来自墨西哥湾的海风。年平均温度为 23.3℃。坦帕湾夏季漫长,温暖湿润,雷暴天气经常发生。海湾最热月为 6—9 月,白天气温平均 32.2℃。坦帕湾冬天短暂且温和,大多时间阳光灿烂,降雨稀少。海湾最冷月 1 月的平均温度为 16℃,夜

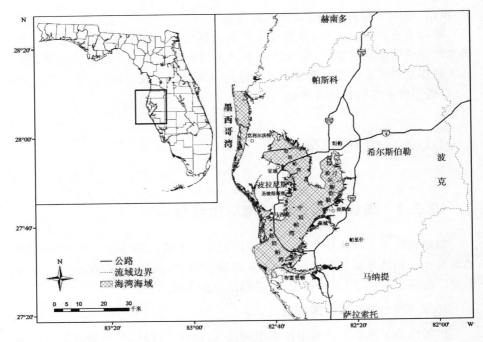

图 10-2　坦帕湾研究区

间平均温度是 10.7℃,白天平均温度是 21.2℃[①]。

坦帕湾年平均降水量约为 1270mm。一般来说,雨季从 6 月开始,持续到 9 月或 10 月。在这间期,降雨形式以雷雨为主,持续时间一般为 1~2h。坦帕湾约 60% 的降水集中在 6~9 月,而其他月份降水一般较为均匀。

坦帕湾主要灾害性天气有旱灾、暴雨和飓风三类。坦帕湾旱灾发生频率较低且主要发生 11 月至次年 2 月;坦帕湾雷暴天气较多,主要集中在 5~9 月;坦帕湾一年四季都有中等强风伴随雷暴。且飓风会偶尔发生在 8~11 月,破坏性极大。

10.2.1.3　水文特征

10.2.1.3.1　河流

坦帕湾位于佛罗里达中部地貌区,地形平坦,起伏甚微。该区域地形地貌有布鲁克斯威尔岭、莱克兰岭和波尔克高地。西部山谷位于海湾较低的区域,这片区域切分了东部高地和海湾沿海低地。坦帕湾沿岸支流众多,达 200 多条。海湾气候温暖湿润,区域多湿地,共有 6 个主要河流汇水区,包括希尔斯

---

① 坦帕湾森林保护官方网站. 坦帕湾流域[EB/OL]. http://tampabayforest.org/climate. htm/

伯勒河流域,亚拉菲亚河流域,坦帕湾沿岸流域、博卡谢加流域、小马纳提河流域和马纳提河流域。

坦帕湾的希尔斯伯勒流域发源于布鲁克斯威尔岭和波克高地,平均海拔为73m,流域面积最大。拥有众多支流的皮斯河、马纳提河、小马纳提河和亚拉菲亚河都起源于波尔克高地,平均海拔52m,这些河流流经布鲁克斯威尔岭和泽弗希尔斯北侧区域时,能得到一定的淡水补给。

10.2.1.3.2　潮汐

坦帕湾是一个 NE−SW 向的潮汐通道,根据坦帕湾水图官网各潮位站历史潮汐监测数据分析[①],坦帕湾涨落潮基本与岸线走向平行。坦帕湾与典型海湾一致,航道位置的涨潮速度大于落潮速度,在浅水区落潮流速度大于涨潮速度。

坦帕湾水体交换能力缓慢,底层水体流向湾内,表层水体流向湾外,距离湾口越近水体交换能力越强。象山港潮差较小,平均潮差为0.05~0.07m;海水盐度平均为20~32,坦帕湾的海水盐度还与入海河流和风浪密切相关。

10.2.1.4　生物资源

10.2.1.4.1　植物

坦帕湾流域面积广阔,坦帕湾流域植被种类繁多,约占流域面积18%的坦帕湾高地区域,主要的植被类型是硬木松、沙松、橡木和草原。坦帕湾的浅水深,河床布满海草,潮泥滩岸线分布有连片红树林湿地,坦帕湾湿地约占流域总面积的10%,其他湿地类型主要包括硬木沼泽、淡水沼泽、灌木湿地等。

10.2.1.4.2　动物

坦帕湾大面积湿地为野生生物生存提供了理想场所。海域内至少有200种鱼类,包括鲑鱼、鲈鱼和斑点鳟鱼。海域和潮间带生活着海豚、海牛和多种海洋无脊椎动物(包括牡蛎、扇贝、蛤蚌、虾和螃蟹)。坦帕湾也是海鸟的天堂,至少有24种鸟类栖息于坦帕湾,包括常年褐鹈鹕、玫瑰琵鹭、鸬鹚、笑鸥和冬天到这里过冬的迁徙鸟类。

10.2.2　坦帕湾的社会经济状况

坦帕湾位于美国南部,又处于佛罗里达州西部海岸中心区域,交通便利,具有得天独厚的区域位置优势。海湾港口众多,贸易发达,海湾经济发展快速,已形成坦帕都市区,坦帕湾拥有众多野生动物园和森林公园,海岸旅游资

---

① 坦帕湾官方网站. 坦帕湾水图集[EB/OL]. http://www.tampabay.wateratlas.usf.edu/digitallibrary/

源十分丰富。

10.2.2.1　人口经济

坦帕湾主要产业包括磷酸盐加工业、电力运输、农业种植、旅游和娱乐。位于希尔斯伯勒县南部沿海中心位置的坦帕市是坦帕湾面积和人口最大的城市。其他人口中心还包括位于皮内拉斯县的克利尔沃特、圣彼得堡斯坦以及马纳提县的布雷登顿。1995 年,坦帕湾地区有大约 360 万人,并且主要集中在坦帕湾都市圈。2010 年坦帕湾永久居民人口增至约 460 万,其中希尔斯伯勒县、帕斯科县、皮内拉斯县和马纳提县沿岸人口增长最快。

10.2.2.2　交通运输

目前,坦帕湾已经成为佛罗里达州的最大的港口,也是全美第十大港口。坦帕湾交通以航空、公路、海运为主。坦帕湾拥有众多小型机场和国际机场,机场主要位于圣彼得斯堡、克利尔沃特和坦帕市。目前已经有 5 座高架大桥横跨坦帕湾而建,最有名的为位于湾口连接着布雷登顿南部和圣彼得斯堡北部的阳光高架桥。坦帕湾港口众多,其中马纳提港是美国最繁忙的港口之一,其每年总货运量在佛罗里达州的 14 个海港中排名第五。

10.2.2.3　旅游娱乐

坦帕湾有着全美最美丽的盐白沙滩、全美第一的阳光之城圣彼得斯堡。位于坦帕湾皮内拉斯半岛的克利尔沃特沙滩是享誉全美的盐白沙滩,沙滩岸线绵长,沙子洁白如霞。皮内拉斯半岛上的圣彼得斯堡就有这浓厚的艺术气息,同时也是一个"阳光城市",全年平均有 360d 都有阳光照耀。

坦帕湾还拥有两个国家级的野生动物园:皮内拉斯国家野生动物保护区和埃格蒙特基国家野生动物保护区。坦帕湾大部分的岛屿(包括几个人造岛屿)和沙洲是不对大众开放的,因为这些地方是很多鸟类的筑巢地,生态系统较为脆弱。

10.2.3　坦帕湾的开发利用历史及现状

坦帕湾开发历史悠久,大约五六千年前威登岛人就已定居于坦帕湾的沿岸。19 世纪后期坦帕湾发展快速,坦帕湾皮内拉斯半岛和希尔斯伯勒沿岸逐渐形成"克利尔沃特—圣彼得斯堡—坦帕"都市圈,人口众多,交通发达。

坦帕湾以前是鱼类和野生动物的乐园。当地居民完全依赖捕食乌鱼,水生贝壳类动物,海龟,海牛,螃蟹为生。然而,坦帕湾周边城市的经济发展,破坏了坦帕湾的自然环境,比如过度捕鱼、船道疏浚和大量砍伐红树林。在 20 世纪 70 年代,由于海水太过混浊,阳光不能到达海底,以及海洋污染物的排放,坦帕湾海草面积减少了 80%。

20 世纪 80 年代初期,在国家和地方立法提高水质之后,当局建立了污水处理厂,同时提高了工业排放标准限制。到了 2010 年,坦帕湾的海草覆盖率、水质和生物多样性已经回到了 20 世纪 50 年代的水平。

11 数据来源与数据预处理

11.1 数据来源

11.1.1 遥感影像数据

本研究收集了象山港流域和坦帕湾流域四个时期的遥感影像数据,分别是 1985 年、1995 年、2005 年和 2015 年的 TM、OLI 遥感影像数据,空间分辨率均为 30m,每个海湾每年包含 2 景影像,象山港影像行列号为 118-39、118-40,坦帕湾影像行列号为 16-41、17-41。本研究采用的 Landsat 影像数据都由美国地质调查局(USGS)网站①、地理空间数据云免费提供②,其中 TM 影像为美国陆地卫星 Landsat-5 拍摄的影像,共 7 个波段,OLI 影像为 2013 年最新发射的美国陆地卫星 Landsat-8 所获取,共 9 个波段。具体卫星遥感数据详见表 11-1。

表 11-1 遥感影像传感器和拍摄日期

序号	卫星	传感器	轨道号	日期	序号	卫星	传感器	轨道号	日期
1	Landsat-5	TM	118-39	1985.2.13	9	Landsat-5	TM	16-41	1985.7.3
2	Landsat-5	TM	118-40	1985.2.13	10	Landsat-5	TM	17-41	1985.7.3
3	Landsat-5	TM	118-39	1995.2.13	11	Landsat-5	TM	16-41	1995.6.2
4	Landsat-5	TM	118-40	1995.2.13	12	Landsat-5	TM	17-41	1995.6.2
5	Landsat-5	TM	118-39	2005.10.17	13	Landsat-5	TM	16-41	2005.4.20
6	Landsat-5	TM	118-40	2005.10.17	14	Landsat-5	TM	17-41	2005.4.20
7	Landsat-8	OLI	118-39	2015.1.23	15	Landsat-8	OLI	16-41	2015.2.20
8	Landsat-8	OLI	118-40	2015.1.23	16	Landsat-8	OLI	17-41	2015.2.20

---

① 美国地质调查局官方网站.影像数据下载[EB/OL]. http://glovis.usgs.gov/
② 地理空间数据云官方网站.影像数据下载[EB/OL]. http://datamirror.csdb.cn/

由于不同的传感器、不同遥感平台获取的遥感数据具有不同的光谱波段，不同的波段表现出的不同的地物有着明显的差异性。因此，要对影像特征以及地物特征进行充分的分析，选择适合的波段，才能充分保证所提取的地物的准确性，提高图像分析和信息提取精度。

本书的研究主要采用的卫星遥感数据是美国 Landsat 的 TM、OLI 影像（刘金锋，2014）。Landsat TM 陆地成像仪有 7 个波段（TM-6 波段空间分辨率大于 120m），其他波段空间分辨率为 30m。TM 影像在波段宽度设计针对性较强，对植被、水体和土壤等监测效果较好，其中 TM-1 至 TM-3 波段为可见光波段，对水体有着较强的穿透力，经常被用来探测水深、研究海域情况及海岸带景观的提取，也易于人造地物和自然地物类型的区分；TM-6 波段为热红外波段，相比于其他波段的应用范围较窄，可以用来实现对岩石的识别或用于地质采矿；TM-4、TM-5、TM-7 波段分别为近红外波段、短红外波段和远红外波段，对水体的吸收能力较强，有较清晰的影像，可以实现海陆的分离，有利于陆上各类地物的提取。

Landsat OLI 影像共有 9 个波段，包括一个空间分辨率 15m 的 OLI Band8 全色波段，其他波段空间分辨率亦为 30m。Landsat OLI 包括 Landsat ETM＋传感器所有的波段。由于美国陆地卫星陆地成像仪的部分波段容易被大气吸收特征，所以 Landsat OLI 对波段进行了重新调整，尤其是波长为 $0.845\sim0.885$ μm 的 OLI Band 5，可排除波长 $0.825\mu m$ 位置水汽的吸收特征；全色波段 OLI Band 8 的波段范围较窄，以便于在全色图像上更好地区分植被和无植被特征；此外，OLI 陆地成像仪还新增加了两个波段：其中波长为 $0.433\sim0.453$ μm 的 OLI Band 1 蓝色波段的主要应用于海岸带动态监测，波长为 $1.360\sim1.390$ μm 的 OLI Band 9 短波红外波段可用于云检测；OLI Band 5 近红外波段和 OLI Band 9 短波红外波段与 MODIS 对应的波段接近[①]。

11.1.2 其他数据和资料

本研究数据还包括象山港 1∶50000 数字高程模型，坦帕湾的流域边界矢量数据，1∶50000 象山港地形图、美国得克萨斯州大学提供的 1∶50000 坦帕湾地形图，中国海湾志——第五分册，象山港和坦帕湾不同测站点历史潮汐数据和海洋环境历史监测数据。本研究的遥感图像处理主要采用 ENVI 4.8 软

---

① ENVI-IDL 中国. Landsat8 的不同波段组合说明［EB/OL］. http://blog. sina. com. cn/ s/ blog_764b1e9d01019urt. html

件,景观分类提取主要采用 eCognition Developer 8.7 软件,景观格局指数计算软件主要采用 Fragstats 3.4 软件,地理信息的处理以及专题图的绘制主要采用 ArcGIS10.2 软件。

11.2　遥感数据预处理

由于遥感系统在获取地表空间地物的过程中,存在着空间、波谱、时间、辐射分辨率以及一些人为因素的干扰和限制,得到的遥感影像的对比度、亮度等方面存在着差异,会产生误差。这些误差降低了遥感数据的质量,从而影响了图像分析的精度(吴学军,2007)。因此,在图像分析和处理之前需要进行遥感原始影像的预处理。

遥感图像预处理又被称作图像纠正和重建,包括辐射校正、几何纠正等。目的是纠正原始图像中的几何与辐射变形,即通过对图像获取过程中产生的变形、扭曲、模糊和噪声的纠正,以得到一个尽可能在几何和辐射上真实的图像(刘蓉蓉和林子瑜,2007)。本书的图像预处理包括几何纠正与配准、假彩色合成、图像拼接和研究区裁剪等。

11.2.1　波段合成

TM 和 OLI 遥感数据都是单波段的,本研究选用了 TM 影像的 1~7 个波段和 OLI 影像的 1~9 个波段的影像数据进行多波段合成。首先采用 ENVI 4.8 遥感软件的 Basic Tools 模块下的 Layer Stacking 工具,然后一次添加各年份的单波段的原始数据,选择双线性内插方法,将添加的单波段影像数据合成为初始多光谱影像数据。

11.2.2　配准与几何精校正

由于遥感传感器、遥感平台以及地球本身等各方面的原因,遥感在获取地物信息及成像的过程中通常会引起一些几何畸变,这些畸变有的是由系统引起的,有的则是随机引起的。而几何校正就是要校正这些成像过程中所造成的畸变,从而实现其与标准图像或地图的较完美的几何匹配。

几何校正可分为两种,即几何粗校正和几何精校正(刘蓉蓉和林子瑜,2007)。几何粗校正是针对传感器内部的畸变以及运载工具姿态的外部畸变而进行的校正。由于在获取遥感影像时均已经完成了图像的几何粗校正,所以本书的研究中主要对图像做几何精校正。

　　本研究采用 ENVI 4.8 遥感数字图像处理软件,选取 9 个控制点对地形图进行分幅地理配准,其中象山港地形图投影方式为高斯-克吕格投影,坦帕湾地形图为 UTM(通用横轴墨卡托投影)。然后以地理配准完毕的地形图为参考,分别对 1985 年、1995 年、2005 年和 2015 年的影像进行几何精校正。在校正过程中,为保证校正精度,采用三次多项式模型,选取容易识别且每年几乎没有变化的地物标志(如桥梁的端点、道路的交叉点、水库及围垦鱼塘的边界点等)作为地面控制点,每景影像的控制点不少于 10 个,并且均匀分布在影像上。重采样方式选择双线性内插,使校正结果的总均方根误差(RMSE)小于 0.5 个像元(刘蓉蓉和林子瑜,2007)。

11.2.3　假彩色合成

　　由于 TM、OLI 影像为多光谱遥感数据,其包含了多个波段的信息,而各个波段又具有不同的用途,所以选择最佳波段进行组合将有利于目视解译以及研究地物信息的提取。目前而言,遥感图像的解译在相当程度上仍依赖于目视解译,而相对于灰度图,人眼主要对彩色更为敏感且更容易分辨,因此应当充分利用信息丰富的彩色合成图像进行目标地物的判读。

　　不同学者结合不同的应用领域及目的对基于 TM、OLI 影像的不同地物类型的最佳波段组合方式及信息特征开展了大量的研究。基于此,在充分考虑各地物的光谱特征、各波段的主要用途以及 OIF 指数的前提下,本书对两种影像采用不同的波段组合方式:TM 影像采用标准假彩色 4、3、2 波段组合同时,图像上的陆地地物明显,有助于人眼的目视解译,也能充分显示不同目标地物的特征及相互之间的差别;选择 5、4、3 波段组合,这种组合既包含了较大的信息量,其合成的图像近似于人眼看到的自然色,该组合比较适用于植被的分类,且合成的图像层次比较分明,色彩反差大,有助于人眼的目视解译;OLI 影像采用 4、5、3 波段组合,由于采用的都是红波段或红外波段,对海岸及其滩涂的调查比较适合;选择 5、6、4 波段组合时,图像上的海水和陆地分界明显,有利于人眼的目视解译。

11.2.4　影像镶嵌

　　本书研究的象山港和坦帕湾的港湾范围分别位于两个不同的轨道行列号上,因此必须通过对同一时相的两景影像进行影像镶嵌,才能得到完整的研究区域遥感影像。在此,选用基于地理坐标参考的遥感影像拼接,在拼接前,分别对每幅影像做好辐射校正,调整影像的色调,使得两景影像的色调基本上一致,最后导入各时期影像数据,使用 ENVI 4.8 软件在 Map 模块下,采用

Mosaic 工具,进行基于地理坐标的影像镶嵌。

11.2.5　影像裁剪

结合海湾研究领域专家的意见和多数海湾研究理论成果(王颖和季小梅,2011;余云军,2010),以"流域—海岸—海洋"连续系统作为本次海湾研究范围。首先采用 ArcGIS 软件中的 Arc hydro tool 插件,根据 D8 算法,采用水平精度为 30m 的 ASRTER GDEM V2 数字高程模型提取,获得象山港流域边界(袁麒翔等,2014);坦帕湾的流域边界从坦帕湾官方网站①下载获取。以陆地流域和海洋矢量数据作为掩膜,利用 ArcGIS 10.2 软件空间分析模块下的按掩膜提取工具,对 1985 年、1995 年、2005 年、2015 年四个时期的遥感影像进行栅格影像提取,最终得到本书的研究区域影像。

---

① 坦帕湾官方网站. 坦帕湾水图集[EB/OL]. http://www. tampabay. wateratlas. usf. edu/digitallibrary/

12 人类活动影响下的象山港 与坦帕湾岸线时空变化

12.1 海岸线分类系统及岸线提取

12.1.1 海岸线的分类系统

根据象山港和坦帕湾岸线类型特征并参考国家海岸基本功能规划的类型,将 1985 年、1995 年、2005 年、2015 年各时期的海岸线分为自然岸线和人工岸线,其中象山港自然岸线包括淤泥质岸线、基岩岸线、河口岸线、砂砾质岸线,人工岸线包括养殖岸线、建设岸线、防护岸线、港口码头岸线。坦帕湾与象山港岸线分类略有不同,其自然岸线包括生物岸线、砂砾质岸线、淤泥质岸线、基岩岸线,人工岸线包括建设岸线、防护岸线、娱乐休闲岸线、港口码头岸线,见表 12-1。

表 12-1 海岸线分类系统

一级类	二级类	说　　明
自然岸线	基岩岸线	位于基岩海岸的海岸线
	河口岸线	入海河口与海洋的界线
	生物岸线	红树林与滩涂的界线
	砂砾质岸线	位于沙滩的海岸线
	淤泥质岸线	位于淤泥或粉砂质泥滩的岸线
人工岸线	养殖岸线	由人工修筑用于养殖的岸线
	建设岸线	船厂、工厂等建筑形成的岸线
	防护岸线	用于防浪、防潮的岸线
	娱乐休闲岸线	用于生活娱乐休闲的岸线
	港口码头岸线	修筑港口码头所形成的岸线

12.1.2　海岸线解译标志

不同类型海岸的海岸线采用不同的遥感判读标准(马小峰等,2007;孙伟富等,2011):(1)基岩岸线以海岬角以及直立陡崖的水陆直接相接地带作为海岸线(马小峰等,2007)。(2)对于无人工开发的淤泥质海岸,平均大潮高潮线以上的裸露土地与平均大潮高潮线以下的潮滩,在影像上大多会呈现色彩的差异,其分界线作为海岸线;对于已人工围垦但堤坝外围已有成熟淤泥质岸滩发育的海岸,本文同样将其定义为淤泥质海岸,将海岸线定位于耐盐植被向海一侧与水域滩涂的分界线。(3)本书研究的生物岸线,主要由红树林组成,定在红树林与滩涂或海水有明显的分界线的地方。(4)河口岸线定在河流缩窄或两岬曲率最大处。(5)砂砾质岸线定在沙滩和海水明显分界处。(6)养殖岸线在标准假彩色组合的遥感影像上呈现带状高亮度,且内部网格栏堤表现为白色,该类型海岸线定在混凝土围堤外边缘。(7)建设岸线与海水的界线较为明显,将其定在建筑物外边缘。(8)防护岸线在影像上颜色较为灰暗,但是与海水分界明显,一般定在堤坝外边缘。(9)娱乐休闲类岸线主要为娱乐场所和公园所组成,岸线定在人工建筑物或构筑物的外边缘。(10)港口码头岸线在遥感影像上亮度较高,码头的凸堤在影像中多呈现白色,呈现出明显的突出条状,海岸线定在码头外边缘。

12.1.3　海岸线信息提取与精度验证

采用 Landsat TM/OLI 影像为数据源,利用阈值结合 NDVI 指数的方法,可以有效提取水陆边界线(李猷等,2009),依据不同海岸线在标准假彩色遥感影像上的色调、纹理以及空间形态与分布等特征,结合岸线解译标志对海岸线进行局部修正,最后提取出研究区各时期海岸线空间位置、长度以及曲折度信息。

采用 ArcGIS 10.2 软件随机选取 4 期影像的海岸线像元,并在自动提取的对应海岸线上找出对应点,根据发生位移的点的个数确定提取精度。在每期影像中对各类型海岸分别选取 80 个像元点(李猷等,2009),结果表明,基岩海岸、砂砾质岸线和淤泥质岸线提取精度大于 95%,养殖岸线、建设岸线、娱乐休闲岸线、防护岸线和码头岸线提取精度大于 90%,淤泥质岸线和河口岸线提取精度大于 80%,结果总体准确可靠。

12.2　岸线变化的时空分析指标及海岸人工化指标

在 4 个时相海湾岸线解译数据的基础上,进行岸线空间分析,可得到象山港和坦帕湾不同时段岸线变化的时空信息。为探讨象山港和坦帕湾海岸线变化的时间特征、空间形态及演变方向,本书引入以下分析指标:

(1)岸线长度

象山港潮汐汊道岸线长度变化存在差异,为了计算岸线长度变化存在的时空差异,通过岸线长度变化率来刻画岸线长度变化情况,有下式:

$$V=(L_{i+1}-L_i)/\Delta t \qquad\qquad (式 12\text{-}1)$$

式中,L_{i+1}、L_i 为两期岸线长度(km),Δt 为相邻两期岸线变化时间(年)。

(2)岸线曲折度

曲率可以来衡量几何图形的曲折程度,曲率越大,表示弯曲程度越大,因此海岸线离散点曲率分布可以反映象山港潮汐汊道 6 期岸线的曲折度。由于海岸线是任意分布的曲线,本书通过 ArcGIS 10.2 选取岸线离散点,并运用MATLAB 2012a 计算密切圆曲率半径来获得离散点的曲率。

以 200m 为间距获取郭巨至钱仓的海岸线的连续离散点,但是部分岸段的离散点分布集中,会产生一定的统计误差,因此必须进一步筛选离散点,设$A(i)$ 和 $A(i+1)$ 为两相邻离散点,其中 d 的初始值为 $A(i)$ 和 $A(i+1)$ 的直线距离,s 为两点的曲线距离,当 $s/d > e$ 时,进行曲率计算;当 $s/d \leqslant e$ 时,连接下个邻接点,重复以上迭代过程,生成新的离散点序列。

新序列中相邻两点与其中间点相连确定一个三角形。利用三角形周长计算公式及海伦公式可以求出外接三角形的半径 r:

$$r=(l_a \times l_b \times l_c)/\sqrt{(l_a^2+l_b^2+l_c^2)^2-2(l_a^4+l_b^4+l_c^4)} \qquad (式 12\text{-}2)$$

式中,l_a、l_b、l_c 分别为外接三角形的边长,r 近似为曲线的曲率半径,曲率 $C=1/r$。

12.2.1　海岸线长度变化分析

象山港自然岸线以淤泥质和基岩岸线为主,两者岸线呈交替分布,河口岸线位于象山港各河流入海口处,沙砾质岸线零星分布于沙滩;人工岸线以养殖岸线与建设岸线为主,多分布在易于开发的平原海岸及经济发达且人口密集的河口区域。坦帕湾的自然岸线以淤泥质和生物岸线为主,且在整个港湾分布较广;人工岸线以建设岸线、娱乐休闲岸线和港口码头岸线为主,沿岸多为码头和居民别墅。近 30 年来,随着海岸开发不断加强,象山港和坦帕湾的自然岸线有逐渐向人工岸线转变的趋势。

由表 12-2 可知,近 30 年来,象山港岸线人工化比例上升明显,1985 年象山港人工岸线总长度为 80.24km,占整体岸线长度的 28.27%,经过近 30 年的开发,截至 2015 年,象山港人工岸线总长度已达 133.07km,比例上升为 51.49%。从象山港岸线长度变化特征来看,1985—1995 年、1995—2005 年和 2005—2015 年这三个阶段,岸线总长度逐渐减少;1985—1995 年阶段,人工岸线增加速度为 5.39km/a,远超于 30 年平均增加速度 1.76km/a。而到了 1995—2015 年阶段,人工岸线长度增加速度开始变慢并趋于稳定,最近两个阶段变化速度分别为 0.14km/a 和 -0.25km/a;然而,象山港自然岸线长度则在一定程度上有所减少,三个阶段的变化速度分别为 -6.44km/a、-0.93km/a、-0.45km/a,近 30 年平均减少速度为 2.61km/a,减少速度亦呈现出先变快后减缓的趋势。

表 12-2 1985—2015 年象山港各类型岸线长度及所占比重

类 型		不同年份岸线长度/km				所占比例/%			
		1985 年	1995 年	2005 年	2015 年	1985 年	1995 年	2005 年	2015 年
自然岸线	基岩岸线	99.75	53.54	42.83	39.00	35.15	19.59	16.13	15.09
	河口岸线	8.07	5.33	7.04	5.87	2.84	1.95	2.65	2.27
	砂砾质岸线	1.12	1.26	1.31	1.72	0.39	0.46	0.50	0.66
	淤泥质岸线	94.63	79.07	78.67	78.79	33.34	28.93	29.64	30.49
	小 计	203.57	139.20	129.86	125.38	71.73	50.92	48.92	48.51
人工岸线	养殖岸线	14.00	49.60	56.40	51.29	4.93	18.15	21.25	19.84
	建设岸线	45.44	45.53	45.28	49.52	16.01	16.66	17.06	19.16
	防护岸线	15.54	27.67	21.17	20.21	5.47	10.12	7.97	7.82
	港口码头岸线	5.26	11.34	12.75	12.06	1.85	4.15	4.80	4.67
	小 计	80.24	134.15	135.60	133.07	28.27	49.08	51.08	51.49
总 计		283.81	273.35	265.46	258.44	100.00	100.00	100.00	100.00

由表 12-3 可知,近 30 年来,坦帕湾人工岸线比例逐渐上升,然而上升幅度平缓,1985 年坦帕湾人工岸线总长度为 492.17km,占整体岸线长度的 46.94%,经过近 30 年的开发,截至 2015 年,坦帕湾人工岸线总长度达到 528.54km,比例上升为 50.58%,仅上升 3.64 个百分点。从坦帕湾岸线长度

变化特征来看,1985—1995 年、1995—2005 年和 2005—2015 年这三个阶段,岸线总长度亦有所减少;1985—1995 年阶段和 1995—2005 年阶段,人工岸线增加速度稍大分别为 1.19km/a 和 2.26km/a,与 30 年平均增加速度 1.21km/a 基本持平。而到了 1995—2015 年阶段,人工岸线长度增加速度开始变慢并趋于稳定,其增加速度为 0.19km/a;与象山港情况相同,坦帕湾自然岸线长度则在一定程度上有所减少,三个阶段的变化速度分别为 −1.42km/a、−2.32km/a、−0.25km/a,近 30 年平均减少速度为 1.33km/a,减少速度亦呈现出先变快后减缓的趋势。

表 12-3　1985—2015 年坦帕湾各类型岸线长度及所占比重

类型		不同年份岸线长度/km				所占比例/%			
		1985 年	1995 年	2005 年	2015 年	1985 年	1995 年	2005 年	2015 年
自然岸线	基岩岸线	0.86	0.64	0.65	0.61	0.08	0.06	0.06	0.06
	生物岸线	549.89	534.92	514.79	512.25	52.45	51.13	49.24	49.02
	砂砾质岸线	2.39	2.66	1.28	1.38	0.23	0.25	0.12	0.13
	淤泥质岸线	3.16	3.84	2.12	2.12	0.30	0.37	0.20	0.20
	小　计	556.31	542.05	518.84	516.35	53.06	51.81	49.63	49.42
人工岸线	建设岸线	428.01	435.02	435.94	437.56	40.82	41.58	41.70	41.88
	防护岸线	30.44	27.17	26.32	26.72	2.90	2.60	2.52	2.56
	娱乐休闲岸线	21.33	23.86	29.40	29.18	2.03	2.28	2.81	2.79
	港口码头岸线	12.39	18.03	35.00	35.08	1.18	1.72	3.35	3.36
	小　计	492.17	504.08	526.66	528.54	46.94	48.19	50.37	50.58
总　　计		1048.47	1046.13	1045.49	1044.88	100	100	100	100

通过岸线信息长度变化的观测以及两个海湾整体岸线长度变化计算分析,可以发现象山港和坦帕湾局部岸段开发引起的局部岸线长度变化会引起了海湾整体岸线长度的改变,因此本书采用 ArcGIS10.2 的点分割线工具来提取 4 时期象山港的郭巨—大嵩、大嵩—桐照、桐照—乌沙、乌沙—钱仓岸段以及坦帕湾的马西莫—甘迪、甘迪—坦帕、坦帕—森城、森城—布雷登顿岸段,来具体分析象山港和坦帕湾局部岸段长度的变化特点。

从象山港各岸段自然岸线长度变化情况来看(图 12-1),四个岸段在1985—1995 年阶段变化步调基本一致,有逐渐减小的趋势,其中减小幅度最大的为桐照—乌沙岸段,变化率为 −2.64km/a。1995—2015 年阶段,不同岸段的变化不尽相同,其中郭巨—大嵩岸线长度缓慢减少,自然岸线长度变化速率为 −0.18km/a;大嵩—桐照岸段,自然岸线不减反增,1995—2005 年和

2005—2015年两个阶段的变化速率分别－0.7km/a和0.81km/a;桐照—乌沙岸段,由于红胜海塘停建,围塘内滩涂增加,这也引起了该阶段整体岸线中淤泥质岸线的长度的增加,减缓了整体自然岸线缩短的速率,之后该岸段自然岸线继续减少,2005—2015年阶段,岸线变化率为－0.86km/a;乌沙—钱仓岸段,自然岸线基本表现为均匀减少,变化速率为－0.83km/a。

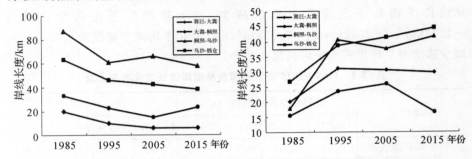

图12-1　象山港不同岸段自然岸线长度变化　图12-2　象山港不同岸段人工岸线长度变化

　　从象山港各岸段人工岸线长度变化情况来看(图12-2),四个岸段在1985—1995年阶段人工岸线长度变化趋势表现为逐渐增加,其中增加速度最快的为桐照—乌沙岸段,变化速率为2.29km/a。在1995—2005年阶段,郭巨—大嵩和桐照—乌沙岸段的人工岸线长度均有所减少,这主要由于这两个岸段部分区域两岬之间岸线直接相连,缩短整体岸线距离的同时也缩短了人工岸线长度。2005—2015年阶段,大嵩—桐照岸段人工岸线有所减少,郭巨—大嵩岸段人工岸线长度则几乎未发生变化。因为,这段时期大嵩—桐照养殖岸线减少,大嵩—洋沙山围垦虽然继续进行,但是人工岸线直接相连后仍然与原先长度相同。

　　从坦帕湾各岸段自然岸线长度变化情况来看(图12-3),四个岸段在各阶段变化步调基本一致,均有逐渐减小的趋势,其中马西莫—甘迪岸段岸线减小幅度最小,变化速率为－0.35km/a。甘迪—坦帕岸段在1985—2005年阶段,自然岸线长度逐渐减小,主要是大卫半岛的围海工程建设占据了一部分自然岸线,随着围海工程结束,该岸段岸线趋于稳定。坦帕—森城岸段在1985—1995年、1995—2005年、2005—2015年三个阶段,自然岸线长度均逐渐减少,但岸线长度变化速率分别仅为－0.55km/a、0.85km/a和－0.21km/a;森城—布雷登顿岸段,在1985—1995年和2005—2015年阶段,自然岸线的长度未发生明显变化,然而在1995—2005年阶段有明显的减少,该段时期内由于马纳提流域开发,该岸段自然岸线快速被人工岸线替换。

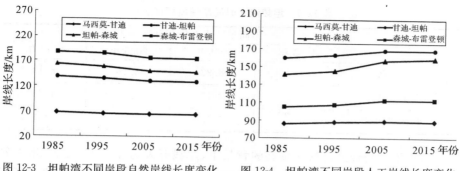

图 12-3　坦帕湾不同岸段自然岸线长度变化　　图 12-4　坦帕湾不同岸段人工岸线长度变化

从坦帕湾各岸段人工岸线长度变化情况来看（图 12-4），四个岸段在1985—2015 年阶段人工岸线长度变化趋势表现为逐渐增加,其中增加速度最小的亦为马西莫—甘迪岸段,变化速率为 0.24km/a。与自然岸线变化情况正好相反,坦帕湾的甘迪—坦帕岸段,人工岸线先逐渐增加后趋于稳定。坦帕—森城岸段与其他三个岸段比较,其人工岸线长度变化速率最大,尤其是1995—2005 年阶段人工岸线变化速度达 1.18km/a。森城—布雷登顿岸段的人工岸线显著变化阶段为 1995—2005 年阶段,主要是由于马纳提河流沿岸娱乐休闲场所的建立,占据了原先的自然岸线。

12.2.2　海岸线曲折度变化分析

针对象山港和坦帕湾自然岸线和人工岸线交替分布且岸线蜿蜒曲折的特点,本书利用海岸线曲率各离散点曲率来分析岸线曲折度,曲率是几何体不平坦程度的一种衡量,曲率越大,表示曲线的弯曲程度越大,曲率的变化量可以反映人类对岸线开发利用的程度。

海岸线曲率模型实验选取 10 个测试阈值,测试阈值 e 取初始值为1.005,公差为 0.005,终止值为 1.050 的等差数列,多次实验结果表明,当 e 值接近于1.020 和 1.040 时,离散点的曲率分布中值可以较为准确地反映 6 时期象山港、坦帕湾岸线曲折度变化特点见表 12-4、表 12-5。

表 12-4　象山港 4 时期岸线曲折度变化

	不同年份曲率分布中值/×10⁻³m⁻¹			
	1985 年	1995 年	2005 年	2015 年
自然岸线	4.25	4.18	4.35	4.42
人工岸线	3.28	3.01	2.86	2.81
整体岸线	3.71	3.42	3.25	3.17

表 12-5　坦帕湾 4 时期岸线曲折度变化

	不同年份曲率分布中值/$\times 10^{-3}\,m^{-1}$			
	1985 年	1995 年	2005 年	2015 年
自然岸线	7.98	8.22	8.18	8.13
人工岸线	4.32	4.18	4.15	4.03
整体岸线	5.23	5.15	5.09	5.07

　　象山港在海洋经济快速发展的背景下,岸线开发力度加大,近 30 年来象山港岸线曲折度不断减小。从自然岸线和人工岸线变化来看,两者的曲折度变化特点并不一致。其中象山港自然岸线的曲折度 4 时期变化并不明显,其曲折度大于人工岸线,而人工岸线曲折度逐渐变小。从整体岸线曲折度变化来看,曲折度变化幅度逐年减小,其中 1985—1995 年阶段曲折度变化率最大,为 0.782%,而 1995—2005 年和 2005—2015 年阶段曲折度变化率分别为 0.497%和 0.246%。

　　近 30 年来坦帕湾岸线曲折度亦呈现不断减小的趋势,但是变化幅度很小。从自然岸线和人工岸线变化来看,两种海岸线的曲折度变化特点并不一致,坦帕湾自然岸线曲折度几乎保持不变,而人工岸线曲折度略有变小。从整体岸线曲折度变化来看,坦帕湾整体岸线曲折度变化幅度很小,三个阶段曲折度变化率分别为 0.153%,0.116%,0.039%。

　　如图 12-5、图 12-6 所示,近 30 年来,象山港和坦帕湾的自然岸线曲折度变化并不明显,而人工岸线与整体岸线的变化趋势接近,因此有必要进一步分析象山港和坦帕湾岸线变化显著区域的岸线曲折度特征,找出象山港和坦帕湾不同时期岸线曲折度的变化原因。岸线曲折度变化在空间上主要体现在岸线的曲直形态的变化。相邻两期遥感影像进行 3 波段 R、G、B 标准假彩色合

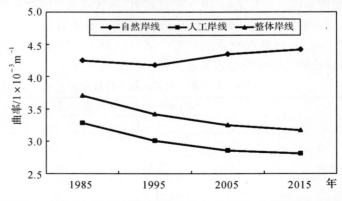

图 12-5　不同时期象山港的自然岸线、人工岸线、整体岸线曲折度

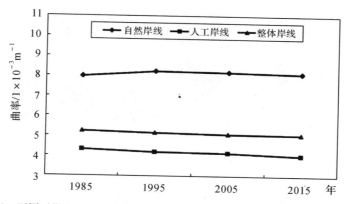

图 12-6　不同时期坦帕湾自然岸线、人工岸线和整体岸线曲折度(1985—2015 年)

成,TM 影像波段组成为 4、3、2,OLI 影像波段组成为 5、4、3,最后提取出影像中岸线发生剧烈变化的岸段,如图 12-7、图 12-8 所示。

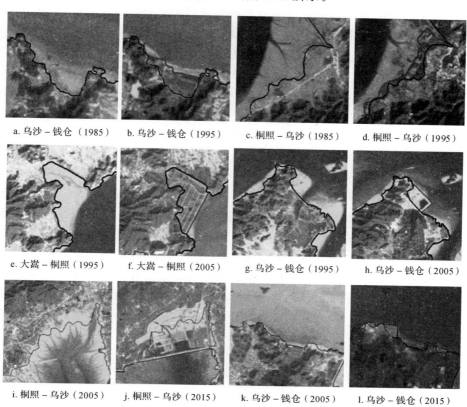

a. 乌沙 - 钱仓（1985）　b. 乌沙 - 钱仓（1995）　c. 桐照 - 乌沙（1985）　d. 桐照 - 乌沙（1995）

e. 大嵩 - 桐照（1995）　f. 大嵩 - 桐照（2005）　g. 乌沙 - 钱仓（1995）　h. 乌沙 - 钱仓（2005）

i. 桐照 - 乌沙（2005）　j. 桐照 - 乌沙（2015）　k. 乌沙 - 钱仓（2005）　l. 乌沙 - 钱仓（2015）

图 12-7　相邻时期象山港海岸线曲折度剧烈变化的岸段(1985—2015 年)

a. 甘迪－坦帕（1985）　　b. 甘迪－坦帕（1995）　　c. 甘迪－坦帕（1995）　　d. 甘迪－坦帕（2005）

图 12-8　相邻时期坦帕湾海岸线曲折度剧烈变化的岸段(1985—2015 年)

　　不同阶段,变化明显的岸线主要有以下两种表现形式,在两岬之间的自然岸线被拉直的人工岸线替代,或者经滩涂围垦后,岸线由陆地向海洋一侧凸出。1995 年与 1985 年相比,象山港整体岸线曲折度变小,桐照—乌沙和乌沙—钱仓岸段变化较其他岸段显著,黄墩港东侧建设用地和养殖用地增加快速,向海凸出的人工岸线取代了原先蜿蜒曲折的自然岸线。2005 年与 1995 年相比,整体岸线曲折度变小,强蛟群岛进行围垦后,岸线被拉直;海滩围海养殖也使得曲折的自然岸线变为方格水泥养殖池,岸线曲折度变小。2015 年与 2005 年相比,整体岸线曲折度略有变小,红胜海塘围海造地导致莼湖沿岸的自然岸线消失,岸线变为平直;钱仓北岸曲折的自然岸线被平直的人工岸线取代。

　　与象山港不同的是,近 30 年来,坦帕湾围海造地的区域很少,且面积较小,该海湾岸线曲折度保有率较好。1995 年与 1985 年相比,坦帕湾整体岸线曲折度变小,甘迪—坦帕岸段变化较其他岸段显著,大卫岛东侧建设用地增加快速,向海凸出的人工岸线取代了原先蜿蜒曲折的自然岸线。2005 年与 1995 年相比,整体岸线曲折度变小,大卫岛东侧围海造地继续进行,岛屿南部岸线直接被拉直。2015 年与 2005 年相比,坦帕湾整体岸线曲折度几乎未发生变化,变化明显区域仅有坦帕市东南部的港口码头,改变了岸线的曲折度。

　　由上述分析可知,象山港和坦帕湾的整体岸线曲折度的变化主要是由以上区域的人类活动干预引起的。因此,象山港整体岸线曲折度变化与人工岸线的演变有着重要关系,人工岸线的演变特征深刻地影响着整体岸线的曲折度变化过程。

12.3 海岸人工化强度分析

12.3.1 海岸人工化强度指数

人类活动对于海岸带区域的压力程度可以用海岸人工化强度大小表示，本研究利用物理学压强模型构造象山港海岸人工化强度表达式。计算公式表示如下：

$$A = (\sum_{i=1}^{n} l_i \times P_i)/L \qquad (式 12-3)$$

式中，A 为海岸人工化强度，L 为研究区岸线总长度（km），l_i 为区内第 i 种海岸的长度（km），n 为海岸类型数量，P_i 为第 i 类海岸的资源环境影响因子（$0 \leqslant P_i < 1$）。P 的计算可以通过具体指标层的权重 W_{ij} 与数据极差标准化后结果的乘积求和获得。P 表示不同海岸类型针对资源环环境影响程度，其中自然岸线的 P 值为 0，P 越大，则表明负面影响越显著。

不同类型的人类活动方式对港湾地区海岸带的资源环境影响程度并不相同，比如海水养殖、城镇与工业建设对海洋环境质量的影响较大；海湾防护堤坝建设，对港湾资源环境的影响较小，并具有抵御风暴潮、保护岸线资源的作用。不同海岸类型对资源环境影响程度的计算涉及多学科间的交叉和融合，本书选择地学、海洋学、环境学等不同领域的 20 名专家，对初选指标进行专家咨询，并逐轮淘汰指标，直至所有指标均得到 80% 以上专家的认同，以此定为最终评价指标体系（表 12-6）。

人类活动对海湾资源环境的影响主要包括对海岸景观的影响 $M1$、滩涂资源的影响 $M2$ 和近海水质的影响 $M3$。通过 N 层 8 个具体指标来进一步细化岸线的资源生态环境状况，其中具体指标层的植被覆盖度 $N1$ 和人工景观面积 $N2$ 对应分析准则层的 $M1$，滩涂面积 $N3$、滩涂底栖生物量 $N4$ 和表层重金属含量 $N5$ 对应 $M2$，酸碱度 $N6$、溶解氧 $N7$ 和化学需氧量 $N8$ 对应 $M3$。

表 12-6　不同类型人类活动对海湾资源环境影响评价体系

决策目标层(L)	分析准则层(M)	具体指标层(N)	指标解释
不同类型人类活动对海湾资源环境的影响评价	对海岸景观的影响(M1)	植被覆盖度(N1)	缓冲区内 NDVI 指数
		人工景观面积(N2)	缓冲区内建筑物面积(m²)
	对滩涂资源的影响(M2)	滩涂面积(N3)	滩涂面积(m²)
		滩涂底栖生物量(N4)	生物量 个/(m²)
		表层重金属含量(N5)	汞和砷金属(g/m²)
	对近海水质的影响(M3)	酸碱度(N6)	pH 值
		溶解氧(N7)	DO(mg/cm³)
		化学需氧量(N8)	COD(mg/cm³)

本研究将各时期 Landsat TM/OLI 遥感影像中由海岸线向陆地一侧 300~500m 缓冲区内的景观 NDVI 指数定义为海岸植被覆盖度,通过影像解译获得的建筑物面积作为人工景观面积;本研究将平均高潮位线与平均低潮位线之间的潮滩面积确定为研究区的滩涂面积;本研究依据象山港和坦帕湾不同位置监测站的滩涂生物量,汞、砷的含量数据进行克里金插值,获取对应岸段的滩涂底栖生物量和表层重金属含量;近海酸碱度、溶解氧和化学需氧量统一采用象山港海域水质环境调查文献资料(张海生,2013;黄秀清等,2008)和坦帕湾水质环境数据对应岸段各时期指标的年平均值数据。

12.3.2　海岸人工化强度指数计算结果

12.3.2.1　指标权重计算结果

根据层次分析法原理和建立的不同类型人类活动对海湾资源环境影响效应评价指标体系(表 12-6),构建该评价体系判断矩阵。两两之间相对重要性的判断矩阵是通过调查上述不同学科 20 位专家意见,以及综合象山港和坦帕湾多年环境状况研究进行打分,并对结果进行调整而形成的,通过计算得到指标权重。

12.3.2.1.1　准则层对于目标层的相对重要程度判别

本书研究的人工岸线共分为 5 类,包括建设岸线、防护岸线、养殖岸线、港口码头岸线、娱乐休闲岸线,因此准则层(M 层)对于目标层(L 层)的相对重要性判别和各准则层权重结果,就是 M_i 相对于 L1 的重要性判别($i=1,2,3,4,5$)。下面计算结果为准则层 M 相对于目标层建设岸线 L1 的重要性判别和与建设岸线对应的各准则层权重结果,如表 12-7 所示。

表 12-7 建设岸线对海湾资源环境影响效应评价准则判断矩阵及权重向量

L1	M1	M2	M3	权重 W
M1	1	2	4	0.558
M2	1/2	1	3	0.320
M3	1/4	1/3	1	0.122

$$CI=0.009$$
一致性检验 $\lambda_{max}=3.018$，$RI=0.58$
$$CR=0.015<0.1$$

12.3.2.2 指标层对于准则层的相对重要程度判别

将各准则层（M 层）所控制的指标因素（N 层）相对重要性进行分析，并计算其权重，结果如表所示。构造建设岸线的 M-N 判断矩阵，计算得到具体指标层 N 的权重如表 12-8 至 12-10 所示。

表 12-8 海岸景观指标权重

M1	N1	N2	权重 W
N1	1	2	0.666
N2	1/2	1	0.333

表 12-9 滩涂资源指标权重

M2	N3	N4	N5	权重 W
N3	1	2	3	0.540
N4	1/2	1	2	0.297
N5	1/3	1/2	1	0.163

$$CI=0.005$$
一致性检验 $\lambda_{max}=3.01$，$RI=0.58$
$$CR=0.009<0.1$$

表 12-10 近海水质指标权重

M3	N6	N7	N8	权重 W
N6	1	1/5	1/3	0.105
N7	5	1	3	0.637
N8	3	1/3	1	0.258

$$CI=0.0019$$
一致性检验 $\lambda_{max}=3.018$，$RI=0.58$
$$CR=0.033<0.1$$

12.3.2.2.1 指标层对目标层合成权重

在完成每层对上一层的权重计算之后,可以得到指标层(N)对目标层的归一化权重,如表 12-11 所示。

表 12-11 指标层(N层)对目标层(L层)的合成权重(建设岸线 L-N 判断矩阵)

L1	M1 0.558	M2 0.32	M3 0.122	权重 W
N1	0.666			0.3716
N2	0.333			0.1858
N3		0.540		0.1728
N4		0.297		0.0950
N5		0.163		0.0522
N6			0.105	0.0128
N7			0.637	0.0777
N8			0.258	0.0315

注:以上(1)、(2)、(3)计算步骤为建设岸线对资源环境影响指标权重计算过程。

防护岸线、养殖岸线、港口码头岸线和娱乐休闲岸线和建设岸线资源环境影响因子计算过程一致,因此下文不再赘述。表 12-12 至表 12-15 为防护岸线、养殖岸线、港口码头岸线和娱乐休闲岸线的 L-N 判断矩阵计算结果。

表 12-12 防护岸线 L-N 判断矩阵

L2	M1 0.225	M2 0.450	M3 0.325	W_1
N1	0.600			0.135
N2	0.400			0.090
N3		0.315		0.142
N4		0.375		0.169
N5		0.310		0.140
N6			0.225	0.073
N7			0.325	0.106
N8			0.450	0.146

表 12-13 养殖岸线 *L-N* 判断矩阵

L3	M1	M2	M3	W_2
	0.125	0.450	0.425	
N1	0.500			0.063
N2	0.500			0.062
N3		0.390		0.176
N4		0.155		0.070
N5		0.455		0.205
N6			0.335	0.142
N7			0.325	0.138
N8			0.340	0.145

表 12-14 港口码头岸线 *L-N* 判断矩阵

L4	M1	M2	M3	W_3
	0.125	0.325	0.550	
N1	0.300			0.038
N2	0.700			0.088
N3		0.315		0.102
N4		0.375		0.122
N5		0.310		0.101
N6			0.225	0.124
N7			0.325	0.179
N8			0.450	0.248

表 12-15 娱乐休闲岸线 *L-N* 判断矩阵

L5	M1	M2	M3	W_4
	0.450	0.450	0.100	
N1	0.400			0.180
N2	0.600			0.270
N3		0.390		0.176
N4		0.155		0.070
N5		0.455		0.205
N6			0.315	0.032
N7			0.345	0.035
N8			0.340	0.034

12.3.2.2.2   不同类型海岸人工化强度计算结果

本研究收集象山港和坦帕湾港湾资源调查、水质调查中样本岸线各站点的监测数据,选取研究区不同类型人工岸线若干岸段作为监测样本岸线,其中建设岸线选取象山港洋沙山岸段、强蛟北段、乌沙岸段、钱仓东段和坦帕湾的圣彼得斯堡岸段、坦帕南侧岸段、森城岸段、布雷登顿岸段八处建设区作为样本;码头岸线选取象山港西泽码头、横山码头、西沪码头和坦帕湾的塞夫蒂港、贝波罗码头、甘迪码头六处港口码头区作为样本;防护岸线选取象山港上王岸段、西沪港军民塘、红胜海塘西段和坦帕湾奥德马尔沿江岸段、大卫半岛东北部岸段五处护堤作为样本;养殖岸线选取象山港松岙岸段、新塘岸段、钱仓西段、西泽西段四处养殖区作为样本岸线;娱乐休闲岸线选取坦帕湾哈本岸段、威尼公园、洛基高尔夫球场沿岸和西蒙斯公园三个沿岸娱乐场地作为样本岸线。对获得的样本岸线调查数据进行极差标准化处理,最终得到无量纲化具体指标数据。

设具体指标数据的矩阵为 $A = \{a_{jk}\}$, j 表示某一类型岸线具体指标层 N 的类别, k 表示年份,对大者为劣(数值越大对资源环境的影响越大)的正向指标而言,标准化公式为 $(a_{jk} - \min\{a_{jk}\})/(\max\{a_{jk}\} - \min\{a_{jk}\})$,正向指标包括人工景观面积、表层重金属含量、酸碱度、溶解氧、化学需氧量;对小者为劣(数值越大对资源环境的影响越小)的负向指标标准化公式为 $(\min\{a_{jk}\} - a_{jk})/(\max\{a_{jk}\} - \min\{a_{jk}\})$,负向指标包括植被覆盖度、滩涂面积、滩涂底栖生物量。人工岸线的 8 项指标的极差标准化数值与表 12-11 具体指标层权重 (W_{ij}) 乘积求和得到不同人类活动方式对海湾资源环境影响因子 P。工业建设、滩涂养殖对岸线资源的影响最大,因此其 P 值也是所有人类活动方式中的最大值,港口码头岸线对资源环境并不显著,资源环境的影响因子稍小,其中防护堤建设中注重对岸线资源的考虑,并且对环境影响很小,因此得到的影响因子最小。$P1$(建设岸线)、$P2$(防护岸线)、$P3$(养殖岸线)、$P4$(港口码头岸线)、$P5$(娱乐休闲岸线)分别为 $0.836, 0.332, 0.677, 0.481, 0.457$。

12.3.3   港湾海岸人工化强度时空变化特征分析

本研究采用 ArcGIS10.2 的分割工具获得 4 期象山港郭巨—钱仓和坦帕湾莫马西—布雷登顿海岸线每隔 2km 的海岸线,根据以上不同岸线类型的长度和人类活动对资源环境影响因子计算结果,采用 ArcGIS10.2 字段计算功能求得每段岸线的海岸人工化强度,并采用自然间断法将岸线强度分为由弱至强分为 4 个等级,最后在 ArcGIS10.2 中绘制象山港和坦帕湾海岸人工化强度专题图,如图 12-9 和图 12-10 所示。

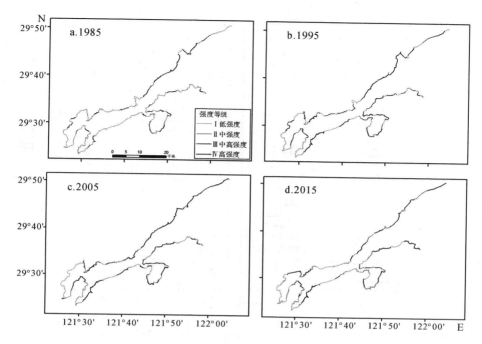

图 12-9　1985—2015 年象山港海岸人工化强度等级分布图

　　从整体变化来看,近 30 年来象山港海岸人类活动集中区域在空间上发生了外扩并逐渐增强。1985—2015 年阶段,海岸人工化强度从 0.267 增强到 0.394,年变化率为 1.59%,其中 1985—1995 年阶段变化速度最快,年变化率为 3.83%,1995 年以后变化速度有所减缓,但是海岸人工化强度仍然处于逐渐增强的状态;近 30 年来,坦帕湾海岸人类活动集中区域在空间上主要分布于海湾西侧圣彼得斯堡一带和南侧马纳提河中下游,以及东北部坦帕市片区。1985—2015 年阶段,坦帕湾海岸人工化强度虽逐期增强,但变化幅度很小,近 30 年变化率仅为 0.14%,到了 2005—2015 年阶段,海岸人工化强度年变化率只有 0.03%。

　　从局部变化来看,1985—1995 年阶段,象山港海岸人工化强度等级在Ⅲ级以上的岸段主要集中在郭巨—大嵩岸段,1995—2005 年阶段海岸人工化强度在整体岸线中变化并不明显,到了 2005—2015 年阶段海岸人工化强度等级在Ⅲ级及以上的岸段又有所增多,湾顶北部区域及湾口南岸海岸人工化强度明显增强;在 1985—1995 年阶段,象山港岸线开发力度快速加大,洋沙山、西侧周围一带围填海工程、红胜海塘前期建设都在这段时间进行。1995—2005 年阶段,海岸人工化强度逐渐趋向于稳定,因为这段时间洋沙山东侧、西侧周围填海工程基本建设完成,而红胜海塘由于政策与资金等多方面原因停建。

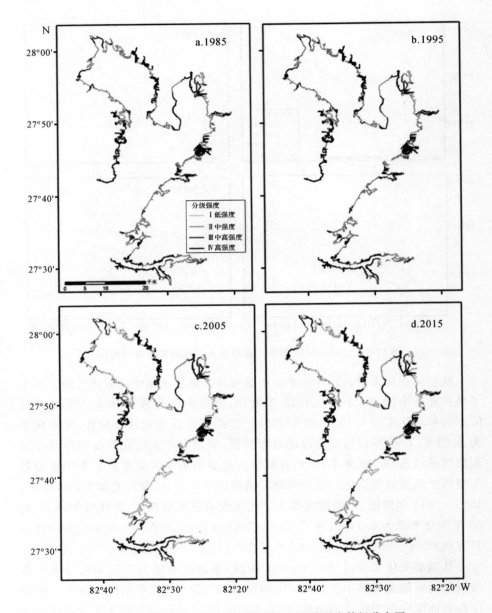

图 12-10　1985—2015 年坦帕湾海岸人工化强度等级分布图

到了 2009 底红胜海塘正式完成续建,因此 2005—2015 年阶段人类活动强度又略有增大。然而,坦帕湾局部岸段海岸人工化强度变化不显著,仅在1985—2005 年阶段,大卫半岛东侧较小范围填海造陆。

12.4   讨论与结论

12.4.1   海岸人工化强度与岸线长度的关系

象山港和坦帕湾整体岸线长度不断缩减,其中自然岸线和人工岸线的长度呈现此消彼长的变化。为分析岸线长度和海岸人工化强度这两个变量的关系,作海岸人工化强度与岸线长度的散点图,并用最小二乘法拟合函数曲线,如图 12-11 所示。

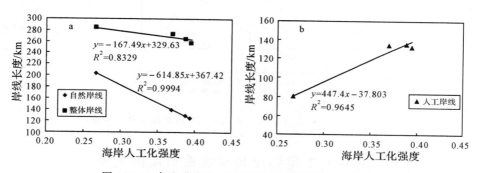

图 12-11   象山港海岸人工化强度与岸线长度的关系

由图 12-11 可知,象山港海岸人工化强度和岸线长度拟合度高,存在一定的相关性。人类活动强度与整体岸线和自然岸线的长度变化呈负相关,表明随着人类活动强度的增大,自然岸线和整体岸线逐渐减少;海岸人工化强度与人工岸线长度的变化呈正相关,表明随着海岸人工化强度的增大,人工岸线长度也随之增多。

由图 12-12 可知,坦帕湾海岸人工化强度和岸线长度拟合度高,存在显著的相关性。人类活动强度与自然岸线的长度变化呈负相关,表明随着海岸人工化强度的增大,自然岸线逐渐减少;海岸人工化强度与人工岸线长度的变化呈正相关,与象山港相同,随着海岸人工化强度的增大,人工岸线长度也随之增多。

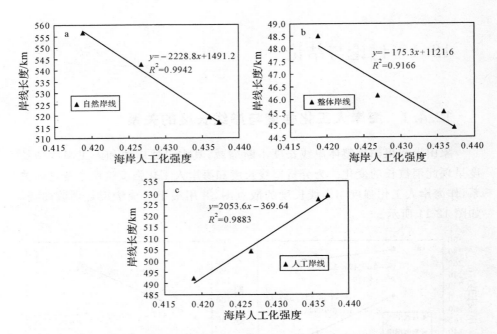

图 12-12　坦帕湾海岸人工化强度和岸线长度变化的关系

12.4.2　海岸人工化强度与岸线曲折度的关系

象山港和坦帕湾整体岸线曲折度不断减小,其中自然岸线曲折度基本保持不变,而人工岸线曲折度不断减小。为分析岸线曲折度和海岸人工化强度的这两个变量的关系,作 6 个时期海岸人工化强度与岸线曲折度的散点图,并用最小二乘法拟合函数曲线,如图 12-13、图 12-14 所示。

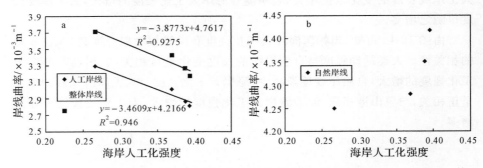

图 12-13　象山港海岸人工化强度与岸线曲折度的关系

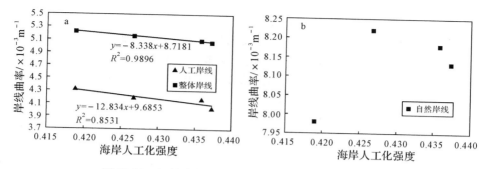

图 12-14　坦帕湾海岸人工化强度与岸线曲折度的关系

由图 12-13、图 12-14 可知,象山港和坦帕湾海岸人工化强度和整体岸线、人工岸线的曲折度拟合度较高,存在显著线性负相关,随着人类活动强度增大,整体岸线和人工岸线的曲折度也逐渐减小。而海岸人工化强度与自然岸线曲折度相关性较低,两者变化不存在线性关系,呈无规律分布。

12.4.3　结　论

不同时期人类活动对于象山港和坦帕湾岸线演变产生了深刻的影响,在这个力的作用下,岸线在空间上主要表现为长度和曲折度的变化。本研究通过分析象山港和坦帕湾岸线长度和曲折度的变化以及与海岸人工化强度变化规律,得出以下结论:

(1)不同强度的人类活动使岸线长度发生了变化,岸线类型亦发生了转移。随着人类活动不断增强,自然岸线长度不断减小,人工岸线长度不断增加。象山港整体岸线的长度不断缩短,而坦帕湾整体岸线长度变化甚小,岸线资源是不可逆转的且容易造成损失和破坏,因此在开发过程中,需要注意合理保护自然岸线资源,控制人工岸线的增加速度。

(2)象山港岸段围填海工程、海水养殖工程使得整体岸线在短时间内变为平直形态,导致整体岸线曲折度明显变小。象山港整体岸线曲折度不断减小,对海湾的生态服务功能和岸线资源造成了严重影响,因此在海湾开发中,象山港可以采用坦帕湾的弯曲型建筑,控制湾内岸线曲折度资源的保有率。

(3)随着岸线开发不断推进,象山港人类活动集中程度在空间上发生了扩散,并进一步得到了加强。人类活动对于海岸的作用力度有所减弱,表明随着自然岸线开发潜力下降,岸线人工化速度会相应变缓。Ⅲ级、Ⅳ级强度岸线主要为工厂、养殖池区域,对海岸资源影响较大,且有逐年扩张的趋势。反观坦帕湾,近 30 年来,Ⅰ—Ⅳ级强度岸线区域变化甚小。因此,应合理利用港湾岸线资源,控制Ⅲ级、Ⅳ级岸线的开发力度,同时对相应区域进行海岸人工化强度的实时监测和开发潜力的综合评估。

（4）在一定时期内,海岸人工化强度与整体岸线长度和曲折度均有紧密联系,表现为显著负相关。当海岸人工化强度随着时间增大时,岸线的长度和曲折度会相应减小,反之亦然。因此,港湾在开发过程中必须坚持合理适度开发原则,科学开发利用地区岸线资源。

13 人类活动影响下的象山港与坦帕湾景观演化

13.1　人类活动影响下的港湾地区景观过程-格局变化

　　港湾景观的基底环境劣变、港湾景观系统结构改变以及港湾生态功能降低或丧失主要由自然环境和人类活动干扰两方面的因素决定(陈文波等,2002)。然而在短时间、小尺度的限制下,人类活动的强度及其分布主导并控制着港湾景观演变的基本态势,对港湾服务功能、系统结构以及景观过程-格局的影响更为深远。理解港湾地区人类活动干扰的具体形式及其扩展通道对于把握港湾景观演变规律、方向和驱动力因素具有重要作用(李建国,2011;郭雅芬,2007)。

13.1.1　象山港和坦帕湾的景观提取与空间展布

　　象山港景观类型提取主要工作在 eCognition Developer 8.7 平台中进行处理。首先设置分割尺度参数(scale parameter)10,形状(shape)0.1,紧致度(compactness)0.5,然后对 4 个时期 TM、OLI 影像进行分割处理,得到对象图层。采用最近领域法(nearest neighbors)提取象山港的景观类型,并在人工编辑模块(manual editor)中进行分类后处理,包括合并细小图斑,修正明显错误的分类。继而在 Export 模块中,选择 ShapeFile 格式导出景观分类结果。最后,在 ArcGIS10.2 中将已经完成分类的景观矢量数据绘制成象山港景观分布专题图(图 13-1)。

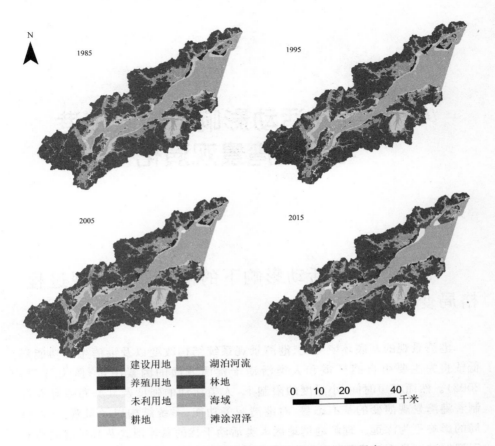

图 13-1　1985—2015 年象山港景观格局-过程展布

　　坦帕湾景观数据根据南佛罗里达大学提供的土地利用/土地覆被数据整合获得。坦帕湾河口保护计划官方网站提供下载佛罗里达州土地利用/土地覆被矢量数据,该数据是由 1∶12000 红外数字正摄影像(影像数据来源于美国国家地质调查局)解译获取。具体数据整合方法如下,首先在 ArcGIS10.2平台中,根据坦帕湾的研究范围,裁剪景观分类矢量数据,然后将 54 种类型的土地利用/土地覆被数据合并为 8 种景观类型,并进行重新编码,最后将完成分类的矢量数据绘制成坦帕湾景观分布专题图(图 13-2)。

　　象山港人工景观包括建设用地、养殖池及盐田、未利用地和耕地;自然景观包括湖泊河流、林地、海域、滩涂沼泽。象山港人工景观和自然景观格局在空间上表现为三圈环状,本研究将象山港海域向陆域的三个圈层划分为内圈、中圈、外圈。海湾内圈景观是大面积的滩涂沼泽与海域,若干岛屿分布其间,包含极少的林地、养殖用地;中圈主要由海积平原、洪积平原组成,亦分布有破碎的低山,景观类型复杂,是象山港人类活动的主要区域,景观类型多为耕地、

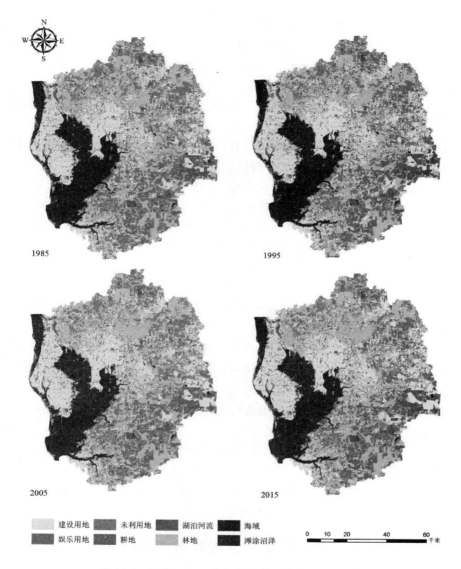

图 13-2 1985—2015 年坦帕湾景观格局-过程展布

建设用地、养殖池及盐田;外圈处于海湾的低山丘陵一带,景观类型以林地为主,夹杂湖泊河流、耕地以及零星的建设用地。综上所述,象山港内外圈的海湾景观以自然景观为主,中圈则以人工景观为主,特别是颜公河流域、大嵩江流域孕育了高密集度的人工景观。象山港的景观变化从自然景观变化和人工景观变化两方面体现。由图 13-1 可见,1985—2015 年,象山港的自然景观和人工景观不断发生变化,尤其是 2005—2015 年,随着洪胜海塘正式竣工以及

梅山围填海工程、大嵩—洋沙山围垦二期工程竣工,莼湖、白峰、梅山等乡镇景
观发生显著变化。图 13-1 直观显示出,中圈和内圈交界处部分自然景观如滩
涂沼泽被建设用地所取代。象山港整体自然景观减少,人工景观增多,尤其是
2005 年以后,建设用地景观显著增多。

坦帕湾人工景观包括建设用地、娱乐用地、未利用地、耕地;自然景观包括
湖泊河流、林地、海域、沼泽滩涂。坦帕湾自然景观和人工景观并不是呈三圈
环状分布。由图 13-2 可见,除海域以外,坦帕湾的中部及南部,也就是圣彼得
德斯堡—克利尔沃特—坦帕都市圈以及马纳提河流的下游,由高密度的建设
用地景观覆盖;坦帕湾的北部和东南部,建设用地较少,主要为耕地、湖泊河
流、林地等景观。图 13-2 直观显示出,1985—2015 年,坦帕湾的圣彼得斯
堡—克利尔沃特—坦帕都市圈发展相对较为成熟,以人工景观为主,景观类型
变化并不明显。然而在 1985 年以后坦帕湾内的帕斯科县东南部和希尔斯伯
勒县南部、萨拉索托县北部的建设用地景观增加明显。这主要是由于,20 世
纪 80 年代以来,坦帕湾房地产业迅速发展,圣彼得斯堡—克利尔沃特—坦帕
都市圈的周边区域成了建设开发重点区域,在房地产的带动下,相应的购物中
心、娱乐中心及学校随之兴起。

综上所述,象山港与坦帕湾景观变化各自有不同的特点。从景观整体分
布来看,不同的是坦帕湾的人工景观相对较多且密集,象山港的人工景观分布
分散。从景观发展方向来看,坦帕湾几乎未朝向海洋发展,人工景观更多占据
了坦帕湾的郊区,然而象山港围填海较为明显,占据了一部分海洋,建设用地
等人工景观更倾向于往沿海区域发展。

以上是从定性的角度分析人类活动影响下象山港和坦帕湾景观变化情
况。为了更加明确 1985—2015 年象山港和坦帕湾景观类型的动态变化情况
以及人类活动的干扰程度,需定量计算不同时期景观面积及景观特征指数,以
期揭示人类活动影响下的象山港和坦帕湾景观格局演变特征。

13.1.2　象山港和坦帕湾景观类型变动特征

象山港和坦帕湾的景观类型的动态变化研究主要包括:1985 年、1995 年、
2005 年和 2015 年 4 个时期的海湾景观面积增减以及景观类型之间的相互
转换。

在 ArcGIS10.2 平台中,以 ShapeFile 数据属性表的景观类型名称为汇总
字段,汇总获得景观类型的总面积,最后将汇总结果在 Excle 中整合成表
(表 13-1)。

表 13-1　1985—2015 年象山港景观面积及其比例统计

景观类型		不同年份景观面积（km²）				所占比例（%）			
		1985 年	1995 年	2005 年	2015 年	1985 年	1995 年	2005 年	2015 年
人工景观	建设用地	80.00	116.47	140.81	200.61	3.80	5.53	6.68	9.52
	养殖池及盐田	26.04	42.78	75.40	65.34	1.24	2.03	3.58	3.10
人工景观	未利用地	7.57	9.76	12.90	22.06	0.36	0.46	0.61	1.05
	耕　地	375.60	331.20	287.51	278.39	17.83	15.72	13.65	13.21
	小　计	489.21	500.21	516.62	566.40	23.22	23.74	24.52	26.88
自然景观	湖泊河流	21.40	23.31	22.02	21.59	1.02	1.11	1.04	1.02
	林　地	1028.05	1024.59	1020.96	1011.07	48.79	48.63	48.46	47.99
	海　域	436.23	433.55	434.17	419.66	20.70	20.58	20.61	19.92
	滩涂沼泽	132.14	125.36	113.25	88.29	6.27	5.95	5.38	4.19
	小　计	1617.81	1606.81	1590.40	1540.62	76.78	76.26	75.48	73.12
总　计		2107.02	2107.02	2107.02	2107.02	100.00	100.00	100.00	100.00

注：景观面积变化速率 $v=(a_2-a_1)/t$，其中 a_1、a_2 分别为初期和末期的景观面积，t 为时间段，下表同。

由表 13-1 可得，2015 年象山港景观总面积为 2107.02km²。其中人工景观的面积为 566.40km²，占景观总面积的 23.22%。自然景观面积为 1540.62km²，占景观总面积的 76.78%。象山港自然景观面积约是人工景观 2.7 倍。而近 30 年来，象山港人类活动加剧，围填海工程持续进行，建设用地面积增加，快速占据了原先的海洋和滩涂沼泽景观，从而引起象山港人工景观面积不断增多，自然景观面积逐渐减少。1985—2015 年阶段象山港人工景观面积增加 77.19km²，其中建设用地增加最多，面积增加 120.61km²，增加速率为 4.02km²/a，养殖池及盐田次之，共增加 39.30km²，增加速率为 1.31km²/a，再其次为未利用地，共增加 14.49km²，增加速率为 0.48km²/a，然而耕地面积减少了 97.21km²，减少速率为 3.24km²/a。1985—2015 年阶段象山港自然景观面积共减少 77.19km²，其中滩涂沼泽减少最多，共减少 43.84km²，减少速率为 1.46km²/a；海域和林地次之，分别减少 16.57km² 和 16.97km²，减少速率分别为 0.55km²/a 和 0.57km²/a。湖泊河流面积几乎未发生变化，共增加 0.2km²，增加速率为 0.01km²/a。

由表 13-2 可得，2015 年坦帕湾景观总面积为 7377.02km²，其中人工景观的面积为 4109.72km²，占景观面积的 55.71%。自然景观面积为 3267.29km²，占景观总面积的 44.29%。坦帕湾的人工景观面积约是自然景观的 1.25 倍。

可见人工景观是控制坦帕湾的主导景观类型。与象山港相同,近30年来,坦帕湾人工景观面积不断增多,自然景观面积逐渐减少。1985—2015年坦帕湾人工景观面积增加107.11km²,其中建设用地增加最多,面积增加195.38km²,增加速率为6.51km²/a,比象山港快2.49km²/a。其次为未利用地,共增加30.84km²,增加速率为1.03km²/a。坦帕湾海湾第三产业发展成熟,拥有众多沿岸的休闲会所以及体育娱乐设施,在1985—2015年阶段内,坦帕湾娱乐用地增加19.11km²,增加速率为0.64km²/a。与象山港相似,坦帕湾的耕地面积也有所减少,共减少了138.22km²,减少速率为4.61km²/a。自然景观中,面积减少最多的为林地景观,共减少97.71km²,减少速率为3.26km²/a。湖泊河流与滩涂沼泽减少面积分别为5.03km²和5.18km²,减少速率均为0.17km²。海域面积几乎未发生变化,共增加0.8km²,增加速率为0.02km²/a。

表13-2　1985—2015年坦帕湾景观面积及其比例统计

景观类型		不同年份景观面积(km²)				所占比例(%)			
		1985年	1995年	2005年	2015年	1985年	1995年	2005年	2015年
人工景观	建设用地	2281.97	2354.07	2404.48	2477.35	30.93	31.91	32.59	33.58
	娱乐用地	96.60	102.17	113.59	115.71	1.31	1.38	1.54	1.57
	未利用地	92.18	89.81	108.83	123.02	1.25	1.22	1.48	1.67
	耕　地	1531.86	1492.89	1441.18	1393.64	20.77	20.24	19.54	18.89
	小　计	4002.61	4038.93	4068.08	4109.72	54.26	54.75	55.15	55.71
自然景观	湖泊河流	298.58	290.93	297.60	293.55	4.05	3.94	4.03	3.98
	林　地	1869.82	1842.71	1806.26	1772.12	25.35	24.98	24.49	24.02
	海　域	1097.04	1097.02	1097.84	1097.85	14.87	14.87	14.88	14.88
	滩涂沼泽	108.95	107.44	107.23	103.77	1.48	1.46	1.45	1.41
	小　计	3374.40	3338.08	3308.94	3267.29	45.74	45.25	44.85	44.29
总　　计		7377.02	7377.02	7377.02	7377.02	100.00	100.00	100.00	100.00

从以上两个海湾的比较中,不难发现,象山港和坦帕湾的建设用地均有所增加,建设用地景观都在各自海湾在人工景观中起着主导性的作用,并且两地的景观整体变化趋势亦大致相同,均表现为人工景观增多,自然景观减少;不同的是,象山港的人工景观总面积明显要小于海湾的自然景观面积,而坦帕湾的人工景观面积明显大于其海湾的自然景观面积。坦帕湾与象山港相比,坦帕湾的海湾城市化程度更高,而象山港正处于快速发展的阶段,因此这也导致坦帕湾的娱乐用地景观分布广且逐年增多,象山港的养殖池及盐田景观有所减少。

　　景观类型间是不断发生相互转换的,因此仅从景观面积增加或减少来分析象山港景观格局还不足够,需要进一步分析景观类型转移方向和景观内部结构变化。本研究采用 ArcGIS 10.2 空间分析模块(spatial analysis)中的面积制表工具(tabulate area),获得 1985—1995 年、1995—2005 年和 2005—2015 年三个阶段的象山港和坦帕湾景观类型转移矩阵(表 13-3、表 13-4,表 13-5、表 13-6、表 13-7、表 13-8)。

表 13-3　1985—1995 年象山港景观面积转移矩阵　　　　单位:km²、%

景观类型	建设用地	养殖池及盐田	未利用地	耕地	湖泊河流	林地	海域	滩涂沼泽	转移趋势	转移幅度
建设用地	76.80	0.00	0.89	1.37	0.07	0.65	0.03	0.16	↑	45.57
养殖池及盐田	0.12	22.82	0.20	1.71	0.04	0.28	0.02	0.87	↑	64.31
未利用地	0.46	0.01	6.71	0.14	0.24	0.00	0.00	0.02	↑	28.85
耕地	35.65	12.03	0.30	316.39	1.54	8.72	0.01	0.94	↓	11.80
湖泊河流	0.30	0.70	0.11	0.39	19.57	0.23	0.00	0.04	↓	9.02
林地	2.13	0.07	0.62	10.13	1.50	1013.42	0.07	0.18	↓	0.34
海域	0.01	0.09	0.02	0.00	0.00	0.18	429.79	6.14	↓	0.62
滩涂沼泽	0.96	7.10	0.90	1.12	0.32	1.13	3.61	117.01	↓	5.14

注:转移幅度 $Z=|a_2-a_1|/a_1$,其中 a_1、a_2 分别为初期和末期景观面积,↑代表景观面积增加,↓代表景观面积减少,以下转移矩阵表同上。

表 13-4　1995—2005 年象山港景观面积转移矩阵　　　　单位:km²、%

景观类型	建设用地	养殖池及盐田	未利用地	耕地	湖泊河流	林地	海域	滩涂沼泽	转移趋势	转移幅度
建设用地	107.53	0.42	0.35	6.20	0.22	1.35	0.10	0.24	↑	20.95
养殖池及盐田	5.74	32.76	0.54	1.57	0.27	0.18	0.03	1.73	↑	76.15
未利用地	0.52	1.47	6.74	0.09	0.11	0.51	0.01	0.30	↑	32.29
耕地	21.75	30.53	1.56	269.28	0.39	7.47	0.00	0.29	↓	13.21
湖泊河流	0.40	0.53	0.22	0.60	20.44	0.89		0.19	↓	5.51
林地	2.57	0.76	0.67	9.01	0.39	1010.34	0.25	0.63	↓	0.35
海域	0.20	0.05	2.15	0.15	0.00	0.05	427.78	3.15	↑	0.14
滩涂沼泽	2.11	8.91	0.68	0.58	0.17	0.19	5.97	106.74	↓	9.64

表 13-5   2005—2015 年象山港景观面积转移矩阵   单位:km²、%

景观类型	建设用地	养殖池及盐田	未利用地	耕地	湖泊河流	林地	海域	滩涂沼泽	转移趋势	转移幅度
建设用地	134.67	3.67	0.36	0.78	0.24	0.83	0.11	0.13	↑	42.46
养殖池及盐田	18.27	48.45	1.42	4.10	0.06	0.28	0.01	2.85	↓	13.32
未利用地	3.25	1.24	7.72	0.50	0.00	0.14	0.00	0.06	↑	70.86
耕地	16.09	4.46	0.64	263.72	0.36	2.03	0.00	0.19	↓	3.17
湖泊河流	0.32	0.88	0.12	0.29	19.77	0.51	0.05	0.06	↓	2.03
林地	3.66	0.07	0.67	8.78	0.63	1007.04	0.06	0.08	↓	0.96
海域	9.30	0.16	5.00	0.01	0.12	0.16	415.33	4.07	↓	3.33
滩涂沼泽	15.03	6.45	6.12	0.37	0.15	4.10	80.84		↓	22.07

表 13-6   1985—1995 年坦帕湾景观面积转移矩阵   单位:km²、%

景观类型	建设用地	娱乐用地	未利用地	耕地	湖泊河流	林地	海域	滩涂沼泽	转移趋势	转移幅度
建设用地	2237.74	0.79	4.88	19.10	4.14	15.24	0.00	0.16	↑	3.16
娱乐用地	0.28	96.20	0.00	0.09	0.03	0.00	0.00	0.00	↓	5.76
未利用地	6.18	0.07	69.72	0.02	0.40	15.79	0.00	0.00	↓	2.57
耕地	39.89	2.28	1.62	1459.49	2.33	26.07	0.09	0.00	↓	2.55
湖泊河流	4.02	0.17	5.01	2.85	281.68	4.83	0.00	0.00	↓	2.56
林地	65.31	2.57	8.07	11.00	2.27	1780.52	0.02	0.09	↓	1.45
海域	0.04	0.00	0.00	0.00	0.00	0.00	1096.91	0.11	↓	0.00
滩涂沼泽	0.65	0.09	0.51	0.23	0.07	0.29	0.02	107.08	↓	1.39

表 13-7   1995—2005 年坦帕湾景观面积转移矩阵   单位:km²、%

景观类型	建设用地	娱乐用地	未利用地	耕地	湖泊河流	林地	海域	滩涂沼泽	转移趋势	转移幅度
建设用地	2277.18	5.74	7.17	25.41	8.50	30.01	0.04	0.08	↑	2.14
娱乐用地	0.31	101.80	0.00	0.01	0.03	0.02	0.00	0.00	↑	11.18
未利用地	0.36	0.32	84.70	0.25	2.45	0.89	0.84	0.00	↑	21.17
耕地	59.52	4.74	2.94	1407.49	9.00	8.96	0.00	0.12	↓	3.46
湖泊河流	23.12	0.05	0.95	0.43	265.75	0.62	0.00	0.00	↑	2.30

续表

景观类型	建设用地	娱乐用地	未利用地	耕地	湖泊河流	林地	海域	沼泽滩涂	转移趋势	转移幅度
林地	43.75	0.95	13.07	7.44	11.46	1765.79	0.11	0.17	↓	1.98
海域	0.15	0.00	0.00	0.00	0.00	0.00	1096.88	0.00	—	0.08
滩涂沼泽	0.13	0.00	0.00	0.04	0.41	0.02	0.00	106.84	↓	0.20

表 13-8   2005—2015 年坦帕湾景观面积转移矩阵   单位:km²、%

景观类型	建设用地	娱乐用地	未利用地	耕地	湖泊河流	林地	海域	滩涂沼泽	转移趋势	转移幅度
建设用地	2397.02	0.77	0.50	1.25	4.76	0.22	0.00	0.00	↑	3.03
娱乐用地	0.45	112.67	0.04	0.39	0.00	0.04	0.00	0.00	↑	1.87
未利用地	0.29	0.00	107.83	0.44	0.17	0.10	0.00	0.00	↑	13.03
耕地	37.16	0.82	8.09	1385.07	1.66	8.26	0.00	0.00	↓	3.30
湖泊河流	8.25	0.00	1.22	3.16	284.65	0.32	0.00	0.00	↓	1.36
林地	33.27	1.46	3.64	3.25	2.27	1762.38	0.00	0.06	↓	1.89
海域	0.00	0.00	0.00	0.00	0.00	0.00	1097.86	0.00	—	0.00
滩涂沼泽	0.95	0.00	1.68	0.00	0.05	0.84	0.00	103.70	↓	3.22

　　从象山港不同类型景观转移趋势看,1985—1995 年阶段,人工景观中的建设用地、养殖池及盐田、未利用地以及自然景观中的湖泊河流景观都有所增加,转移幅度分别为 45.57%,64.31%,28.85%,9.02%。人工景观中的耕地以及自然景观中林地、海域、滩涂沼泽景观减少,转移幅度分别为 11.80%,0.34%,0.62%,5.14%。养殖池及盐田转移幅度最大,建设用地次之,转移幅度分别为 64.31% 和 45.57%。再次之是未利用地和耕地,转移幅度分别为 28.85% 和 11.8%,其他类型的景观转移幅度均小于 10%,变动幅度相对较小。这段时期内,建设用地确实有增加的态势,但是由于基数较大,转移幅度小于未利用地,同期象山港水产养殖以及晒盐业发展较快,自然景观总体变化较小,因此养殖池及盐田景观转移幅度高于其他景观类型。1995—2005 年阶段,人工景观中的建设用地、养殖池及盐田、未利用地以及自然景观中的海域景观增加,转移幅度分别为 20.95%,76.15%,32.29% 和 0.14%。人工景观中的耕地及自然景观中湖泊河流、林地和滩涂沼泽景观的减少,转移幅度分别为 13.21%,5.51%,0.35%,9.64%。养殖池及盐田转移幅度仍然最大,未利用地、建设用地、耕地次之,其他景观转移幅度均较小。2005—2015 年阶段,

人工景观中的建设用地、未利用地增加,转移幅度分别为 42.46%,70.86%。人工景观中的养殖池及盐田、耕地以及自然景观中湖泊河流、林地、海域和滩涂沼泽的景观面积减少,转移幅度为 13.32%、3.17%、2.03%、0.96%、3.33%、22.07%。未利用地、建设用地转移幅度最大,其次为滩涂沼泽和养殖池及盐田,其他景观的转移幅度均较小。究其原因,这段时期红胜海塘续建完成、大嵩—洋沙山围垦持续进行以及梅山岛完成围填海工程,使得象山港北岸盐田不断减少,原先的部分养殖池也被用作建设用地,然而大嵩—洋沙山围垦还未正式完成填海工程,围垦的部分仍归属于未利用地,所以这段时间未利用地的转移幅度较前两个时间段大。

从景观内部转换来看,1985—1995 年阶段,景观内部转换主要发生于耕地向建设用地的转换,耕地和滩涂沼泽向养殖池及盐田的转换。其中,耕地向建设用地转移 35.65km²,转移比重(某种景观转移至该景观面积值占所有景观转移至该景观面积值的比重)为 89.96%,耕地和滩涂沼泽分别向养殖池及盐田分别转移 12.03km²、7.1km²,转移比重为 60.15%,35.50%。主要是因为,改革开放以来,象山港社会经济发展快速,土地需求增多,势必会减少一部分农田用于建设工厂及住宅,另外,沿岸的耕地、滩涂沼泽也因为鱼塘修建以及晒盐需求而相应减少并转变为了养殖池及盐田。1995—2005 年,景观内部变化仍主要来源于耕地向建设用地的转移,耕地和滩涂沼泽向养殖池及盐田的转移,以及耕地和海域向未利用地的转移。耕地向建设用地转移 21.75km²,转移比重为 65.33%。耕地和滩涂沼泽分别向养殖池及盐田转移 30.53km²、8.91km²,转移比重分别为 71.55% 和 20.88%。与上个时间段相比,耕地向建设用地的转移比重下降了 24.63 个百分点,是由耕地向建设用地的转移量的减少造成的。耕地向养殖池及盐田的转移比重与上个时间段相比提高了 11.4 个百分点,而滩涂沼泽向养殖池及盐田的转移比重下降了 14.62 个百分点,说明这个时间段养殖业及晒盐业继续发展且将一部分耕地景观用作了养殖池及盐田,而滩涂沼泽被用作养殖池及盐田的部分有所减少。2005—2015 年阶段,主要为养殖池及盐田、耕地和海域向建设用地的转换,养殖池及盐田和海域向未利用地的转换。养殖池及盐田、耕地和海域向建设用地转移18.27km²、16.09km²、9.3km²,转移比重分别为 27.72%,24.41%,22.8%。养殖池及盐田和海域向未利用地转移 1.42km²、5km²,转移比重分别为9.9%,34.89%。这个时间段,其他景观向养殖池及盐田景观的转移减少,反之养殖池及盐田、海洋开始向建设用地和未利用地转移,这主要是由于该段时期宁波市海洋经济快速发展,象山港海湾建设为重中之重,工厂建设、房地产开发对土地需求不断增大,引起了象山港自然景观总体减少,人工景观中的建设用地和未利用地总体增多。

从坦帕湾不同类型景观转移趋势看，1985—1995 年阶段，人工景观中的建设用地、娱乐用地有所增加，转移幅度分别为 3.16％,5.76％。人工景观中的未利用地、耕地以及自然景观中湖泊河流、林地、海域、滩涂沼泽景观减少，转移幅度分别为 2.57％,2.55％,2.56％,1.45％,1.39％,0.01％。娱乐用地转移幅度最大，建设用地次之。这段时间内，虽然坦帕湾的马纳提流域以及坦帕市北部郊区不断进行开发建设，建设用地增加较快，但是由于建设用地基数较大，转移幅度小于娱乐用地。1995—2005 年阶段，人工景观中的建设用地、娱乐用地、未利用地以及自然景观中的湖泊河流景观增加，转移幅度分别为 2.14％,11.18％,21.17％和 2.30％。人工景观中的耕地及自然景观中林地和滩涂沼泽景观的减少，转移幅度分别为 3.46％,1.98％,0.20％。其中自然景观中的海域景观面积未发生变化。该段时间内未利用地增加且转移幅度最大，这主要是坦帕湾东部开发建设引起的。2005—2015 年阶段，人工景观中的建设用地、娱乐用地、未利用地增加，转移幅度分别为 3.03％,1.87％,13.03％。人工景观中的耕地以及自然景观中湖泊河流、林地和滩涂沼泽的景观面积减少，转移幅度为 3.30％,1.36％,1.89％,3.22％。这段时期，娱乐用地、未利用地转移幅度有所下降，而建设用地转移幅度稳中有升，说明这段时期，坦帕湾建设开发力度有所变缓。究其原因，这段时期马纳提流域沿岸边旅游、商业、娱乐休闲开发基本完成，所以建设幅度有所放缓。

从景观内部转换来看，1985—1995 年阶段，景观内部转换主要发生于耕地、林地向建设用地和娱乐用地的转换。其中，耕地向建设用地、娱乐用地分别转移 39.89km²、2.28km²，转移比重分别为 34.28％,38.19％,林地向建设用地、娱乐用地分别转移 65.31km²、2.57km²，转移比重分别为 56.12％,43.05％,可见林地较耕地向建设用地、娱乐用地这两种景观转移量更大。这段时间，坦帕湾开发东部海湾沿岸，主要是希尔斯伯勒县的沿海西部的船厂开始新建，海湾旅游业发展极快，加之东部房地产开发兴起，因此需要砍伐大量林地。1995—2005 年阶段，景观内部主要变化为耕地向建设用地和娱乐用地转移，林地向建设用地转移以及建设用地向娱乐用地转移。耕地向建设用地和娱乐用地分别转移 59.52km²、4.74km²，转移比重分别为 46.74％,40.17％。建设用地向娱乐用地转移 5.74km²，转移比重为 48.64％。林地向建设用地和娱乐用地分别转移 43.75km²、0.95km²，转移比重为 34.37％,8.05％。这个时间段内林地向建设用地和娱乐用地景观转移的比重减少，而建设用地向娱乐用地转移的比重却较大。究其原因，归结于坦帕湾在 1991 年出台了坦帕湾河口保护计划，加强了坦帕湾流域自然生态环境的保护，对工厂以及住宅的建设进行了控制。因此河口保护计划工程的推进，也一定程度上维持了坦帕湾的林地景观。2005—2015 年阶段，景观内部转移主要为耕地和林地向建设用地和娱乐用地景观的转移,耕地向建设用地和娱乐用地转移 $37.16km^2$,$0.82km^2$,转移比重分别为 46.24%,26.89%。林地向建设用地和娱乐用地转移 $33.27km^2$、$1.46km^2$,转移比重分别为 41.40%、47.87%。这主要是因为这段时间坦帕湾的东部沿海区域建设用地和娱乐用地增加减缓,希尔斯伯勒县主要区域(马纳提流域以及坦帕市北部)的房地产开发基本竣工,建设用地和娱乐用地增加速度也有所减缓。

比较象山港和坦帕湾内的景观转移过程,可以发现,两个海湾的人工景观特别是建设用地有所增加,而自然景观出现减少态势,其中象山港的林地、滩涂沼泽减少较快,坦帕湾的林地有所减少,而其他自然景观几乎未发生变化;两个海湾内部主要是自然景观及耕地向其他人工景观的转移。其中象山港前期是耕地、林地、滩涂沼泽向建设用地、养殖池及盐田的转移,而后期是耕地、林地向建设用地和未利用地的转移,而坦帕湾在 1985—1995 年阶段主要为林地向建设用地的转移,1995—2015 年阶段为耕地、林地向建设用地的转移,且林地转移量减少。

13.1.3　象山港和坦帕湾景观指数变动特征

不同的景观类型对于维持海湾生态平衡、调节海湾景观结构和功能、促进海湾景观结构自然演替等方面的作用是有差别的;同时,不同景观类型对外界干扰的抵抗能力也是不同的(谢花林,2011)。因此,对海湾景观空间格局的研究,可揭示人类活动干预下的区域生态状况及空间变异特征。本研究将象山港和坦帕湾的景观结构划分为景观单元斑块,通过定量分析景观空间格局的特征指数,从宏观角度分析区域受人类活动的干扰状况(宗良纲等,2006)。

13.1.3.1　景观格局指标的选取与计算方法

随着景观生态学研究应用愈加广泛,景观指标亦更加丰富和完善。本书根据海湾景观格局特点以及各指标对海湾人类活动活动强度的响应,最终确定了 10 个景观生态学指标,分别为斑块个数(NP)、斑块面积(CA)、最大斑块指数(LPI)、斑块密度(PD)、景观形状指数(LSI)、面积加权平均分维数($FRAC-AM$)、香农多样性指数($SHDI$)、香农均匀度指数($SHEI$)、景观优势度指数(D)、景观破碎度指数(C)等 10 个指标。表 13-9 是选取的各指标公式及其生态学含义。

表 13-9　景观指数公式及含义

序号	景观指数	公式	生态含义
1	景观/斑块面积（TA/CA）	$TA = A$　$CA = \sum_{j=1}^{n} a_{ij}$　A 为景观总面积；a_{ij} 表示斑块 ij 的面积；n 为景观中所有斑块。$TA, CA > 0$	景观组分的基础指标，面积大小制约物种的丰度、数量及物种的繁殖等
2	斑块数量（NP）	$NP = n$　式中：n 为景观中所有斑块。$NP \geq 1$	描述景观异质性，大小与景观破碎度正相关，同时还可以决定景观中各物种的空间分布特征。
3	景观形状指数（LSI）	$LSI = \dfrac{0.25E}{\sqrt{A}}$　E 为景观中所有斑块边界的总长度，A 为景观总面积，$LSI \geq 1$	主要反映斑块形状的复杂程度，它是景观空间格局中一个很重要的特征，对于研究功能如景观中物质的扩散、能量的流动和物质的转移等情况有非常重要的意义。
4	最大斑块指数（LPI）	$LPI = \dfrac{\max(a_{ij})}{A}(100)$　式中：A 为景观总面积；a_{ij} 斑块 ij 的面积	有助于确定景观中的优势类型，反映人类活动的方向和强弱
5	分维数（FRACT）	$FRACT = 2\log(P/4)/\log(A)$　P 为斑块周长。A 为斑块面积。$1 \leq FRACT \leq 2$	测定斑块的复杂程度，趋近于 1，形状简单，受干扰程度越大；反之则几何形状越复杂
6	聚集度指数（COHE-SION）	$COHESION = \left[1 - \dfrac{\sum_{j=1}^{n} p_{ij}}{\sum_{j=1}^{n} p_{ij} \sqrt{a_{ij}}} \right]$ $\left[1 - \dfrac{1}{\sqrt{A}} \right]^{-1}(100)$，$p_{ij}$、$a_{ij}$ 分别为斑块 ij 的周长和面积，A 为景观数	描述景观中同一斑块类型之间的自然衔接程度及相互分散性，与斑块之间的距离、存在与否、不同类型廊道相交的频率和构成的风格大小有关
7	香农多样性指数（SHDI）	$SHDI = -\sum_{i=1}^{n}(p_i) \times \log_2(p_i)$　m 为景观数，p_i 为第 i 类景观所占的面积比例。$SHDI \geq 0$	描述不同景观元素面积比重分布的均匀程度及主要景观元素的优势程度，强调稀有斑块类型的贡献
8	香农均匀度指数（SHEI）	$SHEI = \dfrac{H}{H_{max}} = \dfrac{-\sum_{k=1}^{n} p_k \log(p_k)}{\log(n)}$ $0 \leq SHEI \leq 1$	指数为 0 时表示景观仅由一个斑块组成，为 1 时洛斑块均匀分布，有最大多样性
9	景观优势度指数（D）	$D = H_{max} + \sum_{k=1}^{m} P_k \log(P_k)$，$H_{max}$ 是多样性指数的最大值，p_k 是斑块类型 k 在景观中出现的概率，m 是景观中斑块的类型的综述	多样性指数最大值与实际计算值之查，该指数与景观多样性指数呈反比
10	景观破碎度指数（C）	$C = \sum_{i=1}^{n} \dfrac{n_i}{A_i}$，$n$ 为某种景观的斑块个数，A 为该类型景观面积	反映景观的破碎化程度，同时也反映景观空间异质性程度，越大，破碎化程度越严重

　　以上各指标可以通过很多软件计算获得,本书主要采用美国俄勒冈州立大学开发的 Fragstats 软件计算获取研究所需的景观指标(卢玲等,2001)。具体方法为,首先采用 ArcGIS 10.2 的空间分析模块(spatial analyst)中的数据格式转换功能(feature to raster)工具,将之前解译获得的象山港景观空间矢量数据转换为栅格 GRID 数据(像元大小为 30m),然后在 Fragstats3.4 景观分析软件中,导入 GRID 栅格数据以及景观类型特征文件,针对以上所选景观格局指标设置拼块级别、拼块类型级别、景观级别的参数,最后执行各级别景观指数的计算,结果以 adj、patch、class、land 文件格式输出。

13.1.3.2　海湾景观格局指数分析

13.1.3.2.1　景观单元特征指数

　　对于象山港和坦帕湾的景观单元类型的景观格局指数的研究,本书选择了斑块个数(NP),斑块总面积(CA)、斑块占总景观面积的比例($PLAND$)、斑块密度(PD)、最大形状指数(LSI)、斑块形状指数(LPI)等指标对两地各类景观格局动态变化趋势进行分析,分别得出 1985 年、1995 年、2005 年和 2015 年 4 个时期的两个海湾的景观格局指数(表 13-10、表 13-11)。

表 13-10　象山港景观的斑块个数(NP)和斑块总面积(CA)

景观类型	1985 年		1995 年		2005 年		2015 年	
	斑块个数(个)	斑块总面积(km²)	斑块个数(个)	斑块总面积(km²)	斑块个数(个)	斑块总面积(km²)	斑块个数(个)	斑块总面积(km²)
建设用地	592	79.97	559	116.4168	568	140.81	570	200.5956
养殖池及盐田	55	26.06	97	42.8238	138	75.43	107	65.3841
未利用地	47	7.57	53	9.756	64	12.91	78	22.0527
耕地	174	375.56	198	331.254	250	287.49	211	278.3682
湖泊河流	179	21.35	177	23.274	179	21.99	169	21.5442
林地	196	1028.13	202	1024.6095	205	1020.98	201	1011.1347
海域	3	436.22	6	433.5282	9	434.14	1	419.6682
滩涂沼泽	68	132.15	77	125.3547	97	113.27	78	88.2693

表 13-11　坦帕湾景观的斑块个数（NP）和斑块总面积（CA）

景观类型	1985 年		1995 年		2005 年		2015 年	
	斑块个数（个）	斑块总面积（km²）	斑块个数（个）	斑块总面积（km²）	斑块个数（个）	斑块总面积（km²）	斑块个数（个）	斑块总面积（km²）
建设用地	2764	2282.111	2740	2354.393	2637	2404.5858	2484	2477.3607
娱乐用地	1137	96.5916	1208	102.1662	1346	113.544	1358	115.7085
未利用地	781	92.16	832	89.8038	908	108.891	952	123.057
耕地	4031	1531.759	4016	1492.692	4093	1441.0503	4167	1393.542
湖泊河流	15767	298.602	16279	290.9412	17946	297.6903	18153	293.7159
林地	15304	1869.683	15813	1842.463	16087	1806.0804	16028	1771.9065
海域	1094	1097.055	1100	1097.032	1110	1097.8569	1111	1097.8659
滩涂沼泽	1534	109.0134	1520	107.4834	1511	107.2746	1487	103.8177

由表 13-10 可以看出，象山港除建设用地和未利用地两种景观外，其他景观斑块个数均有先增多后减少的趋势。建设用地景观斑块数先减少后稳定增多，而未利用地则表现为不断增加的趋势；建设用地、未利用地总面积不断增加，养殖池及盐田、河流湖泊的面积先增加后逐渐减少，耕地、湖泊河流、林地、海域、滩涂沼泽的面积趋于减少。建设用地、耕地、湖泊河流、林地斑块数量较多，说明这几类景观分布相对分散，而斑块数量较少的海域分布相对集中。1995—2015 年，建设用地斑块数量增多缓慢，然而建设用地斑块总面积却不断增多，说明建设用地趋于集中分布。

由表 13-11 可以看出，坦帕湾建设用地、滩涂沼泽这两种景观斑块数有逐渐减少的趋势，耕地景观则表现为先增多后减少，除了以上这三类景观外，其他景观类型的斑块数呈现出逐渐增多的趋势；坦帕湾建设用地和娱乐用地这两种景观的斑块总面积不断增多，1985—2015 年，分别增多 8.56% 和19.79%。湖泊河流、海域景观的斑块总面积基本保持不变。未利用地景观则表现为先有所减少，后不断增加的趋势。耕地、林地、滩涂沼泽这三类景观斑块总面积出现了不同程度的减少。

综上，从象山港和坦帕湾的景观斑块数量来看，象山港和坦帕湾的建设用地的景观斑块数明显不同，前者到后期有所增加，而后者则表现为一直减少的态势。其他类型景观类型的斑块数量两地前期（1985—2005 年）表现基本相似（逐渐增多），在后期则正好相反，除建设用地外，象山港的多数景观斑块数有所减少，而坦帕湾景观斑块数逐渐增多。从象山港和坦帕湾的景观总面积来看，从整体趋势上来看，人工景观中，象山港的养殖池及盐田在 1995 年以后景观斑块总面积有所减少，耕地斑块总面积减少，其他人工景观总体逐渐增多。坦帕湾的人工景观中,与象山港相似,耕地斑块总面积不断减少,而其他人工景观斑块总面积增多。两地的自然景观斑块总面积变化趋势一致,湖泊河流与海域景观斑块面积变化基本保持不变,而林地和滩涂沼泽均不断减少。

表 13-12 和表 13-13 是象山港和坦帕湾 1985 年、1995 年、2005 年和 2015 年各景观类型的最大斑块指数。最大斑块指数(LPI)可以反映景观中优势种、内部种的丰度特征,有助于确定景观类型中的优势类型。

通过表可以看出,象山港各年份景观类型中最大斑块指数均为海域、林地,其次为耕地、滩涂,其他景观最大斑块指数均较小,可以看出象山港各景观类型中以林地和海域为基质。建设用地、未利用地、养殖池及盐田的最大斑块指数总体呈增长的趋势(后期养殖池及盐田有所减小),说明这些人工景观对象山港的影响作用越来越大,然而耕地的最大斑块指数逐渐减小,说明部分耕地景观的面积转换为了其他景观。

表 13-12　象山港景观最大斑块指数(LPI)

景观类型	最大斑块指数			
	1985 年	1995 年	2005 年	2015 年
建设用地	0.244	0.4995	1.071	1.1224
养殖池及盐田	0.3154	0.3555	0.3818	0.2156
未利用地	0.1251	0.1251	0.1251	0.4521
耕地	3.0957	1.8395	1.723	0.9696
湖泊河流	0.1644	0.1518	0.1573	0.1518
林地	12.2682	12.3218	12.2164	12.2056
海域	20.6969	20.5748	20.5986	19.9176
滩涂沼泽	1.5284	1.4727	1.4627	1.1916

表 13-13　坦帕湾景观最大斑块指数(LPI)

景观类型	最大斑块指数			
	1985 年	1995 年	2005 年	2015 年
建设用地	7.3385	7.9277	9.5056	9.657
娱乐用地	0.0273	0.0307	0.0307	0.0307
未利用地	0.2156	0.229	0.229	0.299
耕地	1.7554	1.7789	1.7789	1.8216
湖泊河流	0.214	0.214	0.1775	0.1775
林地	4.1381	3.9891	4.3992	4.4163
海域	14.7735	14.773	14.7724	14.7724
滩涂沼泽	0.1069	0.1069	0.1069	0.1069

坦帕湾各年份景观类型中最大斑块指数均为海域、建设用地、林地,其次为耕地、未利用地、湖泊河流、滩涂沼泽、娱乐用地,可以看出坦帕湾各景观类型中海域、建设用地这两种景观相对于其他景观优势突出。建设用地、娱乐用地、未利用地、耕地、林地的景观最大斑块指数总体保持增大趋势,湖泊河流、海域、滩涂沼泽基本保持不变,说明坦帕湾在开发建设的同时也注意对于原始自然景观的保护。

由以上分析可知,象山港和坦帕湾优势景观差异很大,象山港的优势景观以林地和海域景观为主,而坦帕湾的优势景观为海域、建设用地。这主要是由于,象山港自然景观占据较大比重,而坦帕湾的圣彼得斯堡—克利尔沃特—坦帕都市圈(坦帕湾的西部及北部沿海区域)在整个坦帕湾中占据了较大的面积;象山港自然景观呈减少趋势,而坦帕湾的自然景观呈增多的趋势,这也反映出了两地在海湾开发建设中,对自然景观的维持保护做法并不相同。坦帕湾在城市扩张的过程中,同时注意了对自然景观比重的维持,象山港在1985—2015年这段时间的开发中,缺少对海湾自然景观的保护利用,应当做到景观利用与保护相结合。

景观形状指数(LSI)能很好地反映景观类型斑块的复杂程度。图 13-3为象山港 1985 年、1995 年、2005 年和 2015 年的景观形状指数。从不同景观变化情况看,建设用地、耕地的形状斑块指数较其他景观大,未利用地、海域最小,说明建设用地和耕地这两种景观斑块更为复杂;从时间变化来看,近 30 年来,养殖池及盐田和耕地景观形状指数逐渐增大,而其他景观形状指数变化相对较小。这说明,在人类活动影响下,象山港的养殖池及盐田和耕地景观形状逐渐变得复杂,因此景观这两种景观的景观形状指数不断增大。

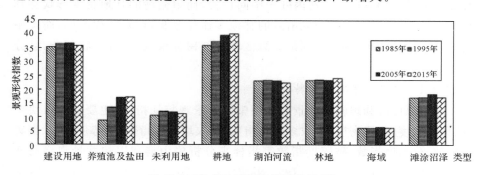

图 13-3 象山港景观形状指数(LSI)

图 13-4 为坦帕湾 1985 年、1995 年、2005 年和 2015 年的景观形状指数。从不同景观变化情况看,林地的形状斑块指数较其他景观大,未利用地、海域最小,说明坦帕湾的林地景观复杂,不规则程度高,而未利用地和海域景观斑

块形状简单,复杂程度低,其他类型景观斑块复杂程度介于这几类景观之间;从时间变化来看,娱乐用地、未利用地、湖泊河流景观的景观形状指数不断增大,而建设用地、耕地、林地、海域、滩涂沼泽景观形状指数变化波动小。这主要是因为,在人类活动的影响下,坦帕湾娱乐用地增多,例如公园建设、港口旅游观光建设,使得娱乐用地景观逐渐变得复杂,并且坦帕湾东部和南部郊区,采掘业发达,不断开辟湖泊,不规则的湖泊的增多也引起了湖泊景观指数的增大。

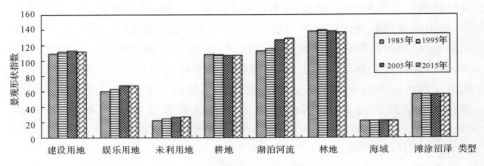

图 13-4   坦帕湾景观形状指数(LSI)

两个海湾的不同方式的开发建设对其海湾内部景观形状的影响有着较大差异。象山港的建设用地和耕地复杂程度较高,其中耕地景观形状指数有增大的趋势,而坦帕湾的建设用地、耕地的复杂程度在其海湾内部的景观中并不是最高,并且两者的景观形状指数变化稳定。

象山港和坦帕湾的未利用地、海域景观的景观形状指数均较低;象山港的林地景观形状指数在其海湾内处于中间位置,而坦帕湾的林地景观形状在其海湾内最大,这主要是因为象山港的林地多连片分布,且复杂程度低,而坦帕湾的林地相对分布广散,特别是沿海区域的红树林景观,景观形状复杂,且分布范围广。

13.1.3.2.2　景观整体特征指数

对于象山港和坦帕湾的景观类型整体的景观特征指数,主要选取斑块个数、斑块密度、边缘密度、香农多样性指数、香农均匀度指数、优势度指数、聚集度指数、分离度指数、破碎度指数等指标来分析象山港和坦帕湾景观格局变化。通过计算,得到 1985 年、1995 年、2005 年、2015 年 4 期的整体景观特征指数(表13-14、表 13-15)。

表 13-14　象山港景观整体特征指数

年份	香农多样性指数	香农均匀度指数	优势度指数	聚集度指数	分离度指数	破碎度指数
1985	1.4025	0.6745	0.2940	96.9142	0.9186	0.6236
1995	1.4485	0.6966	0.2740	96.7422	0.9242	0.6497
2005	1.4843	0.7138	0.2585	96.608	0.9247	0.7167
2015	1.5003	0.7215	0.2515	95.5436	0.9259	0.6716

表 13-15　坦帕湾景观整体特征指数

年份	香农多样性指数	香农均匀度指数	优势度指数	聚集度指数	分离度指数	破碎度指数
1985	1.6243	0.7811	0.6567	99.5759	0.9596	5.7492
1995	1.6197	0.7789	0.6632	99.5897	0.9584	5.8978
2005	1.6300	0.7838	0.6485	99.6247	0.9546	6.1865
2015	1.6292	0.7835	0.6496	99.6291	0.9538	6.2004

　　从 1985—2015 年阶段象山港各景观类型的景观动态变化比较可以看出，象山港的景观的多样性指数为 1.4025～1.5003，在景观类型确定的情况下，多样性指数逐渐变大，也可以看出象山港景观的多样性程度处于中等水平（最大景观多样性指数为 3）。象山港景观的均匀度指数和多样性指数成反比，优势度指数和多样性指数成正比。1985—2015 年阶段，均匀度指数不断增大，而优势度指数不断减小。这也说明优势景观的控制程度有所下降，主要是因为人类活动强度增大，削弱了海域、林地等景观的控制程度。近 30 年来，象山港景观聚集度指数不断减小，分离度指数随之增大，说明了象山港景观趋于分离，主要是因为房地产开发，工厂修建，其他连续的景观相互分离。象山港的 1985—2005 年阶段破碎度指数逐渐增加，到了 2005—2015 年阶段又有所减少。景观破碎度指数可以在一定程度上反映区域人类活动强度，然而象山港在 2005—2015 年阶段，完成了梅山岛、红胜海塘等多项围填海工程，在整体上合并了原先的细碎建设用地，以致后期破碎度指数有所下降。

　　坦帕湾的景观多样性指数为 1.6197～1.6300，多样性指数变化较小，和象山港景观多样性水平相同，亦处于中等水平。坦帕湾的景观均匀度指数和景观多样性指数成反比，优势度指数和多样性指数成正比。1985—1995 年阶段，坦帕湾景观多样性指数略微减少，景观优势度指数增加，这说明坦帕湾建设用地等优势景观对海湾整体景观控制略有加强，因为这段时期坦帕湾郊区房地产开发兴起，特别是建设用地，在该段时期相对于其他时期，增加速率最大。1995—2015 年阶段，景观多样性指数逐渐增多，并趋于平稳。主要是因为这段时期，坦帕湾房地产开发速率有所下降,并且逐渐完成周边区域建设。1985—2015 年阶段,坦帕湾景观聚集度指数逐渐增大,分离度指数逐渐减小,这主要是因为近 30 年来,人工景观聚集程度逐渐增大,圣彼得斯堡—克利尔沃特—坦帕都市圈人工景观聚集程度加大,加之海湾内部的人工景观,如建设用地规模化开发,也使得海湾整体聚集程度增大。1985—2015 年阶段,坦帕湾的景观破碎化指数不断增大,也在一定程度上反映了坦帕湾区域人类活动强度不断增大。

　　通过两个海湾景观整体特征指数分析可以初步分析海湾景观格局在人类活动影响下的状态。然而,在不同人工干扰强度下海湾景观格局变化仍不明确。因此,下一部分将分析海湾内部区域景观在不同强度开发影响下的变化特征,继续探讨海湾人工干扰强度和景观特征指数的关系,并揭示海湾景观演变的诱导因素。根据以上分析可知,海湾景观多样性指标与景观均匀度指标成正比而与优势度指数成反比;聚集度指数和分离度指数成反比关系。综上,选取具有代表性的景观空间构型制表、香农多样性指标和破碎度指数来分析港湾内部的景观整体特征指数与海湾不同人工干扰强度的关系,能够说明人类活动影响下的港湾地区景观过程-格局的变化。

13.2　人类活动影响下的象山港与坦帕湾景观生态风险格局演化分析

13.2.1　人类活动影响下的象山港景观生态风险格局演化

　　生态风险是指生态系统及其组分所承受的风险,指一个种群、生态系统或整个景观的正常功能受到外界胁迫,从而在目前和将来减少该系统内部某些要素或其本身的健康、生产力、遗传结构、经济价值和美学价值的可能性(李国旗等,1999;卢宏玮等,2003)。科学的生态风险评价及风险格局演化分析对建立生态风险预警机制、降低生态风险概率(刘晓等,2012),促进流域可持续发展具有重要的意义。目前,国内外学者大多采用 ERI、RRM 和 PESR 模型等评价方法对生态风险展开研究(Wallack & Hope.,2002;陈鹏等,2003;Liu et al.,2008;高永年等,2010;杨沛等,2011),主要涉及农业土地利用与居住用地扩展对生态系统产生的潜在生态风险研究(Walker et al.,2001)、滨海平原生态系统服务价值变化研究(李加林等,2005)、海岸湿地景观生态系统研究(李杨帆等,2005)、热带海岸景观生态结构研究(雷隆鸿等,2006)、城市扩展过程中自然/半自然景观空间生态风险水平的评估分析(李景刚等,2008)、互花米草入侵对潮滩生态服务功能的影响(李加林等,2005)、土地利用类型和景观格局变化分析(石浩朋等,2013)、淤泥质海岸湿地景观格局的主要特点及影响因子研究等(李加林,2003),但多为生态风险状态分析,对风险格局演变的时空规律研究较少(蒋卫国等,2008;张学斌等,2014),尤其缺乏生态风险格局演变的研究。随着城市化的推进和沿海地区的开发,象山港流域的生态系统受到了不同程度的影响和破坏,因此,本书以象山港流域为研究区,构建流域景观生态风险指数,对 1985—2014 年期间以人类生产、生活开发利用活动为主要风险源的景观利用进行生态风险格局演化分析,来揭示研究区生态风险的时空变化特征,以期为象山港流域生态风险管理提供理论、技术支持及决策依据。

13.2.1.1 研究区概况

象山港位于浙江省宁波市东南部沿海,介于 29°24′~30°07′N,121°43′~122°23′E,跨越象山、宁海、奉化、鄞州、北仑五县(市、区),北面紧靠杭州湾,南邻三门湾,东侧为舟山群岛,是一个 NE—SW 走向的狭长形潮汐通道海湾。象山港潮汐汊道内有西沪港、铁港和黄墩港三个次级汊道。从港口到港底全长约 60km,港内多数地区宽度 5~6km,平均水深 10m,入港河川溪流众多,水域总面积为 630km²。

本书所指的象山港流域,是以象山港周边的象山、宁海、奉化、鄞州和北仑 5 个县(市、区)最终地表水汇入港湾的陆域部分(图 13-5)(袁麒翔等,2014),其面积为 1450km²,多年平均降水量约为 1500mm,沿岸有大小溪流 95 条注入港湾,多年平均径流量为 12.9×10⁸m²。

13.2.1.2 数据来源与研究方法

13.2.1.2.1 景观格局数据来源及处理

以 1985 年、1995 年、2005 年及 2014 年的 TM 遥感影像作为数据源,在 ENVI 4.7 软件的支持下,以象山港 1∶250000 地形图为基准并结合 GPS 野外调查控制点对 1985 年、1995 年、2005 年及 2014 年 4 期的 TM 遥感影像数据进行几何纠正、地理配准、镶嵌拼接、研究区裁剪等综合处理。在此基础上,参考《土地利用现状分类》(GB/T 21010—2007)和全国遥感监测土地利用/覆盖分类体系的分类方法,将研究区的景观类型划分为建设用地、养殖用地及盐田、未利用地、耕地、湖泊河流、林地及滩涂,利用 eCognition Developer 8.7 基于样本的分类方式进行初步分类,再通过分类后比较法(刘慧平等,1999)以及人机交互式解译等方法,借助 ArcGIS10.2 对分类结果进行校对、更正,得到研究区 1985 年、1995 年、2005 年及 2014 年的景观格局矢量图。最后将不同时期的各类型景观作为流域生态风险的受体,在此基础上建立生态风险指数,

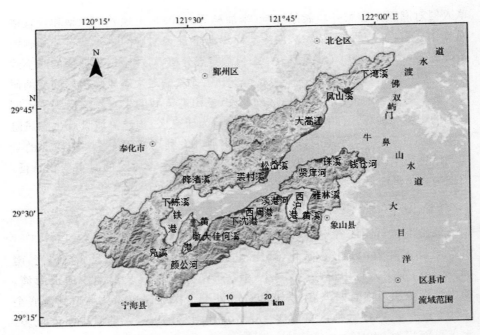

图 13-5　象山港流域景观生态风险格局研究区地理位置图

利用 ArcGIS10.2 中的空间分析方法及 Geostatistical Analyst 模块,得到象山港流域的生态风险指数空间分布图,对其生态风险时空变化特征进行分析。

　　人类活动导致的流域景观生态风险格局演变分析可以表示为流域景观的生态脆弱性和风险受体对风险源的响应程度函数式(张学斌等,2014),其中包括干扰度指数、破碎度指数、分离度指数、优势度指数、损失度指数。景观脆弱度指数主要用来表征不同景观类型内的生态系统结构的易损性。结合研究区的实际情况,同时在借鉴前人的研究成果(谢花林,2008;徐昕,2008)的基础上,采用专家打分法,将研究区的景观类型脆弱性分为 7 级,归一化处理后得到各类景观类型的脆弱度指数 F_i。并以 ArcGIS10.2 及 Fragstats 3.4 软件的相关功能,分别提取 1985—2014 年各景观类型的斑块数及面积,参照计算公式(张学斌等,2014),得到象山港流域 1985 年、1995 年、2005 年、2014 年各景观类型的景观格局指数(表 13-16)。

表 13-16 景观格局指数

类 型	年份	破碎度 C_i	分离度 N_i	优势度 D_i	干扰度 E_i	脆弱度 F_i	损失度 R_i
建设用地	1985	0.05186	0.50426	0.16835	0.21088	0.02778	0.00586
	1995	0.03337	0.33271	0.28238	0.17297	0.02778	0.00481
	2005	0.02841	0.56565	0.29244	0.24239	0.02778	0.00673
	2014	0.02483	0.24732	0.30060	0.14673	0.02778	0.00408
养殖用地及盐田	1985	0.02775	0.94213	0.06228	0.30897	0.17556	0.05424
	1995	0.03260	0.75383	0.09377	0.26120	0.17556	0.04586
	2005	0.01995	0.39937	0.12768	0.15532	0.17556	0.02727
	2014	0.01798	0.38138	0.11514	0.14643	0.17556	0.02571
未利用地	1985	0.03988	1.42212	0.05532	0.45764	0.29222	0.13373
	1995	0.04412	1.39298	0.06645	0.45324	0.29222	0.13245
	2005	0.04257	1.27681	0.07419	0.41917	0.29222	0.12249
	2014	0.04933	1.30125	0.08454	0.43195	0.29222	0.12622
耕 地	1985	0.00513	0.07336	0.32114	0.08880	0.08333	0.00740
	1995	0.00602	0.08455	0.09888	0.04815	0.08333	0.00401
	2005	0.00837	0.10640	0.30497	0.09710	0.08333	0.00809
	2014	0.00807	0.10616	0.29793	0.09547	0.08333	0.00796
湖泊河流	1985	0.06450	1.08227	0.16660	0.39025	0.11111	0.04336
	1995	0.05724	0.96784	0.31473	0.38192	0.11111	0.04243
	2005	0.06086	1.04126	0.65523	0.47385	0.11111	0.05265
	2014	0.05896	1.01688	0.16725	0.36799	0.11111	0.04089
林 地	1985	0.00070	0.01618	0.47154	0.09951	0.05556	0.00553
	1995	0.00076	0.01680	0.17083	0.03959	0.05556	0.00220
	2005	0.00077	0.01696	0.71298	0.14807	0.05556	0.00823
	2014	0.00079	0.17236	0.46780	0.14566	0.05556	0.00809
滩 涂	1985	0.05961	1.20058	0.99963	0.58991	0.25444	0.15010
	1995	0.06938	1.49018	0.04020	0.48978	0.25444	0.12462
	2005	0.09774	2.19786	0.09278	0.72678	0.25444	0.18492
	2014	0.09442	2.34147	0.08350	0.76635	0.25444	0.19499

13.2.1.2.2 生态风险分析

结合前人相关研究经验(曾辉和刘国军,1999;高宾等,2011),并综合考虑研究区范围及处理工作量的大小,将研究区划分为 20km×20km 的风险小区采样方格,采用等间距系统采样法,落在研究区范围内的风险小区共 185 个(图 13-6)。得出每一个风险小区的综合生态风险指数,将其作为该小区中心质点的生态风险水平。

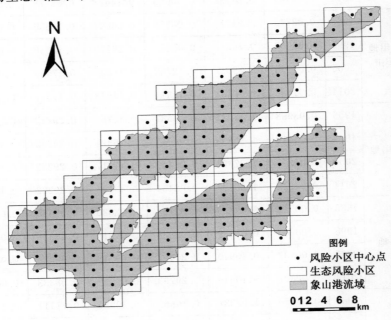

图 13-6 象山港流域生态风险小区划分图

计算景观指数并构建综合的景观生态风险指数 ERI_i(张学斌等,2014)来表征一个样地内综合的生态损失的相对大小,通过采样的方法将景观的空间格局转化为空间化的生态风险变量。在此过程中,引入景观各组分的面积比重,由景观干扰度指数和景观脆弱度指数来构建景观生态风险指数,其计算公式如下:

$$ERI_i = \sum_{i=1}^{N} \frac{A_{ki}}{A_k} R_i$$

(式 13-1)

式中,ERI_i 表示第 i 个风险小区的景观生态风险指数,R_i 为 i 类景观的损失度指数,A_{ki} 为第 k 个风险小区内景观类型 i 的面积,A_k 为第 k 个风险小区的面积。

在此基础上,得出象山港流域 185 个风险小区 1985 年、1995 年、2005 年及 2014 年的生态风险指数采样数据,并对其变异函数进行理论模型的最优拟合。然后选取高斯模型并进行相关参数设置,运用 ArcGIS10.2 软件的地统计分析模块,通过 Kriging 进行区域生态风险的空间分析。为了便于比较象山港流域各个不同时期的生态风险 ERI 的大小变化情况,在此采用相对指标法对风险小区的生态风险指数进行自然断点划分,共分为 5 个等级,最后利用 ArcGIS10.2 中的空间叠加分析功能,将研究区各时段生态风险等级分布图进行叠加,并构建生态风险等级转移矩阵 A_{ij}、B_{ij}、C_{ij}、D_{ij} 来对其转化类型和面积进行定量分析。

13.2.1.3　结果与分析

13.2.1.3.1　景观格局时空变化

由遥感解译结果图 13-7 可见,1985—2014 年,人类活动由颜公河、大嵩溪和裘村溪流域逐渐扩展到整个象山港流域的河流谷地与河口平原地带,土地利用方式和强度的空间差异造成了景观格局和结构的演变。从表 13-16 可以看出,在整个研究期内,各类景观指数均发生了较大的变化,其中林地和耕地的破碎度和分离度指数明显增加,由此表明,这两类景观类型的地域分布日趋分散化,随机散布的现象不断加剧,并且优势度指数不断减小,表明景观优势逐渐降低。

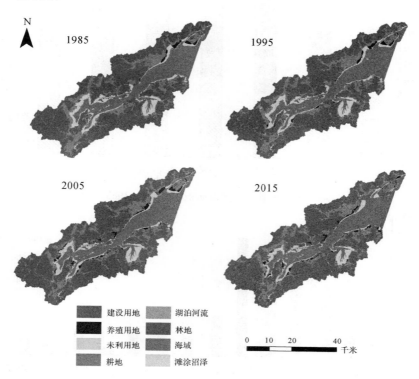

图 13-7　象山港流域景观类型分布(1985—2014 年)

1985—2014 年间,象山港流域的景观格局空间动态变化显著(图 13-8),人类活动作用力度较大的景观类型,如建设用地、未利用地和养殖用地及盐田,面积呈现增长趋势,而属于自然景观类型的耕地、林地以及滩涂面积呈现减少趋势。其中,面积增长最快的是建设用地,年均增加量为 2.49km²,1985—1995 年增加量最大,净增长 47.8%。可以看出,随着城市化进程的推进和工业化步伐的不断加快,建设用地面积不断增加,使得建设用地的分离度减小,优势度增加,景观类型在地域上的分布趋于集中,成为影响流域景观格局演变的重要因素。近 30 年来,面积增长率最高的是养殖用地及盐田,增长了 2.95 倍。此外,未利用土地增长速度也比较快,增长率达 47.7%。面积减少最多的是滩涂,年均减少了 29.6km²,其中,1985—1995 的 10 年间减少最多,累计净减少了 37.31km²。另外,从 2014 年的景观类型来看,林地和耕地仍处于主导地位,分别占景观类型面积的 66.2%,17.8%。总体来看,自然景观面积不断减少的同时,人工景观面积在不断增加,所以导致象山港流域生态风险概率不断加大。

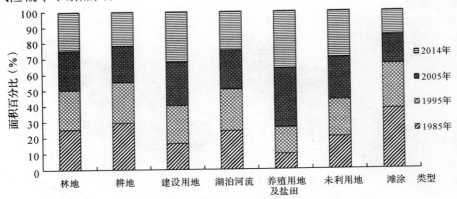

图 13-8 象山港流域景观结构及面积构成变化(1985—2014 年)

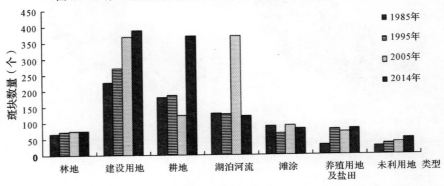

图 13-9 象山港流域各景观类型斑块数量变化(1985—2014 年)

从景观类型的斑块数量上看(图 13-9),1985—2014 年间各景观类型的斑块数量均有变化,其中建设用地由 1985 年的 228 个增加至 2014 年的 390 个,累计增加 162 个,增加率达 71.05%。30 年来斑块数量增加最多的景观类型是耕地,由 1985 年的 181 个增加到 2014 年的 372 个,增加了 1.1 倍,并且 2005 年到 2014 年的增加额度最大,净增加 246 个。此外,林地的最大变幅为 7%,是斑块数量动态变化最小的景观类型。斑块数量最少的景观类型是未利用地。

13.2.1.3.2 景观生态风险格局时空分异

在本书研究涉及的时间段,通过对研究区内 185 个风险小区 1985 年、1995 年、2005 年、2014 年的生态风险指数采样数据分析,得出象山港流域生态风险等级变化较大(图 13-10)。在此基础上,根据风险小区的生态风险指数自然断点等距划分结果,统计了生态风险指数的分级所占面积(图 13-11)。可以看出,低生态风险区不断向上游流域迁移,面积减少了 561.14km²,所占比例下降 37.98%;较低生态风险区向上游和中游流域不断延伸,面积增加 226.68km²;分布在中下游流域的中生态风险区向下游流域不断后退;高生态风险区面积变化的差异较大,主要集中在 2005 年以后,1985 年和 1995 年以低生态风险和较高生态风险区为主,高生态风险区面积较小,2014 年低等级和较高等级生态风险区面积减少,较低等级和高等级生态风险区面积增加,流域生态风险由低等级生态风险区为主导演化为低等级、较低等级和高等级生态风险区并存的趋势。

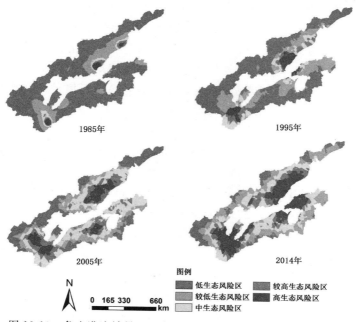

图 13-10 象山港流域景观生态风险格局演变图(1985—2014 年)

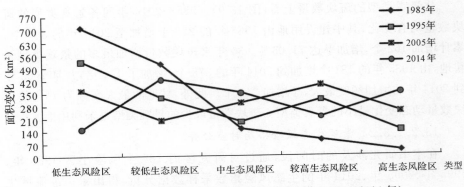

图 13-11　象山港流域各生态风险等级面积变化(1985—2014 年)

　　研究区裘村溪、降渚溪、下陈溪、大佳何溪、淡港溪、黄溪、雅林溪和贤庠河上游流域地区林地景观类型广布,生态风险程度低,其中部分上游流域地区有河流湖泊分布,脆弱度相对较低,导致出现较低的生态风险;中游河流谷地分布有大量的滩涂和耕地及局部的未利用地,生物个体较少,生态环境脆弱,生态风险加大,流域生态风险格局与自然环境状况基本一致;下游河口平原区社会经济发达,人类活动集中,建设用地分布较广,斑块分离度高,破碎度大,生态风险较高。研究期间,经济社会快速发展,流域人口数量显著增加,其中颜公河和松岙溪中下游流域地区景观类型及相应的生态风险指数发生改变,生态风险不断增大。

　　总体来看,象山港流域内各生态风险等级面积变化过程中,较低生态风险等级区和高生态风险等级区幅度较大,分别约占变化面积的 28.59% 和 23.52%。可以看出,30 年来,分布在象山港港口和港底的流域部分低生态风险等级区面积变化呈递减态势,中生态风险区和高生态风险区面积出现增加趋势,变化幅度最小的是中生态风险等级区。

13.2.1.3.3　景观生态风险等级转化分析

　　1985—2014 年间各等级生态风险区的面积增减交替演变,在此用生态风险等级转移矩阵 A_{ij}、B_{ij}、C_{ij}、D_{ij} 来定量分析 1985—1995 年、1995—2005 年、2005—2014 年以及 1985—2014 年四个时段的生态风险等级转化情况,其中 i、j 分别等于 1(表示低等级生态风险区)、2(表示较低等级生态风险区)、3(表示中等级生态风险区)、4(表示较高等级生态风险区)、5(表示高等级生态风险区)。

$$A_{ij} = \begin{bmatrix} 498 & 165 & 32 & 14 & 0 \\ 25 & 157 & 138 & 174 & 14 \\ 0 & 1 & 16 & 94 & 37 \\ 0 & 0 & 0 & 25 & 61 \\ 0 & 0 & 0 & 3 & 23 \end{bmatrix} \qquad B_{ij} = \begin{bmatrix} 305 & 126 & 62 & 29 & 0 \\ 44 & 57 & 110 & 95 & 16 \\ 13 & 8 & 56 & 77 & 32 \\ 0 & 4 & 61 & 149 & 95 \\ 0 & 0 & 4 & 39 & 94 \end{bmatrix}$$

$$C_{ij} = \begin{bmatrix} 131 & 196 & 28 & 9 & 0 \\ 18 & 129 & 41 & 5 & 2 \\ 0 & 86 & 127 & 53 & 29 \\ 0 & 11 & 130 & 108 & 138 \\ 0 & 0 & 21 & 38 & 179 \end{bmatrix} \qquad D_{ij} = \begin{bmatrix} 146 & 2 & 0 & 0 & 0 \\ 379 & 38 & 5 & 0 & 0 \\ 160 & 173 & 11 & 2 & 0 \\ 20 & 148 & 24 & 17 & 4 \\ 4 & 146 & 109 & 66 & 23 \end{bmatrix}$$

对各时段相互转化量进行分析,总体来看,从 1985 年到 2014 年整个流域内的生态风险等级由高向低转变的总面积仅为 13km²,而生态风险等级由低到高转变的总面积却达到 751km²,约占全流域总面积的 51.79%。其中,变化最大的是由低到较低等级的转变,转化面积达 379km²,这类变化主要分布在下湾溪、凤山溪、降渚溪、下陈溪、凫溪、大佳何溪、雅林溪及钱仓河流域等地区,随着人类活动影响强度的增加,越来越多的林地景观被生态风险等级较高的耕地、建设用地等景观类型所替代,使得生态风险指数上升。可以看出象山港流域在过去的 30 年间,生态风险等级虽然在局部地区有所下降,但在整体上呈现出逐步增高的趋势。

分时段来看,1985—1995 年生态风险等级由低到高转变的面积为 495km²,而由高到低转变的面积仅为 29km²,表明人类活动对象山港流域的生态影响开始逐步增大。随着人类对河流下游地区的开发利用,生态风险等级呈现由沿海地区向内陆呈条带半环状递增趋势。1995—2005 年,生态风险等级由低到高转变的面积为 1985—1995 年的 88.89%,此类转化主要集中在裘村溪、松岙溪和颜公河中下游流域一带。2005—2014 年在前 10 年的基础上生态风险等级由低到高累积增长面积为 897km²,占流域总面积的61.86%。对比前后三个时段的生态风险等级变化情况可知,1985—1995 年由低到较低以及较低到中的转变面积变化较大,分别为 165km²、138km²,主要分布在凫溪与贤庠河下游流域,裘村溪、松岙溪及大嵩溪中下游流域以及整个颜公河流域。1995—2005 年,变化最大的是低生态风险区转化为较低生态风险区,其转化面积较前 10 年有所减少,而 2005—2014 年,变化较大的为低到较低以及较低到中的转变,转变面积达 196km²,此类转化除凫溪和下陈溪上游流域外,在象山港流域均有分布。这些较大面积的生态等级转化源于象山港流域社会经济发展速度加快,人口密度增加,基础设施规模扩大,土地利用与景观结构的干扰度越来越大,各种景观类型之间的转变以及边界的变更越来越复杂,生态风险等级转变不断加快。所以,象山港流域开发进程中,应将自然资源、生态环境和社会经济发展之间的关系进行耦合研究和综合评价,制定适合流域发展的规划,来调整过度依赖资源的经济发展模式,保护生态环境,提高土地利用效率,因地制宜地发展工农业生产。

13.2.1.4　结论

本书以 1985 年、1995 年、2005 年、2014 年的 TM 遥感影像数据为基础,在 GIS 技术的支持下,对象山港流域景观生态风险格局演变进行了分析,得到以下结论:

(1)在研究时段内,研究区的景观结构发生了较大的变化,建设用地、未利用地和养殖用地及盐田面积呈现增长趋势,而耕地、林地和滩涂面积呈现减少趋势。其中,面积增长最快的是建设用地,年均增加量为 248.51km^2,1985—1995 年增加量最大,净增长 47.8%。并且,建设用地分离度减小到 0.24732,优势度增加至 0.30060,景观类型在地域上的分布趋于集中。

(2)近 30 年来,研究区内的景观生态风险在时间演变过程上发生了显著的变化。1985 年,象山港流域景观以低和较低等级生态风险区为主,分别占全流域总面积的 48.01% 和 34.35%,1995 年,低、较低等级生态风险区面积均有不同程度减少,而中等生态风险区面积则有显著增加。至 2014 年,低生态风险区面积进一步减少,而高、较高生态风险区面积增加明显。

(3)1985—2014 年的 30 年间,研究区内的景观生态风险在空间分布格局上发生了显著的变化。总体演化趋势表现为低、较低生态风险区向流域上游迁移,面积分别减少 561.14km^2 和 85.10km^2,较高和高生态风险区也不断向流域中上游不断延伸,占据了原有的较低等级的生态风险区域,到 2014 年,较高和高生态风险区向下游扩展,尤其在沿海平原的淤泥质海岸一侧分布更为集中,30 年来,面积分别增加 127.38km^2 和 321.34km^2,说明人类活动对象山港流域景观资源的开发利用正在增强。

13.2.2　人类活动影响下的坦帕湾景观生态风险格局演化

生态风险评价是随着环境管理目标和环境观念的转变而逐渐兴起并得到发展的一个新的研究领域。生态风险评价通过了解各种生态系统的特点,评估各种生态系统遭遇风险的可能性及受到生态危害的大小,确定其抵抗风险的能力,为风险管理提供科学依据和技术支持(巫丽芸和黄义雄,2005)。科学的生态风险评价及风险格局演化分析对建立生态风险预警机制、降低生态风险概率(刘晓等,2012),促进流域可持续发展具有重要的意义。20 世纪 90 年代以来,国内外学者开展了较多的流域生态风险研究,主要涉及流域生态风险综合评估(Landis & Weigers,1997;Diamond & Ser veiss,2001;Obery & Landis,2002),道路(刘世梁等,2005)、城市化(刘存东,2010)对流域景观的影响,干旱区内陆河流(陈鹏等,2003;薛英等,2008)湖泊(许妍等,2010)的生态风险分析,淤泥质海岸湿地景观格局与景观生态建设(李加林和张忍顺,2003)以及生态学视野下流域土地利用研究(叶延琼和陈国阶,2006)等,但较少有景观尺度的流域生态风险时空分异评价研究见诸文献(卢远等,2010)。坦帕湾流域位于美国东南佛罗里达半岛中段海岸西部,受热带海洋气团与极地大陆气团交替控制,属热带气候与亚热带气候的过渡地带,该区域开发历史悠久,长期的人类活动使得流域生态环境受到了不同程度的影响和破坏。本书以坦帕湾流域为研究区,构建流域景观生态风险指数,对 1985—2015 年期间以人类生产、生活开发利用活动为主要风险源的景观利用进行生态风险格局演化分析,探明研究区生态风险的时空变化态势,以期为中国港湾流域开发利用与保护规划提供科学借鉴。

13.2.2.1　研究区概况

坦帕湾是美国东南部的一个大型天然海湾,地理位置介于北纬 27°30′~28°15′和西经 81°45′~83°00′,由希尔斯堡湾、旧坦帕湾、中坦帕湾和低坦帕湾这四部分组成(图 13-12)。坦帕湾是佛罗里达州最大的开放型河口,湾口至湾顶的长度约为 56km,宽度约为 8~16km,水面面积为 1030km²,平均深度小于 4m。行政上包含了佛罗里达州派内拉斯县、希尔斯伯勒县的大部分,海牛县和帕斯科县部分地区以及波尔卡县和萨拉索塔县。坦帕湾的底部多泥沙,平均水深小于 4m。流入坦帕湾的河流较多,年平均河流水量约为 63m³/s,包括 Hillsborough、Alafia、Manatee、Little Manatee 河在内的 100 多条大小河流,流域面积约为 6600km²,水体总体积约为 $4×10^9$ m³。

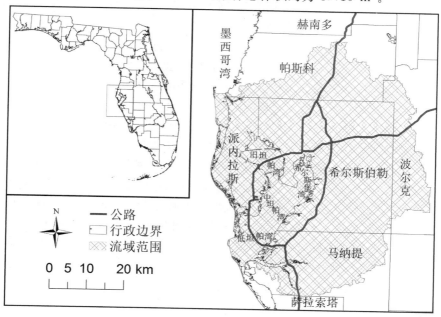

图 13-12　坦帕湾流域及区位图

本研究所指的坦帕湾流域范围选用美国坦帕湾水图网中的流域矢量数据作为坦帕湾流域边界(Xian et al.，2005；坦帕湾官方网站，2015)，包括了坦帕、圣彼得堡、清水等十几座中小型城市，面积 2560km²，人口约 300 万。全区地势平坦，多年平均降水量 1100mm，蒸发量 1200mm，河流分散。早在 6000 年前 Manasota 人就在坦帕湾的海边生活并定居，19 世纪以来，坦帕湾地区的旧坦帕湾、希尔斯堡湾、中坦帕湾沿岸城市化进程加快，坦帕湾可持续发展受到严峻挑战，海洋环境污染、海水动力条件失衡、海湾生态环境破坏。近几十年，坦帕湾航道清淤工程和众多跨海大桥的建设，使其交通变得非常发达，港口经济也逐渐成为坦帕湾的重要发展方向，港湾周边的房地产开发、港口建设、渔业发展对港湾自然景观生态过程造成了明显影响。然而，20 世纪 90 年代以来，坦帕湾开始推行海湾保护计划并配套采取一系列的海湾保护与管理方案，坦帕湾生态环境得到一定程度的改善。

13.2.2.2　研究数据与方法

13.2.2.2.1　景观格局数据来源及处理

以 1985 年、1995 年、2005 年及 2015 年的 TM 遥感影像作为数据源，在 Envi4.7 软件的支持下，以坦帕湾 1：50000 地形图为基准并结合 GPS 野外调查控制点对 4 期 TM 遥感影像数据进行综合校正处理。在此基础上，参考坦帕湾河口保护计划官方网站提供的佛罗里达州土地利用/土地覆被矢量数据(坦帕湾官方网站，2015)，将研究区的景观类型划分为建设用地、娱乐休闲用地、未利用地、耕地与牧场、河流与湖泊、林地及滩涂与沼泽，利用 eCognition Developer 8.7 基于样本的分类方式进行初步分类，再通过分类后比较法(刘慧平等，1999)以及人机交互式解译等方法，借助 ArcGIS10.2 对分类结果进行校对、更正，得到研究区 1985—2015 年的景观格局矢量图。最后将不同时期的各类型景观作为流域生态风险的受体，在此基础上建立生态风险指数，利用 ArcGIS10.2 中的 Spatial Analyst 及 Geostatistical Analyst 工具，得到坦帕湾流域的生态风险指数空间分布图，对其生态风险时空变化特征进行分析。

人类活动导致的流域景观生态风险格局演变分析可以表示为流域景观的生态脆弱性和风险受体对风险源的响应程度函数式(张学斌等，2014)，其中包括干扰度指数、破碎度指数、分离度指数、优势度指数、损失度指数。结合研究区的实际情况，同时在借鉴前人的研究成果(谢花林，2008；徐昕，2008)的基础上，采用专家打分法，将研究区的景观类型脆弱性分为 7 级，归一化处理后得到各类景观类型的脆弱度指数 F_i。并以 ArcGIS10.2 及 Fragstats 3.4 软件的相关功能，分别提取 1985—2015 年各景观类型的斑块数及面积，参照张学斌等(2014)的计算公式，得到坦帕湾流域 1985 年、1995 年、2005 年、2015 年各景观类型的景观格局指数(表 13-17)。

表 13-17 景观格局指数

年份	类型	破碎度 C_i	分离度 N_i	优势度 D_i	干扰度 E_i	脆弱度 F_i	损失度 R_i
1985	建设用地	0.25470	0.41799	0.40787	0.33432	0.02778	0.00929
	娱乐休闲用地	3.05894	6.98642	0.21486	3.66837	0.16667	0.61141
	未利用地	0.87907	3.84667	0.21982	1.63750	0.22222	0.36389
	耕地与牧场	0.53047	0.73765	0.37827	0.56218	0.08333	0.04685
	河流与湖泊	2.53288	3.65264	0.30195	2.42262	0.11111	0.26918
	林地	0.64040	0.73592	0.42685	0.62635	0.05556	0.03480
	滩涂与沼泽	1.67832	4.79944	0.19383	2.31776	0.19444	0.45067
1995	建设用地	0.24690	0.40518	0.41138	0.32728	0.02778	0.00909
	娱乐休闲用地	3.04688	6.83508	0.21552	3.61707	0.16667	0.60286
	未利用地	1.05079	4.24958	0.21839	1.84394	0.22222	0.40976
	耕地与牧场	0.54712	0.75847	0.37795	0.57669	0.08333	0.04806
	河流与湖泊	2.57169	3.74854	0.29970	2.47035	0.11111	0.27448
	林地	0.67376	0.76000	0.42728	0.65033	0.05556	0.03613
	滩涂与沼泽	1.64195	4.77056	0.18468	2.28908	0.19444	0.44509
2005	建设用地	0.21780	0.37630	0.41020	0.30383	0.02778	0.00844
	娱乐休闲用地	2.99296	6.43173	0.21753	3.46950	0.16667	0.57826
	未利用地	0.95943	3.71009	0.22411	1.63757	0.22222	0.36390
	耕地与牧场	0.57652	0.79294	0.37275	0.60069	0.08333	0.05006
	河流与湖泊	2.75229	3.81783	0.30417	2.58233	0.11111	0.28692
	林地	0.69023	0.77763	0.42393	0.66319	0.05556	0.03685
	滩涂与沼泽	1.61775	4.73863	0.18000	2.26646	0.19444	0.44069
2015	建设用地	0.19680	0.35264	0.41178	0.28655	0.02778	0.00796
	娱乐休闲用地	2.98650	6.37116	0.21795	3.44819	0.16667	0.57471
	未利用地	0.95779	3.49379	0.22141	1.57131	0.22222	0.34918
	耕地与牧场	0.60977	0.82924	0.37130	0.62792	0.08333	0.05232
	河流与湖泊	2.79103	3.86446	0.30418	2.61569	0.11111	0.29063
	林地	0.70447	0.79240	0.41821	0.67360	0.05556	0.03743
	滩涂与沼泽	1.62003	4.83875	0.16864	2.29537	0.19444	0.44631

13.2.2.2.2　生态风险分析方法

结合前人相关研究经验(曾辉和刘国军,1999;高宾等,2011),并综合考虑研究区范围及处理工作量的大小,将研究区划分为 20km×20km 的风险小区采样方格,采用等间距系统采样法,落在研究区范围内的风险小区共 117 个(图13-13)。计算每一个风险小区的综合生态风险指数,将其作为该小区中心质点的生态风险水平。

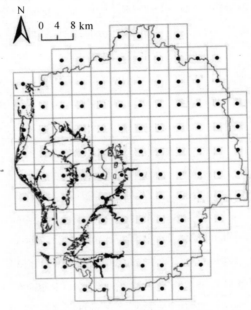

图 13-13　坦帕湾流域生态风险小区划分图

计算景观指数并构建综合的景观生态风险指数 ERI_i(张学斌等,2014)来表征一个样地内综合的生态损失的相对大小,通过采样的方法将景观的空间格局转化为空间化的生态风险变量。在此过程中,引入景观各组分的面积比重,由景观干扰度指数和景观脆弱度指数来构建景观生态风险指数,其计算公式如下:

$$ERI_i = \sum_{i=1}^{N} \frac{A_{ki}}{A_k} R_i \qquad\qquad (式 13-2)$$

式中,ERI_i 表示第 i 个风险小区的景观生态风险指数,R_i 为 i 类景观的损失度指数,A_{ki} 为第 k 个风险小区内景观类型 i 的面积,A_k 为第 k 个风险小区的面积。

在此基础上,得出坦帕湾流域 117 个风险小区 1985 年、1995 年、2005 年及 2015 年的生态风险指数采样数据,并对其变异函数进行理论模型的最优拟合。然后选取高斯模型并进行相关参数设置，运用 ArcGIS10.2 软件的地统计分析模块，通过 Kriging 进行区域生态风险的空间分析。为了便于比较坦帕湾流域各个不同时期的生态风险 *ERI* 的大小变化情况，在此采用相对指标法进行计算和空间模拟，对风险小区的生态风险指数进行自然断点划分为 5个等级，最后利用 ArcGIS10.2 中的空间叠加分析功能，将研究区各时段生态风险等级分布图进行叠加，来定量分析生态风险转化面积和速率。

13.2.2.3 结果分析

13.2.2.3.1 景观格局时空变化

根据遥感解译结果可以看出(图 13-14)，1985—2015 年，坦帕湾流域随着人类活动对其资源环境时空控制力的提升景观格局变化显著，且人工景观面积明显大于自然景观面积，具体表现出建设用地、娱乐休闲用地和未利用地等

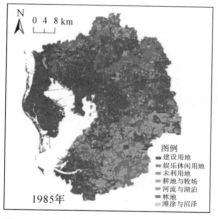
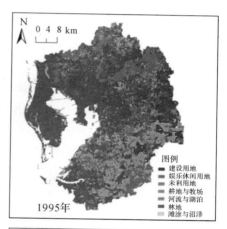
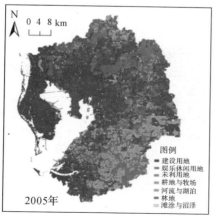

图 13-14 坦帕湾流域景观类型分布(1985—2015 年)

人工景观面积不断增加,河流与湖泊、林地、滩涂与沼泽等自然景观面积不断减少的态势(图 13-15)。各景观类型中,30 年来面积减少最多的为耕地与牧场,净减少量为 138.40km²。面积增加最多的为建设用地,占整个研究区景观类型增加总量的 80.63%,娱乐休闲用地和未利用地虽有所增加,但相对建设用地而言,优势并不明显。1995 年以后坦帕湾流域人类活动及港湾资源利用趋势继续加快,境内的派内拉斯和希尔斯伯勒县近海平原都市圈发展较为成熟,重点开发区域空间也转移至帕斯科县东南部、波尔卡县西部、萨拉索塔县北部,使人工景观的主导地位进一步强化,成为影响流域景观格局演变的重要因素。

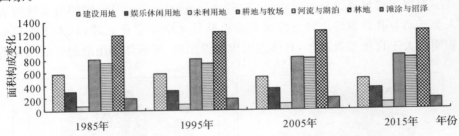

图 13-15　坦帕湾流域景观结构及面积构成变化(1985—2015 年)

从景观类型的斑块数量上看(图 13-16),1985—2015 年间各景观类型的斑块数量均有变化,从 1985 年的 3820 个增加到 2015 年的 4131 个,其中以建设用地减少最为明显,由 1985 年的 583 个减少至 2015 年的 489 个,减少率达 19.22%。此外,河流与湖泊累计增加 64 个,是斑块数量动态变化仅次于建设用地的景观类型。斑块数量最少的景观类型是滩涂与沼泽。受到流域人居环境开发空间的限制,坦帕湾西部及北部沿海区域在人类活动的干扰下,建设用地斑块数量减少,破碎度降低,景观类型由复杂、异质和不连续的斑块镶嵌体向单一、均质和连续的人工景观密集整体变化。坦帕湾林地因水系衬砌、牧场

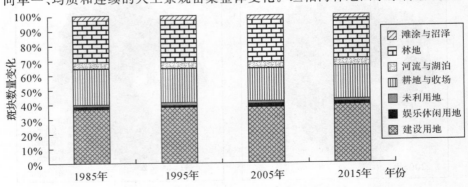

图 13-16　坦帕湾流域各景观类型斑块数量变化(1985—2015 年)

开发等导致天然林与红树林破坏,造成林地景观干扰度指数上升,使破碎度波动上升,但优势景观仍为林地、建设用地,这说明坦帕湾在城市扩张的过程中,同时也注意了对自然景观的维持与保护。

13.2.2.3.2 景观生态风险格局时空分异

研究期间,坦帕湾流域生态风险等级变化较大(图 13-17),对生态风险指数的分级所占面积进行了统计。可以看出,1985—2015 年坦帕湾流域的高生态风险区主要分布在:旧坦帕湾派内拉斯县东南部、希尔斯堡湾的希尔斯伯勒县西岸中部沿海低地大部分区域、中坦帕湾的海牛县西北部及希尔斯伯勒西南部。该区域是佛罗里达州开发较早的区域,形成了以克利尔沃特市、圣彼得斯堡市、坦帕市为中心的都市圈,人口众多,交通发达,建成区面积较大,是人类活动最为剧烈的区域,因此其生态风险最高。低生态风险区向海牛县东北部、国希尔斯伯勒县东南部和波尔卡西南部三县交界地带以及帕斯科县域附近

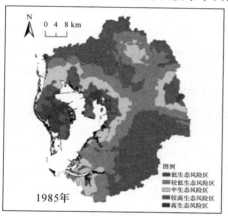
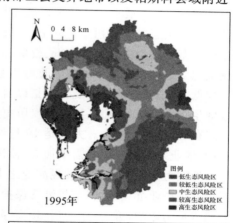
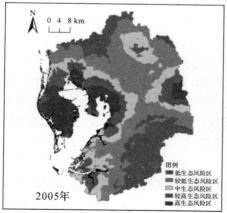
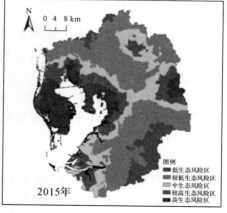

图 13-17 坦帕湾流域景观生态风险格局演变图(1985—2015 年)

迁移,面积减少 1229.24km²,所占比例下降 28.41%,这是由于 20 世纪 90 年代坦帕湾的房地产开发投资建设发展空间快速转移至此,景观人工干扰强度发生显著变化。较低生态风险区向希尔斯伯勒县东北部方向推进,面积增531.8km²;分布在流域下游海域沿岸的中生态风险向下游不断收缩,此外,坦帕湾流域内的高生态风险区,被较高生态风险区包围,面积逐渐增加;较高生态风险区主要分布在派内拉斯县、旧坦帕湾沿岸、希尔斯堡湾以及中坦帕湾沿岸地区,所占比例增加至 15.86%;高生态风险区派内拉斯县大部分地区和希尔斯伯勒县局部地区扩展为大片区域,面积增加 370.50km²,所占比例上升8.56%。这也说明都市圈区域的交通路网修建、港湾城镇化推进进一步提升了该区域的生态风险等级,重点发展产业项目的战略性空间转移亦推动了区域景观生态风险发生改变。

　　流域各等级生态风险的面积变化差异较大,面积变化主要集中在 1995 年以后,1985 年以低和较低生态风险面积为主,高生态风险面积较小。2005 年低和较高生态风险面积显著减小,较低和高生态风险面积增加,流域生态风险由低生态风险为主导演化为低、较低和高生态风险并存的态势。研究区内陆流域上游地区帕斯科中南部以及海牛县东南部林地景观类型广布,生态风险程度低,其中部分地区景观类型是以耕地与牧场为主,脆弱度较高,导致出现较低生态风险区;近海平原区开发历史悠久,城市化水平高,人口稠密,人工景观广布,生态风险加大。尤其是 19 世纪 90 年代以来,流域房地产开发、港口建设、渔业发展对耕地的需求加大,使港湾资源环境过度开发,人类活动作为一种外在力量叠加于自然景观演变之上,加剧了流域生态环境的恶化。与此同时重点产业继续发展,虽然港湾保护计划已经实施,但受生态环境恶化逆转周期较长的影响,近 10 年的高、较高等级生态风险区面积与前 20 年相比仍在增加。

13.2.2.3.3　景观生态风险等级转化分析

　　30 年间各等级生态风险区的面积增减交替演变,在此将 4 个不同时期的生态风险等级分布图按照时间顺序进行叠加,得到生态风险等级转移矩阵,进而得出 1985—1995 年、1995—2005 年、2005—2015 年以及 1985—2015 年各生态等级转化面积和速率的动态变化情况(图 13-18),其中 A 为低生态风险区、B 为较低生态风险区、C 为中生态风险区、D 为较高生态风险区、E 为高生态风险区。

　　对各时段相互转化量进行分析,总体来看,从 1985 年到 2015 年整个流域内的生态风险等级由低向高转变的总面积为 3210.84km²,约占全流域总面积的 48.65%。其中,变化最大的是由低到较低等级的转变,转化面积达1396.45km²,这类变化主要分布在内陆帕斯科县中部、波尔卡县西南部、海牛

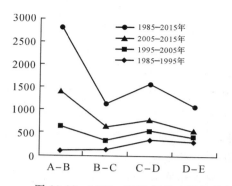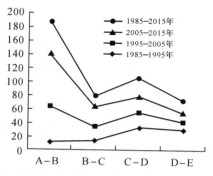

图 13-18   1985—2015 年生态风险等级转化面积(km²)与转化速率(km²/a)

县东北部以及希尔斯伯勒县东部局部等地区,随着人类活动影响强度的增加,越来越多的林地景观被生态风险等级较高的耕地与牧场、建设用地等景观类型所替代,使得生态风险指数上升。可以看出坦帕湾流域在过去的 30 年间,生态风险等级在整体上呈现出逐步增高的趋势。

1985—1995 年生态风险等级由低到高转变的面积为 852.61km²,其中以中到较高等级最为明显,年均转化速率为 33.35km²/a,表明人类活动对坦帕湾流域的生态影响开始逐步增大。随着人类对流域下游派内拉斯县、旧坦帕湾以及希尔斯伯湾的开发利用强度加大,生态风险等级呈现由沿海地区向内陆呈条带半环状递增趋势。1995—2005 年,生态风险等级由低到高转变的速率为 1985—1995 年的 1.23 倍,此类转化主要集中在旧坦帕湾、希尔斯堡湾以及派内拉斯县大部分地区。2005—2015 年在前 10 年的基础上生态风险等级由低到高累积增长速率为 143.19km²/a,是前 20 年变化速率的 75.23%。对比前后三个时段的生态风险等级变化情况可知,1985—1995 年由中到较高以及较高到高的转变速率变化较快,分别为 33.35km²/a、29.57km²/a,主要分布在中坦帕湾局部地区、希尔斯伯勒县西北部、派内拉斯县中南部以及旧坦帕湾、希尔斯堡湾一带。1995—2005 年,变化最大的是低生态风险区转化为较低生态风险区,其转化速率较前 10 年有所增加,而 2005—2015 年,变化较大的为低到较低以及较低到中的转变,转变速率累计达 106.58km²/a,在坦帕湾流域均有分布。这些较大面积的生态等级转化源于坦帕湾流域城市化进程较快,大都市圈与重点产业战略转移发展,土地利用与景观结构的干扰度越来越大,各种景观类型之间的转变以及边界的变更越来越复杂,生态风险等级转变不断加快。但 30 年来,年均转化速率分别为 26.08km²/a 和 17.94km²/a,且近 20 年生态风险等级上升速率明显低于前 10 年,说明人类在开发利用港湾资源的同时,也逐渐注重港湾生态环境的保护与管理。

13.2.2.4 结论

以 1985 年、1995 年、2005 年、2015 年的 TM 遥感影像数据为基础,在 GIS 技术的支持下,对坦帕湾流域景观生态风险格局演变进行了分析,得到以下结论:

(1)在研究时段内,坦帕湾流域随着人类活动对其资源环境时空控制力提升,景观格局变化显著,且人工景观面积明显大于自然景观面积,具体表现出建设用地、娱乐休闲用地和未利用地等人工景观面积不断增加,河流与湖泊、林地、滩涂与沼泽等自然景观面积不断减少的态势。另外,1995 年以后坦帕湾流域派内拉斯和希尔斯伯勒县沿海平原都市圈发展较为成熟,重点开发区域的空间也转移至帕斯科县东南部、波尔卡县西部、萨拉索塔县北部,使人工景观的主导地位进一步强化。

(2)近 30 年来,研究区的景观生态风险在时间演变过程上发生了显著的变化。1985 年,坦帕湾流域景观以低和较低等级生态风险区为主,分别占全流域总面积的 24.16% 和 20.30%,20 世纪 90 年代以后,随着港湾城镇化的快速推进,自然景观的人工控制程度加强,使帕斯科县东部、海牛县西南部和波尔卡县西部的生态风险发生显著变化,尤其是低、较低等级生态风险区面积均有减少,中等生态风险区面积显著增加。至 2015 年,重点产业继续发展的同时,虽然海湾保护计划已经实施,但受生态环境恶化逆转周期较长的影响,高、较高等级生态风险区面积与前 20 年相比仍在增加,分别占前 20 年的 51.46%,40.80%。

(3)1985—2015 年的 30 年间,研究区内的景观生态风险在空间分布格局上发生了显著的变化。整个流域内的生态风险等级由低向高转变的总面积为 3210.84km² ,约占全流域总面积的 48.65%,较高和高生态风险等级沿港湾海域一侧区域继续扩张,大陆一侧东北部逐渐零星出现,占据了原有的中、较低等级的生态风险区域,到 2015 年,较高和高生态风险区域在港湾近海平原地带更为集中分布。30 年来,年均转化速率分别为 26.08km²/a 和 17.94km²/a,且近 20 年生态风险等级上升速率明显低于前 10 年,说明人类在开发利用港湾资源的同时,也逐渐注重海湾生态环境的保护与管理。

13.3 港湾人类活动强度与景观变化的关系

13.3.1 港湾景观人工干扰强度指数的构建

港湾景观变化受自然和人为两方面的影响。在短时空尺度下,象山港和坦帕湾的景观变化主要受到了人为因素的影响。近 30 年来,人类活动干扰并主导了两个港湾的景观-格局过程。港湾人类活动的作用结果使得港湾景观原始自然特征不断降低,从而导致港湾景观人工化特征增强。因此,依据港湾景观类型及其变化特征,采用景观人工干扰强度指数(landuse human active interference index)来描述一定区域内景观总体受人类干扰的强度,其计算公式为:

$$LHAI = \sum_{i=1}^{N} A_i P_i / TA$$

式中,$LHAI$ 为人工干扰强度指数;N 为景观类型的数量,本研究景观类型分为 8 类;A_i 为第 i 种景观类型的面积(km²);P_i 为第 i 种景观类型所反映的景观资源环境影响因子;TA 为景观总面积(km²)。本研究结合地学、生态学、海洋学、环境科学等多学科专家意见及前人对海湾景观资源变化的研究成果(梁帅,2010;马志远等,2009;周娟等,2011),最终确定了象山港和坦帕湾景观资源环境影响因子,见表 13-18。

表 13-18　象山港和坦帕湾景观资源环境影响因子

岸线类型	景观资源环境影响状况	影响因子
建设用地	对港湾景观资源及生态环境影响显著,且部分为不可逆的	0.85
养殖池和盐田	对海湾景观资源及生态环境影响较大,且大多为不可逆的	0.65
娱乐用地	对海湾景观资源及生态环境稍有影响,且大多为不可逆的	0.55
未利用地	对海湾景观资源及生态环境稍有影响,且大多为不可逆的	0.48
耕地	对海湾景观资源及生态环境影响较小,且部分为可逆的	0.25
湖泊河流	对海湾资源及生态环境影响很小,并具有生态维护调节作用	0.10
林地	对海湾资源及生态环境影响很小,并具有生态维护调节作用	0.10
海域	对海湾资源及生态环境影响很小,并具有生态维护调节作用	0.10
滩涂	对海湾资源及生态环境影响很小,并具有生态维护调节作用	0.10

13.3.2　港湾景观变化对人类活动的响应

港湾景观人工干扰强度指数的计算及时空模拟的具体方法如下,首先采用 ArcGIS10.2 数据管理模块下的创建渔网工具,创建以研究区为模板的 600m×600m 网格,然后计算网格区域海湾景观人工干扰强度值,并将计算结果作为每个网格中心点的值。在趋势分析和正态性检验的基础上,最后利用 3D 分析模块下的克里金法进行空间插值,得到象山港和坦帕湾的景观人工干扰强度时空分布图。

13.3.2.1 景观人工干扰强度变化分析

根据上述方法完成对象山港 1985 年、1995 年、2005 年、2015 年四个时期海湾景观人工干扰强度指数进行计算和空间模拟,本书采用自然间断点分级法将象山港景观人工干扰强度由弱至强划分为五个等级,象山港人工干扰强度分为五个强度等级带,分别为低强度、中低强度、中强度、中高强度、高强度人类活动强度带,结果见图 13-19 至图 13-22。

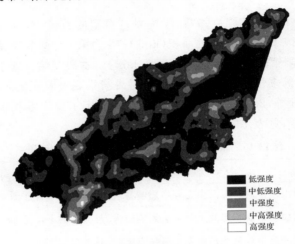

图 13-19　1985 年象山港景观人工干扰强度

图 13-20　1995 年象山港景观人工干扰强度

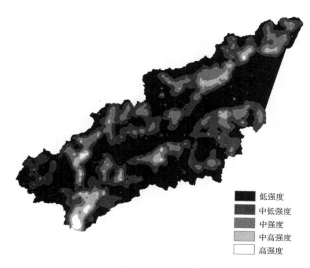

图 13-21　2005 年象山港景观人工干扰强度

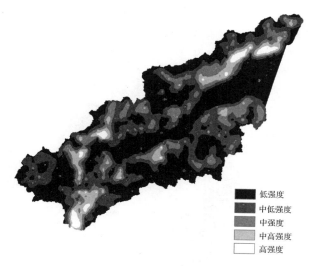

图 13-22　2015 年象山港景观人工干扰强度

　　象山港景观人工干扰强度区域在空间上的分布特征：景观人工干扰的低强度和中低强度区域主要分布在林地、海域、湖泊河流、滩涂沼泽等自然景观区域，而中强度、中高强度、高强度区域主要分布在海湾平原区域，这些主要由建设用地、养殖池及盐田和耕地景观组成。象山港低强度、中低强度分布区占据一定的优势，中强度和中高强度区域有向周围蔓延趋势，而高强度分布分散但有逐渐聚合成连续强度带的趋势。从象山港景观人工干扰强度整体格局变化来看，近 30 年来象山港景观人工干扰的低强度和中低强度区域在大陆一侧较为稳定,而在海洋一侧区域则有所缩小,象山港景观人工干扰的中强度、中高强度和高强度区域主要分布于近海一侧,这些区域呈现显著的扩张趋势。

　　与象山港一致的是,坦帕湾的不同时期的景观人工干扰强度图(图13-23、图13-24、图13-25、图13-26)也显示,坦帕湾景观人工干扰强度的低强度和中低强度区域主要分布在林地、海域、湖泊河流、滩涂沼泽等自然景观区域,并且坦帕湾的景观人工干扰的中强度、中高强度、高强度区域亦分布于海湾沿岸平原区域,区域景观主要由建设用地、娱乐用地等景观组成。与象山港不同的是,坦帕湾低强度、中低强度人类活动分布区并不占据明显的优势,坦帕湾景观人工干扰强度的中强度区域主要分布于坦帕湾的北部和希尔斯伯乐县的东南部,这些区域部分主要为郊区耕地和建设用地开发区域,坦帕湾的景观人工干扰强度的中高强度、高强度区域分布集中,主要位于"圣彼得斯堡—克利尔沃特—坦帕"都市圈、布兰登和普兰特城连线区域(希尔斯伯勒县东部)以及马纳提河流域的下游区域。从坦帕湾景观人工干扰强度整体格局变化来看,近30年来,坦帕湾象山港景观人工干扰的低强度和中低强度变化不显著,特别是海洋一侧的人工干扰较为稳定,坦帕湾的景观人工干扰的中强度、中高强度和高强度区域有所扩张,特别是斯科县东南部和希尔斯伯勒县南部、萨拉索托县北部的景观人工干扰强度逐渐增强。

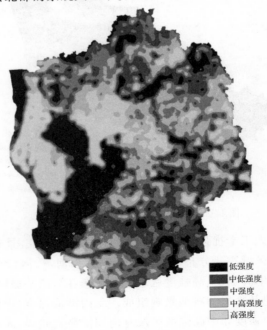

图 13-23　1985 年坦帕湾景观人工干扰强度

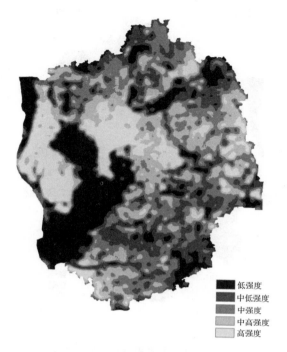

低强度
中低强度
中强度
中高强度
高强度

图 13-24　1995 年坦帕湾景观人工干扰强度

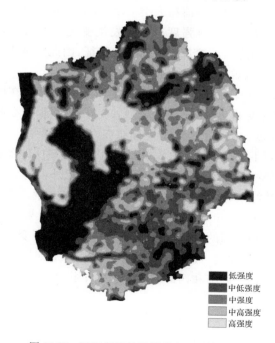

低强度
中低强度
中强度
中高强度
高强度

图 13-25　2005 年坦帕湾景观人工干扰强度

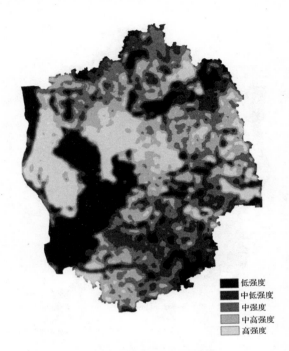

低强度
中低强度
中强度
中高强度
高强度

图 13-26   2015 年坦帕湾景观人工干扰强度

　　近 30 年来象山港和坦帕湾在人类活动影响下,景观格局发生了一定的变化,随之区域的景观人工干扰强度也相应发生变化。本书主要讨论短时空尺度下,象山港和坦帕湾的港湾景观格局变化特征,因此景观人工干扰的重点区域直接引起了海湾景观格局的变化。

　　象山港景观人工干扰中高强度、高强度区域主要分布在国道、省道附近、县(镇)中心地的平原区域,如宁海县景观人工干扰高强度区域,而坦帕湾景观人工干扰中高强度、高强度区域主要分布在"圣彼得斯堡—克利尔沃特—坦帕"都市圈区域(图 13-27、图 13-28、图 13-29、图 13-30)。除了交通路网的修建、港湾城镇化的推进会引起海外景观格局的变化外,重点发展的产业,如船舶修建工程、围填海工程、房产开发项目亦会使区域景观人工干扰强度发生显著改变。其中,20 世纪 90 年代坦帕湾的房地产开发投资建设发展快速使得坦帕湾北部、东部和南部的景观人工干扰强度发生显著变化;21 世纪初期象山港大唐乌沙山电厂建造、红胜海塘的续建,以及大嵩—洋沙山围填海工程使得象山港的东北部,东南部和西部的景观人工干扰强度发生显著变化。

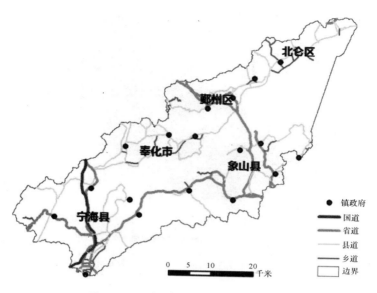

图 13-27　象山港行政中心及路网分布图

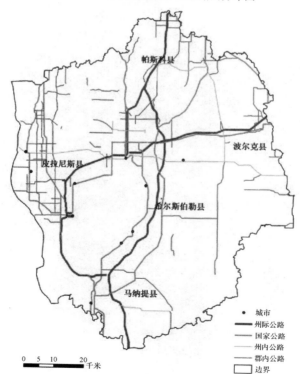

图 13-28　坦帕湾行政中心及路网分布图

图 13-29　象山港围填海工程重点开发区示意图

图 13-30　坦帕湾建设开发重点开发区示意图

13.3.2.2　港湾景观格局变化对人类活动的响应分析

港湾不断开发引起港湾景观人工化速度加快,在这个过程中,港湾景观的空间构型、景观多样性和景观破碎度会对人类活动做出不同程度的回应。本研究统一采用两个港湾 2015 年景观人工干扰强度等级区划分标准将各自研究区分为由弱至强的 5 个景观人工干扰强度区,并采用 ArcGIS10.2 的空间分析模块下的栅格重分类工具(reclassify),用 1,2,3,4,5 对景观人工干扰强度区进行编码,最终得到 1—5 强度样区(表 13-19),并比较 1985—2015 年不同强度人工干扰影响下的象山港、坦帕湾景观变化特点。

表 13-19　人工干扰强度区划分及内部主要景观组成

名称	编码	景观组成
低强度干扰区	1	主要是海洋、林地,不透水性小,包含滩涂沼泽、红树林等
中低强度干扰区	2	主要是林地、湖泊等自然景观,包括部分农用地和离散住宅
中强度干扰区	3	主要是建筑和植被的混合区,离散的住宅区和农用地
中高强度干扰区	4	主要包含离散的住宅区,准备开发的空旷地
高强度干扰区	5	主要是大面积的建筑物,不透水性大,包含工厂、高密度住宅区、机场等

13.3.2.2.1　景观空间构型对不同人工干扰强度的响应

采用 ArcGIS10.2 空间分析模块下的分割工具,将象山港和坦帕湾 1985 年、1995 年、2005 年和 2015 年均划分为 5 类强度分区,然后进行景观斑块数目、景观面积的计算统计,最后获得 4 个时期不同人工干扰强度区的平均图斑面积、景观面积比重(图 13-31、图 13-32、图 13-33、图 13-34)。

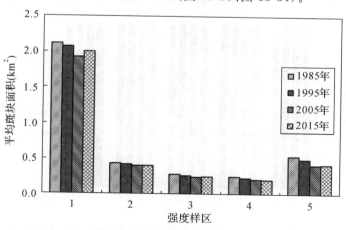

图 13-31　象山港景观平均斑块面积对不同人工干扰强度的响应

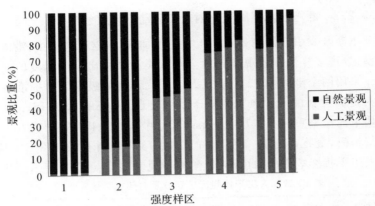

图 13-32　象山港自然景观和人工景观比重对不同人工干扰强度的响应

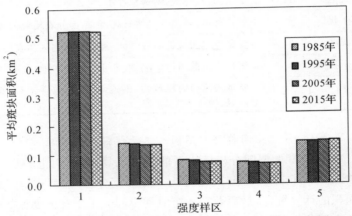

图 13-33　坦帕湾景观平均斑块面积对不同人工干扰强度的响应

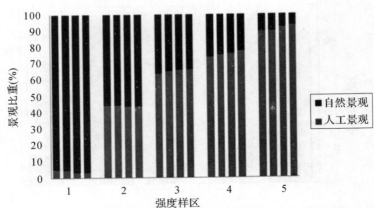

图 13-34　坦帕湾自然景观和人工景观比重对不同人工干扰强度的响应

从整体变化趋势来看,象山港的平均斑块面积在强度样区中每个时期均明显比其他样区高,且随着强度增大,平均斑块面积反而减少,然而在第 5 强度样区中,整体平均斑块面积有所增大。强度样区 1~3 整体平均斑块面积减少,因为这些区域,自然景观比重相对较大,且主要表现为分离、单独的人工干预,越多的人工干预,使得完整自然景观受人类改造后发生破裂、分离,并逐渐被小图斑所替代,这也导致小图斑数不断增多,斑块平均面积相应减少。第 4 强度区虽然自然景观比重相对较低,但是过于分散的人工景观,增加了图斑数量导致整体景观平均斑块面积较小,然而第 5 强度样区中自然景观比重相对较小,且主要表现为集中的人工干预,大面积连片的人工景观占据了该样区的主要部分,因此整体景观斑块面积有所增大。

从不同阶段变化看,1985—2005 年阶段,不同人工干扰强度样区,景观平均斑块面积变化趋势基本为逐渐减小。然而 2005—2015 年阶段,不同强度样区的景观平均斑块面积表现并不相同,强度样区 1 平均斑块面积增加,而强度样区 2—5 区景观平均斑块面积则继续减小。主要是因为,不同强度区,在 1985—2005 年阶段,人类干预使得各区域图斑增多,导致景观平均斑块数量增多。然而在 2005—2015 年阶段,强度样区 1 的人类干预有所减弱,这也说明人类在有意识地保护重点自然生态环境区。自然景观和人工景观占整体景观面积比重,不同人类活动强度区,在 1985—2015 年阶段的变化一致,均表现为自然景观比重逐渐减少,人工景观比重逐渐增多。

从整体来看,随着人工干扰强度增大,坦帕湾的平均斑块面积变化趋势与象山港基本一致,坦帕湾强度样区的强度增大,平均斑块面积反而减少,然而到第 5 强度样区,整体平均斑块面积出现反弹,有所增加。坦帕湾的 1—4 强度样区整体平均斑块面积减少,这些区域主要表现为分离、单独的人工干预,增加了图斑数量导致了整体景观平均斑块面积较小,然而第 5 强度样区中主要表现为集中的人工干预,聚集的人工景观占据了该样区的主要部分,因此整体景观斑块面积有所增大。

从不同阶段变化看,1985—2005 年阶段,坦帕湾中除人工干扰强度样区 1 和 2 区以外,其他强度样区中景观平均斑块面积变化趋势基本为逐渐减小,但是强度样区 1 和 2 中人工景观比重有所减少。2005—2015 年阶段,坦帕湾不同强度样区的景观平均斑块面积基本保持不变,但是强度样区 1 和 2 中人工景观比重依然减少,减少幅度变小。主要是因为,在 1985—2005 年阶段,坦帕湾实施河口保护计划,海湾自然景观的人工干预减弱,并进行生态修复,故 1 和 2 强度样区的平均斑块面积有所增加,人工景观比重有所减少。2005—2015 年阶段,坦帕湾的自然生态环境得到保护,自然景观比重较大的 1 区和 2 区的平均斑块面积几乎保持不变,人工景观比重继续下降。

13.3.2.2.2 景观多样性对不同人工干扰强度的响应

多样性指数描述是区域景观多样性研究的重要手段,但描述景观多样性的指数很多,有香农多样性指数、马加利夫多样性指数、辛普森多样性指数等等,本次研究选用较为常用的香农多样性指数对象山港和坦帕湾区域进行多样性表征(图 13-35、图 13-36)。

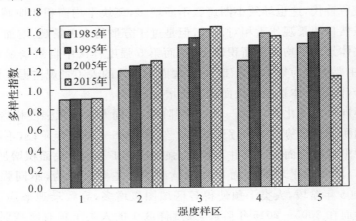

图 13-35 象山港景观多样性对不同强度人工干扰的响应

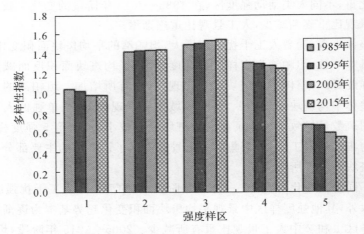

图 13-36 坦帕湾景观多样性对不同强度人工干扰的响应

象山港人工干扰强度样由区 1 区至 5 区,景观多样性整体表现为先逐渐增大,之后逐渐稳定。强度样区 1 区至 3 区景观多样性指数逐渐增多,这三个区域多以自然景观为主,人类活动分散,人工活动主要干预自然景观的边缘区域,人工景观在整体中属于稀有景观,贡献逐渐增加。强度样区由 3 区至 5 区,景观多样性出现小幅度波动,整体趋于逐渐稳定,且有减小态势。

从不同阶段变化来看,1985—2005 年,不同强度样区的景观多样性指数均逐渐增大,然而 2005—2015 年,强度样区 4 区和 5 区的景观多样性指数反而减小,其中 4 区的减小幅度为 1.98%,5 区的减少幅度大于 4 区,为30.36%,因为 4 区和 5 区的相对于其他 3 区来说,在这个阶段人类活动集中,自然景观受到人类活动深刻改造,发生破裂、分离,几乎被人工景观所替代,景观多样性减少,而 5 区的人类活动对自然景观的改造更为深刻,在 2005—2015 年阶段大面积的滩涂沼泽转变为人工景观,故景观多样性减小幅度更大。

从景观多样性整体变化来看,坦帕湾强度样区 1 区至 3 区,景观整体多样性逐渐增大,然而强度样区 3 区至 5 区,景观多样性发生明显变小。坦帕湾强度样区 1—3,以自然景观分布较广,且景观类型丰富,且随着人工干扰增强,景观类型增加;强度样区 4 和强度样区 5 景观类型较为单一,景观类型以建设用地为主,因此坦帕湾的强度样区 4 和 5 景观多样性指数较小。

从不同阶段变化来看,1985—1995 年阶段,坦帕湾人工干扰强度样区 1、4和 5 的景观多样性减少,而强度样区 2、3 的景观多样性增多,因为 90 年代初坦帕湾河口保护计划的实施使得强度样区 1 的景观人工干预强度减弱,景观类型减少,所以景观多样性减小,而强度样区 4 和 5 主要为中高强度和高强度景观人工干扰区,坦帕湾 90 年代房地产开发,使得这些区域建设用地继续增加,景观类型变小。2005—2015 年阶段,坦帕湾强度样区 1、2 区景观多样性指数增加,强度样区 3 区增加,4、5 区强度样区减少。

13.3.2.2.3 景观破碎度对人类活动的响应

景观破碎度指自然分割及人为切割的破碎化程度,即景观生态格局是由连续变化的结构向斑块嵌块体变化的过程的一种度量(宗良纲等,2006)。景观破碎度即景观被分割的破碎程度,它反映了景观空间结构的复杂性,在一定程度上反映了人类对景观的干扰程度(图 13-37、图 3-38)。

从整体景观破碎度变化来看,随着象山港景观人工干扰强度增大(1—4区),明显表现出景观破碎度不断增大,然而 4—5 区,景观破碎度开始降低。这主要是因为在人工干扰强度样区 1—4 中,连续的自然景观受到人工干扰,景观破裂,斑块分离,使得嵌块体不断分散。然而 5 区景观几乎被人工景观占据且平均斑块面积较大,人工景观聚合程度高,因此 4—5 区的景观破碎程度有所降低。

从不同阶段变化来看,1985—2005 年阶段象山港不同强度区,景观破碎度逐渐增大,然而在 2005—2015 年阶段象山港强度区 3 和强度区 5,景观破碎度有所减小,因为这段时期,这两个强度样区的人工景观聚合度有所增大,特别是部分耕地景观以及高密度建设用地的聚合。

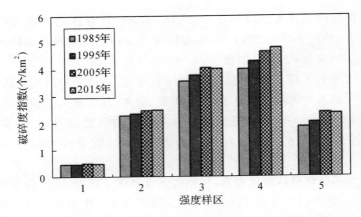

图 13-37　象山港景观破碎度对不同人工干扰强度的响应

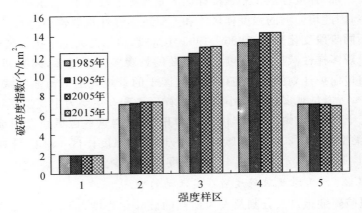

图 13-38　坦帕湾景观破碎度对不同人工干扰强度的响应

　　坦帕湾和象山港的整体景观破碎度变化一致,均是在人工干扰强度样区1区至4区破碎度增大,到4~5区,景观破碎度降低。但是从时间变化来看,坦帕湾比象山港幅度更小,且更加稳定,特别是人工干扰强度样区1变化稳定,说明了坦帕湾的自然景观区域保护措施良好,受人工干扰影响小。

14 人类开发和保护活动对港湾 地区影响的经验借鉴

    港湾是镶嵌在海岸带上的宝石和明珠,是海洋和陆地的交汇地带,自然地理条件和区位优势明显,同时,港湾人类活动密度较大,经济发展快速,是人类向海洋拓展的重要门户。但是,港湾地区也是生态和环境脆弱区域,人类在港湾开发过程中,对港湾生态环境产生了重大影响,目前港湾正面临着生态破坏、生物减少、环境污染等严峻挑战。

    坦帕湾在开发初期生态环境尚处于健康状态,然而,随着港湾开发力度加大,到 20 世纪 80 年代左右坦帕湾的海洋水质、生物生产力、生态环境都受到了极为严重的损害。因此,在港湾环境受到严重影响的侵害的时候,美国环境保护署于 1991 年出台了港湾保护性措施——"坦帕湾河口保护计划"。特别是在近 30 年中(1985—2015 年),坦帕湾正式实施港湾合理开发与保护战略,提升了民众的环境保护意识,也实现了港湾自然岸线保有量增加,水质状态逐渐恢复,港湾景观格局合理演变。近 30 年来,象山港开发强度不断加大,港湾生态环境质量受到严重挑战,然而,港湾开发管理法律体系缺乏、保护性机制不完备、岸线资源和景观格局理论研究不充分,造成了港湾水质和生物持续受到影响。因此,本研究剖析了近 30 年来人类不同开发利用方式对坦帕湾和象山港的影响,比较分析两个港湾岸线和景观的不同演变特征,在完成上述研究的基础上提出了人类开发和保护对港湾地区影响的经验借鉴。

14.1   建立港湾开发管理法制体系

    坦帕湾是美国天然敞口港湾,在 20 世纪 80 年代初期,坦帕湾遭遇生态环境严峻调整,港湾生态环境、海洋水质都受到人类活动威胁。20 世纪 90 年代初,坦帕湾开始正式实施坦帕湾河口保护计划,且海湾上升为"国家战略意义上的海湾"。因此,坦帕湾严格执行海湾开发管理法律条例,于 1981 年、1991 年和 1996 年相继制定了当地《海洋污染规划法》、《坦帕湾河口保护计划》、《渔业保护和管理法》等法律法规,形成了比较完备的海湾综合管理法律体系。这些法律法规禁止民众在海湾生态保护区钓鱼、捕鱼,严格限制污染性企业入驻海湾流域,制定了一整套完善的海湾生活污水、工厂废水和废气治理及排放标准。

坦帕湾从法律体系和协调机制等方面不断完善海湾管理体制,加强港湾区域流域—海岸—海洋连续系统管理模式,为完善中国海湾提供了新思路。象山港综合管理法律体系并不完善,港湾涉及多个行政区县,不同县(市、区)之间港湾管理标准口径不尽相同,因此,迟迟未能落实合理依法管理法律体系。20 世纪末,由于港湾生活废水和生活垃圾排放随意,工业废水、废杂未超标排放,港湾河流入口水质环境污染,进一步严重影响河口渔业资源,象山港港湾保护也面临巨大挑战。2005 年,宁波市人民政府出台了《宁波市象山港海洋环境和渔业资源保护条例》,该条例协调各县(市、区)共同参与港湾依法管理,加强了对沿岸水产养殖、房地产、企业和生活垃圾的监管力度。据《象山港海洋环境公报 2010》和《象山港海洋环境公报 2012》显示(表 14-1),近几年来,海湾排污情况和海域环境逐步稳定。象山港水产养殖污染,生活垃圾、企业污水排放、沿岸房地产建设仍旧威胁着港湾生态环境。

表 14-1　象山港 2010 年和 2012 年入海口环境排放情况

排污口名称	2010 年		2012 年	
	主要污染物	评价等级	主要污染物	评价等级
象山墙头综合排污口	粪大肠菌群、BOD_5、苯胺	A 级	苯胺、COD、悬浮物等	B 级
宁海颜公河入海口	粪大肠菌群、总磷、氨氮	A 级	COD、氨氮、石油类、挥发酚等	A 级
宁海西店崔家综合排污口	铜、COD、PH	A 级	PH、COD、氨氮、总磷等	B 级
奉化下陈排污口	COD、粪大肠菌群、氨氮	A 级	COD、氨氮、总磷等	A 级

在 2005 年颁布《宁波市象山港海洋环境和渔业资源保护条例》以及 2013 年实施《象山港区域保护和利用规划纲要(2012—2030)》以来,象山港整体环境质量得到稳步提升,然而也应该看到,象山港在海湾法律监管存在的问题,包括《宁波市象山港海洋环境和渔业资源保护条例》(以下简称《条例》)存在法规适用范围的局限性,管理机制的模糊性,《象山港区域保护和利用规划纲要(2012—2030)》(以下简称《保护纲要》)存在象山港功能和产业定位不明确、基

础研究薄弱等问题。因此《条例》和《保护纲要》需根据象山港发展实际和环境质量变化,借鉴坦帕湾已经出现的环境问题和港湾合理保护法规,做好象山港海湾保护法规的修改和完善,实现港湾合理利用和保护。

14.2　建立港湾开发强度评估机制

有效的港湾管理能对海洋和陆地生态系统机构、状况及功能有基本的了解,以此做出全面、科学的管理决策。由于受人类活动的影响,港湾生态环境变化迅速且复杂,港湾开发管理体系在港湾开发强度评估的研究基础上不断完善和创新,因此落实港湾自然条件和社会经济发展基础研究、做好港湾岸线和景观格局评估、建立港湾开发强度预警机制任务十分重要。

坦帕湾在港湾开发和保护方面的基础研究上不断创新和突破,包括分析岸线资源环境敏感性评估,海水水质指标跟踪调查,港湾景观生态风险评估,港湾内陆潜力用地再开发等相关研究。坦帕湾已将科研成果深入应用于岸线和景观资源的保护。近30年来坦帕湾红树林岸线得到保护,自然岸线变化稳定,人工岸线建设特别是沿岸别墅建设特别注重增加人工岸线曲折度,鲜有岸线形态发生变化且围海造地仅存在于大卫岛东侧。

然而象山港海湾开发研究基础薄弱,对于岸线、景观资源开发特征监管和分析并不十分到位。近30年来,象山港郊区土地不断拓展利用,周边环海公路建设和象山港跨海大桥竣工,造船厂和发电厂建设,水产养殖业发展,象山港社会经济快速发展。无科学分析和安排,大规模建设围海造成了象山港自然岸线长度减少,曲折度降低的结果;自20世纪末,象山港在开发过程中开始注意海湾研究和生态环境保护,养殖用地有所减少,建设用地增加放缓。

象山港可以借鉴坦帕湾开发管理经验,实现多站点实时监测海洋水质,海湾空气环境质量预警,进行象山港和坦帕湾海岸人工化强度和景观人工干扰强度评估。并结合社会经济和生态资源协调发展制定港湾规划发展长期战略。防止海湾环境污染和海湾生态环境受到破坏。注重港湾景观布局基础研究,合理布局休闲娱乐、工厂企业、工矿用地,严禁防止生态廊道破坏,以免影响生物生存环境。

14.3 建立港湾管理信息化平台

14.3.1 港湾信息化宣传平台

坦帕湾在港湾的宣传上做得非常到位,资料翔实、图片生动、动画渲染出色(图 14-1)。目前已有众多学者和专家加入到了于坦帕湾研究和保护的队伍。坦帕湾官方网站,专门分专题介绍了坦帕湾流域的地理位置、海湾的历史以及港湾的自然地理环境特征,对海湾历史、现状及海湾发展蓝图进行了全方面的阐述。包括港湾保护动画宣传片、海钓严禁区域、野生动物栖息保护区,对于公众认识和研究坦帕湾起到了非常好的作用。

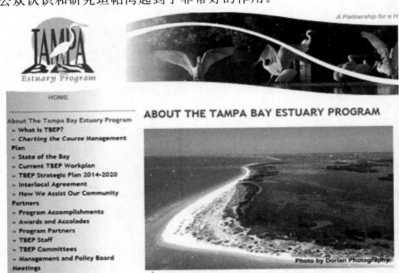

图 14-1 坦帕湾宣传平台

象山港在港湾的宣传上还做得不够,知悉度低,中国港湾志对于象山港进行地理位置、历史演变和社会经济发展状况做了详细的介绍,就目前而言,象山港信息化的宣传平台目前并不完善,以在穿插于宁波政府网站和象山县的中国象山港论坛中,未有自己单独的宣传平台。

14.3.2 港湾信息化科研平台

坦帕湾的信息化科研平台较为领先,美国国家地质局的港湾专题研究网站和坦帕湾水图官网已公开坦帕湾研究相关基础数据资料（图 14-2），包括坦帕湾测站点实时监控水质、港湾潮汐数据和流域数据资料以及年度港湾调查研究报告。科研人员可以从坦帕湾网站上下载获得港湾研究资料以及港湾历史和现状研究数据，科学建立港湾研究平台，吸引世界学者加入坦帕湾的研究。

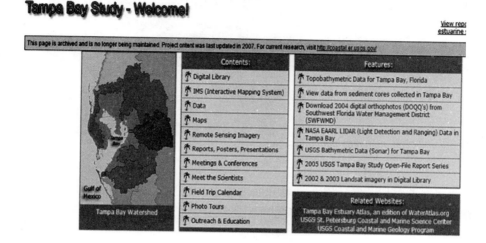

图 14-2　坦帕湾科研数据集成平台

象山港的信息化科研相对落后，这也和国内海岸带整体科研水平和信息化建设滞后有一定的关系，从 20 世纪 80 年代开始，中国港湾志编纂委员会联合海岸带生物、环境、海水动力等领域专家和学者对中国港湾进行了全面调查，因此 1980 年以后港湾调查资料较为翔实，主要以调研文字资料、调查纸质地图和统计表格的形式记录。象山港可以借鉴坦帕湾先进经验，整合已有调研报告、期刊、书籍和地方志等资料，建立港湾信息化科研平台，激发学者对港湾的研究热情，为国内港湾合理开发和科学管理出谋划策。

14.3.3　信息化公众参与平台

坦帕湾官方网站专门设立了港湾公众参与平台，同时对全球招募志愿者（图 14-3）。志愿者可以进行申请，通过资料审核后加入坦帕湾保护队伍。目前，坦帕湾公众参与平台正在实施当中，得到了众多有志于保护港湾的志愿者的认可。民众也可以通过线上和线下与港湾保护机构取得联系，开展港湾保护和管理的交流，进一步推动港湾可持续发展。

象山港的港湾公众参与平台不够健全，主要是以政府主导，公众依法保护的模式开展港湾保护。未实行港湾自主、自愿保护，这与民众生态环境保护较

图 14-3　坦帕湾志愿者参与平台

为薄弱有着密切关联。因此需要开展港湾信息化平台建设,首先让公众知晓海湾生态保护的重要意义,提高港湾保护的意识,开展港湾保护信息化建设。

参考文献

* 外文文献

[1] Adam S M, Bevelhimer M S, Greeley M S, et al. The ecological risk assessment in a large river-reservoir: 6. Nioindicators of fish population health. Environmental Toxicology Chemistry, 1999, 18(04): 628—640.

[2] Stanica A, S Dan, Ungureanu V G. Coastal changes at the Sulina mouth of the Danube River as a result of human activities. Marine Pollution Bulletin, 2007, 55(10—12): 555—563.

[3] Lakshmi A, Rajagopalan R. Soci-economic implicati ons of coastal zone degradation and their mitigation: a case study from coastalvillages in India. Ocean & Coastal Management, 2000, 43(12): 749—762.

[4] Anderson J R. et al. Modelling land-use and land cover changes in Europe and Northern Asia. 1999 Research Plan, 1998.

[5] Bertness M D. Zonation of *Spartina* patens and *Spartina alterniflora* in a New England salt marsh. Ecology, 1991(72): 138—148.

[6] Boak E H, Turner I L. Shoreline definition and detection: a review. Journal of Coastal Research, 2005, 21(4): 688—703.

[7] Campbell F T. Exotic pest plant councils: cooperation to assess and control invasive nonindigenous plant species// Luken J O, Thiereet J W. Eds: Assessment and management of plant invasions, 1997: 228—240.

[8] Charles N. Waterfront land use in the six Australian scale capitals. Annals of the Association of American Geographers, 1970 (60): 517—532.

[9] Chung C H. Low marshes, China//Lewis R R. III, ed. Creation and restoration of coastal plant communities, CRC Press, Inc. , Boca Raton,

Florida，1982：131—145.

[10] Committee on Risk Assessment of Hazardous Air Pollutants. Commission on Life Sciences. National Research Council. Improving Risk Communication. Washington，DC：National Academy Press，1989.

[11]Costanza R，d'Arge R，De Groot，et al. The value of the world's ecosystem services and natural capital R. Nature，1997(387)：253—260.

[12]Crockett R P. Spartina control update//Washington state department of agriculture. Proceedings of the 1991 Washington state weed conference. Olympia Washington：[s. n.]，1991,：41—44.

[13]Diamond J M，Serveiss V B. Identifying sources of stress to native aquatic fauna using a watershed ecological risk assessment framework. Environmental Science & Technology，2001（35）：4711 —4718.

[14]Dodd，Webb. Establishment of vegetation for shoreline stabilization in Galvaston Bay，M，U. S. Army，Corps of engineers，Coastal Eng. Res. Cent，Fort Belvoir，Va，1975 ：6—75.

[15]Earth system science committee NASA advisory council. Earth system science-A closer view. National aeronautics and space administration. Washington，D. C.，January 1988.

[16]ENVI—IDL 中国. Landsat8 的不同波段组合说明. http://blog. sina. com. cn/ s/blog_764b1e9d01019urt. html

[17]Garbisch E W，Woller P B，McCallum R J. Saltmarsh establishment and development. TM46，U. S. Army，Corps of engineers，Coastal Eng. Res. Cent，Fort Belvoir，Va，1975.

[18]Xian G，Crane M，Su J. An analysis of urban development and its environmental impact on the Tampa Bay watershed. Journal of Environmental Management，2006，85(4)：965—976.

[19]Xian G，Crane M. Assessments of urban growth in the Tampa Bay watershedusing remote sensing data. Remote Sensing of Environment，2005（97）：203—215

[20]Gray A J，Marshall D F，Raybould A F. A century of evolution in Spartina anglica. Advances in Ecological Research，1991(21)：1—60.

[21]Greening H，DeGrove B D. Implementing a voluntary，nonregulatory approach to nitrogen management in Tampa Bay，FL：a public/private

partnership. The Scientific World Journal,2003,1(2):378—383.

[22]Effat H, Hegazy M N, Gameely H E. Analyzing changes in coastal biospheres using remote sensing and geographic information system techniques, Northern Nile Delta,Egypt. Survival and Sustainability, 2011,38(7):795—803.

[23] Lantuit W H, Pollard H. Fifty years of coastal erosion and retrogressive thaw slump activity on Herschel Islandsouthern Beaufort SeaYukon Territory Canada. Geomorphology,2008,95(3): 84—102.

[24]Blodgeta H N, Taylora P T, Roarkb J H. Shoreline changes along the Rosetta-Nile Promontory: monitoring with satellite observations. Marine Geology,1991,99(1):67—77

[25] Hargis C D, Bissonette J A, Dvaid J L. The behaviour of landscape metrics commonly used in the study of habitat fragmentation. Landscape Ecology,1998(13):167—186.

[26]Davis J L D, Levin L A. Artificial armored shorelines: sites for open-coast species in a southern California bay. Marine Biology,2002,14 (6):1249—1262.

[27]Solon J. Spatial context of urbanization: landscape pattern and changes between 1950 and 1990 in the Warsaw metropolitan area, Poland. Landscape and Urban Planning, 2009,93 (3):250—261.

[28]Jone D,Gerlach J. The impacts of serial land-use changes and biological invasions on soil water recources in California, USA. Journal of Arid Environments,2004,5(3):365—379.

[29]Joo H, RyuJong K, Choi Y K,et al. Potential of remote sensing in management of tidal flats: a case study of thematic mapping in the Korean tidal flats. Ocean & Coastal Management,2014,102(3):36—48.

[30]Tzanopoulos J, Vogiatzakis I N. Processes and patterns of landscape change on a small Aegean island: the case of SifnosGreece. Landscape and Urban Planning,2011,99(1):58—64.

[31]White K, Asmark H M E. Monitoring changing position of coastlines using Thematic Mapper imagery, an example from the Nile Delta. Gelmorphology,1999,29(1):93—105.

[32]Kuji T. The political economy of golf. AMPO Japan-Asia Quarterly Review,1991,22(4):47—54.

[33]Yu K，Hu C，Muller-karger F，et al. Shoreline changes in west-central Florida between 1987 and 2008 from landsat obervations. International Journal of Remote Sensing,2011,32(23):8299—8313.

[34]Kunz K，Martz M. Characterization of exotic *Spartina* communities in Washington State. Appendix K-Emergent Noxious Weed Control Final Reports，Unpublished Report to Washington Department of Ecology，Olympia，1993.

[35] Landin M C. Growth habits and other considerations of smooth cordgrass，Spartina alterniflora Loisel//Mumford T F，Jr. P. Peyton，J R Sayce，S. Harbell，eds. Spartina Workshop Record，pp. 15-20. Washington Sea Grant Program，University of Washington，Seattle. 1990.

[36] Landis W G. Weigers J A. Design considerations and a suggested approach for regional and comparative ecological risk assessment. Human and Ecological Risk Assessment,1997(3):287—297.

[37]Lefor，M W，Kennard W C，Civco D L. Relationships of salt-marsh plant distributions to tidal levels in Connecticut，USA. Environmental Management,1987(11):61—68.

[38]Li R，Di K，Ma R. 3-D Shoreline extraction from IKONOS Satellite Imagery. Marine Geodesy,2003(26):107—115.

[39] Lisa M，OlsenV H，DaleT F. Landscape patterns as indicators of ecological change at Fort BenningGeorgia，USA. Landscape and Urban Planning,2007,79(2):137—149.

[40]Liu S L，Cui B S，Dong S K，et al. Evaluating the influence of road networks on landscape and regional ecologicalrisk—A case study in Lancang River Valley of Southwest China. Ecological Engineering,2008,34(2):91—99.

[41] Parcerisas L，Marull J，Pino J，et al. Land use changes，landscape ecoglogy and their socioeconomic driving forces in the Spanish Mediterranean coast（EL Maresme County 1850 — 2005）. Environmental Science & Policy，2012,23(5):120—132.

[42]Long S P，Mason C F. Saltmarsh ecology. Blackie and Song Ltd. 1983:1—11.

[43]Lucas F J,Frans J M,Wel V D. Accuracy assessment of satellite derived land-cover data:a review. Photogrammetric Engineering and Ramote

sensing,1994,60(4):410—432.

[44]Maltby L. Environmental risk assessment//Hester R E, Harrison R M. Eds Chemicals in the Environment Assessing and Managing Risk Cambridge UK. The Royal Society of Chemistry Publishing, 2006:84—101.

[45]Tirkey N, Biradar R S. A study on shoreline changes of Mumbai Coast using remote sensing and GIS. Journal of the Indian Society of Remote Sensing, 2005,33(1):85—88.

[46]Vinther N, Christiansen C, Bartholdy J. Colonisation of *Spartina* on the tidal water divide, Danish Wadden Sea. Danish Journal Geography. 2001,101:11—20.

[47]Obery A M, Landis W G. A regional multiple stressor risk assessment of the Codorus Creek Watershed applying the relative risk model. Human and Ecological Risk Assessment,2002(8):405—428.

[48]Odum E P, dela Cruz. Particularte organic detritus in a Georgia salt marsh estuarine ecosystem. In G H Lauff (ed.) Estuaries. Washington,D C, 1967:383—388.

[49]Odum E P. The role of tidal marshes in estuarine production. The New York state conservationist, 1961(15): 12—15.

[50] Odum H T. Environmental accounting: emergy and environmental decision making. New York: John Wiley, 1996.

[51]Pan D Y,Domong,Blois S,et al. Temporal(1958—1993)and spatial patterns of land use changes in Haut-Saint • Laurent (Quebec, Canada)and their relation to landscape physical attributes. Landscape Ecology,1999(14):35—52.

[52]Paterson S, Loomis D K. The human dimension of changing shorelines along the U. S. North Atlantic Coast. Coastal Management,2014,42 (1):17—20.

[53] Patten K. Usable alternatives to Rodeo. In: Washington state department of agriculture. Proceedings from the 1999. Spartina eradication post-season review. Olympia Washington: [s. n.], 1999, 15.

[54]Ranwell D S. World resources of *Spartina* townsendii (senso lato) and economic use of *Spartina* marshland. Journal of Applied Ecology, 1967(4):239—256.

[55]Raupp M J. Denno R F. The influence of patch size on a guild of sap-

feeding insects that inhabit the salt marsh grass Spartina partens. Environmental Entomology 1979(8):412—417.

[56]Ritters K H, O'Neill R V, Hunsacker C T,et al. A factor analysis of landscape pattern and structure metrics. Landscape Ecology, 1995 (10):23—29.

[57]MortonH R A, Clifton H E, Buster N A. Forcing of large-scale cycles of coastal change at the entrance to Willapa Bay, Washington. Marine Geology. 2007,246(11):24—41.

[58]Robert K,Jacqueline A(罗伯特・凯,杰奎琳・奥德). 海岸带规划与管理:第二版. 高健,张效莉,等译. 上海:上海财经大学出版社,2010.

[59]Roberts W, Hir P L, Whitehouse R J S. Investigation using simple mathematical models of the effects of tidal currents and waves on the profiles shape of intertidal mudflats. Continental Shelf Research, 2000,20(11/12): 1079—1097.

[60]Ryan T W,Semintilli P J,Yuen P,et al. Extraction of shoreline fea-tures by neural nets and image processing. Photogrammetry and Remote Sensing, 1991, 57(7):947—955.

[61] Maiti S, Bhattacharya A K. Shoreline change analysis and its application to prediction: a remote sensing and statistics based approach. Marine Geology,2009,25(7):11—23.

[62]Sayce-Kathleen. Introduced cordgrass, *Spartina alterniflora* Loisel. in saltmarshes and tidelands of Willapa Bay, Washington. USFWS contract ♯FWSI—87058 (TS) 1988.

[63]Sharp W C, Vaden J. Ten-year report on sloping techniques used to stabilize eroding tidal river banks. Shore and Beach, 1970(38):31—35

[64] Shaw W B, Gosling D S. Spartina ecology, control and eradication-recent New Zealand experience. In: WSU long beach research and extension unit, Long beach WA Washington sea grant second. International Spartina conference proceedings. Olympia, Washington:[s. n.], 1997:27—33.

[65] Sheik M, Chandrasekar N. A shoreline change analysis along the coast between Kanyakumari and Tuticorin, India, using digital shoreline analysis system. Geo-spatial Information Science,2011,14(4):282—293.

[66]Shi W Z, Ehlers M. Detemining uncertainties and their propagation in dynamic change detection based on classified remote ‐ sensed

images. INT. J. Remote Sensing ,1996,17(14):1100—1117.

[67]Silander J A. The genetic basis of the ecological amplitude of *Spartina* partens. III. Allozyme variation. Botanical Gazette, 1984,145:569—577.

[68]Skaare J U, Larsen H J, Lie E, et al. Ecological risk assessment of persistent organic pollutants in theArctic. Toxicology,2002,181/182: 193—197.

[69]Stone G W, Mcbride R A. Louisiana barrier islands and their importance in wetland protection: forecasting shoreline change and subsequent response of wave climate. Journal of Coastal Research,1998,14(3): 900—915.

[70]Thompson J D. The biology of an invasive plant: What makes Spartina anglica so successful?. BioScience,1991(41):393—401.

[71]Underwood. A refutation of critical levels as determination of the structure of intertidal communities on British shore. J. Exp. Mar. Biol. Ecol. 1987(33):261—2763.

[72]USEPA. Guidelines for ecological risk assessment[2008—09—29]. http://cfpub. epa. gov/ ncea/raf/ recordisplay. cfn? deid = 12460. 1998.

[73]Rivas V, Cendrero A. Use of natural an artificial accretion on the north coast of spain: historical trends and assessment of some environmental and economic consequeces. Journal of Coastal Research. 1991,7(2):491—507.

[74]Van Duin, Dankers, Dijkema, et al. Results from the Dutch team. In: Lefeuvre, J. C. (Ed.): The effects of environmental change on European salt marshes: Structure, functioning and exchange potentialities with marine coastal waters. University of Rennes. (1996).

[75]Verbutg P H, Soepboer W, Veldkamp A, et al. Land use change modeling at the regional scale: the CLUE—S model. Environmental Management,2002(30):391—405.

[76]Vims. Shoreline situation report: city of chesapeake Norfolk and Portsmouth//special report in applied marine Science and oceanic engineering, No. 136. Gloucester Point: Virginia Institute of Marine Science, 1976.

[77]Muttitanon W, Tripathi N K. Land use/land cover changes in the

coastal zone of Ban Don Bay, Thailand using Landsat 5 TM data. International Journal of Remote Sensing, 2005,26 (11):23—25.

[78] Walker R, Landis W, Brown P. Developing a regional ecological riskassessment: a case study of a Tasmanian Agricultural Catchment Human and Ecological Risk Assessment,2001,7(2): 417—439.

[79]Wallack R N, Hope B K. Quantitative consideration of ecosystemcharacteristics in an ecological risk assessment: acase study. Human and Ecological Risk Assessment,2002,8(7): 1805—1814.

[80] Webb, Dodd. Vegetation establishment and shoreline stabilization, Galvaston Bay, Texas. TP 76 76 — 13, U. S. Army, Corps of engineers, Coastal Eng. Res. Cent, Fort Belvoir, Va, 1976.

[81]Williams H F L. Sand-spit erosion following interruption of longshore sediment transport: Shamrock Island, Texas. Environmental Geology, 1999,37(1—2): 153—161.

[82] Williams H. Shoreline Erosion at mad-island marsh preserve, Matagorda County,Texas. Texas Journal of Science, 1993, 45(4): 299 —309.

[83] Woodhouse, Seneca, Broome. Marsh building with dredge spoil in North Carolina. Bull. Agric. Exp. Stn. , North Carolina State University, Raleigh. 1972: 445.

[84] Woodhouse, Seneca, Broome. Propagation and use of *Spartina alterniflora* for shoreline erosion abatement. TR 76—2, U. S. Army, Corps of engineers, Coastal Eng. Res. Cent, Fort Belvoir, Va, 1976.

[85]Woodhouse, Seneca, Broome. Propagation of *Spartina alterniflora* for substrate stabilization and saltmarsh development. TM46, U. S. Army, Corps of engineers, Coastal Eng. Res. Cent, Fort Belvoir, Va, 1974.

[86]Woodhouse W W, Knutson P L. Atlantic coastal marshes. In Lewis R R,(ed.). Creation and restoration of coastal plant communities, 1982: 45—70.

[87]Wrbka T,Erb K,HSchulz N B,et al. Linking pattern and process in cultural landscapes. An empirical study based on spatially explicit indicators. Land Use Policy. 2004,21(3):289—306.

[88]Wu M X, Hacket S, Ayres D, et al. Potential of *Prokelisia* spp. As biological control agents of Enghlish cordgrass, *Spartina anglica*. Biological Control, 1999,(16): 267—273.

* 中文文献

[1]摆万奇,阎建忠,张镜锂.大渡河上游地区土地利用/土地覆被变化与驱动力分析.地理科学进展,2004,23(1):71—78.

[2]摆万奇,赵士洞.土地利用变化驱动力系统分析.资源科学,2001,23(3):39—41.

[3]蔡运龙,陆大道,周一星,等.中国地理科学的国家需求与发展战略.地理学报,2004,59(6):811—819.

[4]曹东,王金南.中国污染工业经济学.北京:中国环境科学出版社,1999.

[5]曹洪麟,陈树培,丘向宇.发展互花米草开发华南热带海滩,热带地理,1997,17(1):41—46.

[6]曾辉,刘国军.基于景观结构的区域生态风险分析.中国环境科学,1999,19(5):454—457.

[7]曾勇.区域生态风险评价——以呼和浩特市区为例.生态学报,2010,30(3):668—673.

[8]常胜.TM遥感影像彩色合成最佳波段组合研究——以恩施市土地利用遥感图制作为例.湖北民族学院学报:自然科学版,2010,28(2):230—232,235.

[9]陈百明,周小萍.土地利用现状分类:国家标准的解读.自然资源学报,2007,22(6):994—1003.

[10]陈才俊.江苏滩涂大米草促淤护岸效果.海洋通报,1994,13(2):55—60.

[11]陈浮,陈刚,包浩生,等.城市边缘区土地利用变化及人文驱动机制研究.自然资源学报,2001,16(3):204—210.

[12]陈宏友.苏北潮间带米草资源及其利用.自然资源,1990,18(6):56—659.

[13]陈吉余.开发浅海滩涂资源拓展我国的生存空间.中国工程科学,2000,2(3):27—31.

[14]陈立顶,傅伯杰.黄河三角洲地区人类活动对景观结构的影响分析——以山东省东营市为例.生态学报,1996,22(4):116—120.

[15]陈利顶,王计平,姜昌亮,等.廊道式工程建设对沿线地区景观格局的影响定量研究.地理科学,2010,30(2):161—167.

[16]陈鹏,潘晓玲.干旱区内陆流域区域景观生态风险分析——以阜康三工河流域为例.生态学杂志,2003(4):116—120.

[17]陈文波,肖笃宁,李秀珍.景观空间分析的特征和主要内容.生态学报,2002,22(7):1135—1142.

[18]陈雯,孙伟,段学军,等.苏州地域开发适宜性分区.地理学报,2006,61
　　(8):839－846.

[19]陈则实.中国海湾引论.北京:海洋出版社,2007.

[20]陈正华,毛志华,陈建裕.利用4期卫星资料监测1986—2009年浙江省
　　大陆海岸线变迁.遥感技术与应用,2011,26(1):68－73.

[21]陈中义,李博,陈家宽.米草属植物入侵的生态后果及管理对策.生物
　　多样性2004,12(2):280－289.

[22]陈宗镛.潮汐学.北京:科学出版社,1980.

[23]迟万清.象山港泥沙输运与分布规律研究.青岛:中国海洋大学,2004.

[24]崔晓伟,张磊,朱亮,等.三峡库区开县蓄水前后景观格局变化特征.农业
　　工程学报,2012,28(4):227－234.

[25]段学军,陈雯.省域空间开发功能区划方法探讨.长江流域资源与环境,
　　2005,14(5):540－545.

[26]樊建勇.青岛及周边地区海岸线动态变化的遥感监测.中国科学院海洋研
　　究所,2005.

[27]范典,郭华东,岳焕印,等.基于二进小波变换的SAR图像湖岸线提取.遥
　　感学报,2002,6(6):511－516.

[28]方国洪,郑文振,陈宗镛,等.潮汐和潮流的分析和预报.北京:海洋出
　　版社,1986.

[29]冯兰娣,孙效功,胥可辉.利用海岸带遥感图像提取岸线的小波变换方法.
　　青岛海洋大学学报:自然科学版,2002,32(5):777－781.

[30]冯异星,罗格平,周德成,等.近50年土地利用变化对干旱区典型流域景
　　观格局的影响——以新疆玛纳斯河流域为例.生态学报,2010,30(16):
　　4295－4305.

[31]冯永玖,刘丹,韩震.遥感和GIS支持下的九段沙岸线提取及变迁研究.
　　国土资源遥感,2012,25(1):65－69.

[32]付在毅,许学工,林辉平,等.辽河三角洲湿地区域生态风险评价.生态学
　　报,2001,21(3):365－373.

[33]付在毅,许学工.区域生态风险评价.地球科学进展,2001,16(2):
　　267－271.

[34]傅伯杰,陈利顶,马克明,等.景观生态学原理及应用.北京:科学出版
　　社,2001.

[35]高宾,李小玉,李志刚,等.基于景观格局的锦州湾沿海经济开发区生态风
　　险分析.生态学报,2011,31(12):3441－3450.

[36]高抒,谢钦春,冯应俊.浙江象山港潮汐汊道细颗粒物质的沉积作用.海

洋学报,1990,12(4):463-469.

[37]高永年,高俊峰,许妍.太湖流域水生态功能区土地利用变化的景观生态风险效应.自然资源学报,2010,25(7):1088-1096.

[38]龚政,张东生,张君伦.河口海岸水文信息处理系统.水利学报,2003(1):83-87.

[39]郭广慧,吴丰昌,何宏平,等.太湖梅梁湾、贡湖湾和胥口湾水体 PAHs 的生态风险评价.环境科学学报,2011,31(12):2804-2813.

[40]郭泺,杜世宏,薛达元,等.快速城市化进程中广州市景观格局时空分异特征的研究.北京大学学报:自然科学版,2009,45(1):129-136.

[41]郭雅芬.基于 RS 的上海市青浦区土地利用以及景观格局变化研究.上海:华东师范大学,2007.

[42]韩明臣.广西寿城自然保护区景观多样性研究.南宁:广西大学,2008.

[43]韩晓庆,高伟明,褚玉娟.河北省自然状态沙质海岸的侵蚀及预测.海洋地质与第四纪地质,2008,28(3):23-29.

[44]韩志远,田向平,欧素英.等.人类活动对磨刀门水道河床地形和潮汐动力的影响.地理科学,2010,30(4):582-587.

[45]何春阳,史培军,陈晋,等.基于系统动力学模型和元胞自动机模型的土地利用情景模型研究.中国科学:D 辑,地球科学,2005,35(5):464-473.

[46]侯西勇,徐新良.21 世纪初中国海岸带土地利用空间格局特征.地理研究,2011,30(8):1370-1379.

[47]胡希军,陈存友,沈守云.基于 GIS 的义乌城市景观演化转移矩阵分析.湖南师范大学自然科学学报,2009,32(2):111-116.

[48]黄秀清,王金辉,蒋晓山,等.象山港海洋环境容量及污染物总量控制研究.北京市:海洋出版社,2008.

[49]霍震,李亚光.基于 GIS 的滇池流域人居环境适宜性评价研究.水土保持研究,2010,26(1):159-162,187.

[50]贾建军,高抒,薛允传,等.山东荣成月湖潮汐汊道系统的沉积物平衡问题——兼论人类活动的影响.地理科学,2004,24(1):83-88.

[51]姜广辉,张凤荣,陈军伟,等.基于 Logistic 回归模型的北京山区农村居民点变化的驱动力分析.农业工程学报,2007,23(5):81-87.

[52]姜玲玲,熊德琪,张新宇,等.大连滨海湿地景观格局变化及其驱动机制.吉林大学学报:地球科学版,2008,38(4):670-675.

[53]姜义,李建芬,康慧,等.渤海湾西岸近百年来海岸线变迁遥感分析.国土资源遥感,2003,15(4):54-58.

[54]蒋福兴,陆宝树,仲崇信,等.新引进三种米草植物的生物学特征及其

营养成分. 南京大学学报:米草研究的进展——22年来的研究成果论文集,1985:302-309.

[55]蒋卫国,盛绍学,朱晓华,等. 区域洪水灾害风险格局演变分析——以马来西亚吉兰丹州为例. 地理研究,2008,27(03):502-508,727.

[56]金腊华,黄报远,刘慧璇,等.湛江电厂对周围水域生态的影响分析.生态科学,2003,22(2):165-167.

[57]寇征.海岸开发利用空间格局评价方法研究.大连:大连海事大学,2013.

[58]雷隆鸿,王丽荣,赵焕庭. 雷州半岛西南部灯楼角热带海岸的景观生态结构研究. 海洋通报,2006,25(4):42-48.

[59]李博杨,持林鹏.生态学.北京:高等教育出版社,2000.

[60]李凡.海岸带陆海相互作用(LOICZ)研究及我们的策略.地球科学进展,1996,11(1):19-23.

[61]李国旗,安树青,陈兴龙,等. 生态风险研究评述. 生态学杂志,1999,18(4):57-64.

[62]李哈滨,Franklin J F.景观生态学——生态学领域的新概念构架.生态学进展,1988,5(1):23-33.

[63]李行,周云轩,况润元. 上海崇明东滩岸线演变分析及趋势预测.吉林大学学报:地球科学版,2010,40(2):417-424.

[64]李华.武汉市城市森林景观格局与动态研究.武汉:华中农业大学,2009.

[65]李加林,许继琴,童亿勤,等. 杭州湾南岸滨海平原生态系统服务价值变化研究. 经济地理,2005,25(6):804-809.

[66]李加林,杨晓平,童亿勤,等.互花米草入侵对潮滩生态系统服务功能的影响及其管理. 海洋通报,2005,24(5):33-38.

[67]李加林,张忍顺,王艳红,等. 江苏淤泥质海岸湿地景观格局与景观生态建设. 地理与地理信息科学,2013,19(5):86-90.

[68]李加林,张忍顺. 宁波市生态经济系统的能值分析研究. 地理与地理信息科学,2003,19(2):73-76.

[69]李加林,张忍顺.互花米草海滩生态系统服务功能及其生态经济价值的评估——以江苏为例. 海洋科学,2003,27(10):68-72.

[70]李加林,龚虹波,许继琴.宁波农村城市化与城乡协调发展研究.南京师大学报:自然科学版,2003,26(2):100-106.

[71]李加林,刘闯,张殿发,等. 土地利用变化对土壤发生层质量演化的影响——以杭州湾南岸滨海平原为例.地理学报,2006,61(4):378-388.

[72]李加林,杨晓平,童亿勤.潮滩围垦对海岸环境的影响研究进展.地理科学进展,2007,26(2):43-51.

[73]李加林.杭州湾南岸耕地变化过程及其驱动机制研究:自然地理学与生态建设论文集,2006:341－347.

[74]李建国.环洪泽湖区不同人类活动强度对湿地景观的影响.重庆:重庆师范大学,2011.

[75]李建佳.杭州湾岸线演化及稳定性研究.杭州:浙江大学,2013.

[76]李景刚,何春阳,李晓兵.快速城市化地区自然/半自然景观空间生态风险评价研究——以北京为例.自然资源学报,2008,23(1):33－47.

[77]李绵容,等.大鹏湾、大亚湾营养盐含量与赤潮生物关系的初探:海洋环境监测文集.北京:海洋出版社,1995:396－401.

[78]李荣冠,江锦祥,鲁淋,等.大亚湾埔红树林区大型底栖生物生态研究:中国红树林研究与管理.范航清主编.北京:科学出版社,1995:136－145.

[79]李天平,刘洋,李开源.遥感图像优化迭代非监督分类方法在流域植被分类中的应用.城市勘测,2008,23(1):75－77.

[80]李卫锋,王仰麟,彭建,等.深圳市景观格局演变及其驱动因素分析.应用生态学报,2004,15(8):1403－1410.

[81]李文权,郑爱榕,李淑英.海水养殖与生态环境关系的研究.热带海洋,1993,32(12):33－39.

[82]李文训,孙希华.基于GIS的山东省人口重心迁移研究.山东师范大学学报:自然科学版,2007,22(3):83－86.

[83]李晓燕,张树文.基于景观结构的吉林西部生态安全动态分析.干旱区研究,2005,22(1):57－62

[84]李谢辉,李景宜.基于GIS的区域景观生态风险分析——以渭河下游河流沿线区域为例.干旱区研究,2008,25(6):899－903.

[85]李杨帆,朱晓东,邹欣庆,等.江苏盐城海岸湿地景观生态系统研究.海洋通报,2005,24(4):46－51.

[86]李猷,王仰麟,彭建,等.基于景观生态的城市土地开发适宜性评价——以丹东市为例.生态学报,2010,30(8):2141－2150.

[87]李猷,王仰麟,彭建,等.深圳市1978年至2005年海岸线的动态演变分析.资源科学,2009,31(5):875－883.

[88]梁国付,丁圣彦.河南黄河沿岸地区景观格局演变.地理学报,2005,60(4):665－672.

[89]梁帅.人类活动对上海滨海地区景观环境影响对比研究.能源与环境,2010,19(2):42－45.

[90]梁修存,丁登山.国外海洋与海岸带旅游研究进展.自然资源学报,2002,17(6):783－791.

[91]林如求.三都湾大米草和互花米草的危害及治理研究.福建地理,1997,12(1):16－19.

[92]林增,刘金福,洪伟,等.泉州市洛江区土地利用的景观格局分析.福建农林大学学报:自然科学版,2009,38(1):90－94.

[93]凌建忠,李圣法,严利平.东海区主要渔业资源利用状况的分析.海洋渔业,2006,28(2):111－116.

[94]刘宝双,陈书雪,陈兵,等.公路景观生态风险分析研究——以鄂陕界至安康高速公路为例//中国公路学会公路环境与可持续发展分会2009年学术年会论文集,2009:160－164.

[95]刘存东.基于景观格局的城市流域景观生态风险评价.重庆:重庆师范大学,2010.

[96]刘桂芳.黄河中下游过渡区近年来县域土地利用变化研究——以河南省孟州市为例.郑州:河南大学,2005.

[97]刘慧平,朱启疆.应用高分辨率遥感数据进行土地利用与覆盖变化监测的方法及其研究进展.资源科学,1999,21(3):23－27.

[98]刘建,黄建华,余振希,等.大米草的防除初探.海洋通报,2000,19(5):68－72.

[99]刘金锋.基于多源遥感数据的青海湖流域植被指数研究.青海:青海师范大学,2014.

[100]刘林.胶州湾海岸带空间资源利用时空演变.青岛:国家海洋局第一海洋研究所,2008.

[101]刘路明,彭明春,王崇云,等.大山包黑颈鹤自然保护区景观动态分析.云南大学学报:自然科学版,2009,31(S1):363－368.

[102]刘明,王克林.洞庭湖流域中上游地区景观格局变化及其驱动力.应用生态学报,2008,19(6):1317－1324.

[103]刘蓉蓉,林子瑜.遥感图像的预处理.吉林师范大学学报:自然科学版,2007,29(4):6－10.

[104]刘瑞,朱道林,朱战强,等.基于Logistic回归模型的德州市城市建设用地扩张驱动力分析.资源科学,2009,31(11):1919－1926.

[105]刘诗苑,陈松林.基于重心测算的厦门市建设用地时空变化驱动力研究.福建师范大学学报:自然科学版,2009,25(2):108－112.

[106]刘世梁,杨志峰,崔保山,等.道路对景观的影响及其生态风险评价——以澜沧江流域为例.生态学杂志,2005,24(8):897－901.

[107]刘苏,王荣祥.生态入侵及其对植被生态系统服务功能的影响研究.复旦学报,2002,41(4):459－465.

[108]刘晓,苏维词,王铮,等.基于 RRM 模型的三峡库区重庆开县消落区土地利用生态风险评价.环境科学学报,2012,32(1):248−256.

[109]刘鑫.应用遥感方法的广西铁山港区海岸线变迁分析.地理空间信息,2012,10(1):102−106.

[110]卢宏玮,曾光明,谢更新,等.洞庭湖流域区域生态风险评价.生态学报,2003,23(12):2520−2530.

[111]卢玲,李新,程国栋,等.黑河流域景观结构分析.生态学报,2001,21(8):1217−1224.

[112]卢纹岱.SPSS 统计分析.北京:电子工业出版社,2010.

[113]卢远,苏文静,华璀,等.左江上游流域景观生态风险评价.热带地理,2010(5):496−502.

[114]陆元昌,陈敬忠,洪玲霞,等.遥感影像分类技术在森林景观分类评价中的应用研究.林业科学研究,2005,18(1):34−38.

[115]路鹏,苏以荣,牛铮,等.湖南省桃源县县域景观格局变化及驱动力典型相关分析.中国水土保持科学,2006,4(5):71−76.

[116]罗平,姜仁荣,李红旮,等.基于空间 Logistic 和 Markov 模型集成的区域土地利用演化方法研究.中国土地科学,2010,24(1):31−36.

[117]罗仁燕,陈刚.基于遥感解译的罗源湾地区岸线变迁调查.内江科技,2006,(2):128−129.

[118]马荣华,杨桂山,陈雯,等.长江江苏段岸线资源评价因子的定量分析与综合评价.自然资源学报,2004,19(2):176−182,273.

[119]马荣华,杨桂山,朱红云,等.长江苏州段岸线资源利用遥感调查与 GIS 分析评价.自然资源学报,2003,10(6):666−671,781−782.

[120]马小峰,赵冬至,邢小罡,等.海岸线卫星遥感提取方法研究.海洋环境科学,2007,26(2):185−189.

[121]马小峰,赵冬至,张丰收,等.海岸线卫星遥感提取方法研究进展.遥感技术与应用,2007,22(4):575−580.

[122]马志远,陈彬,俞炜炜,等.福建兴化湾围填海湿地景观生态影响研究.台湾海峡,2009,28(2):169−176.

[123]毛小苓,刘阳生.国内外环境风险评价研究进展.应用基础与工程科学学报,2003,11(3):266−273.

[124]梅安新,彭望禄,秦其明,等.遥感导论.北京:高等教育出版社,2001.

[125]美国地质调查局官方网站.影像数据下载.http://glovis.usgs.gov/

[126]倪晨华.908 专项海洋可再生能源调查项目成本控制研究.青岛:中国海洋大学,2012.

[127]欧维新,杨桂山,李恒鹏,等.苏北盐城海岸带景观格局时空变化及驱动力分析.地理科学,2004,24(5):610—615.

[128]彭建,王仰麟,刘松,等.景观生态学与土地可持续利用研究.北京大学学报:自然科学版,2004,40(1):154—160.

[129]彭茹燕,刘连友,张宏.人类活动对干旱区内陆河流域景观格局的影响分析——以新疆和田河中游地区为例.自然资源学报,2003,18(4):492—498.

[130]彭少麟,向言词.植物外来种入侵及其对生态系统的影响.生态学报1997,19(4):560—568.

[131]朴妍,马克明.北京市城市建成区扩张的经济驱动:1978—2002.中国国土资源经济,2006,24(7):34—37.

[132]钦佩,安树青,颜京松.生态工程学.南京:南京大学出版社,1999.

[133]钦佩,谢民,陈素玲,等.苏北滨海废黄河口互花米草人工植被贮能动态.南京大学学报,1994,7(3):488—493.

[134]钦佩,谢民,仲崇信.福建罗源湾海滩互花米草盐沼中18种金属元素的分布.海洋科学,1989,13(6):23—27.

[135]钦佩,谢民,仲崇信.互花米草盐沼矿质元素的迁移变化.南京大学学报,1995,31(1):90—98.

[136]钦佩,谢民.福建罗源湾海滩互花米草盐沼中氮、磷、钾分布的研究.海洋科学,1988.12(4):62—67.

[137]秦丽云.长江江苏段岸线及岸线资源综合评价.中国农村水利水电,2007,49(3):13—16.

[138]秦向东,闵庆文.元胞自动机在景观格局优化中的应用.资源科学,2007,29(4):85—91.

[139]全国海岸带和海涂资源综合调查成果编委会.中国海岸带和海涂资源综合调查报告.北京:海洋出版社,1991.

[140]任美锷.江苏省海岸带和海涂资源综合调查报告.北京:海洋出版社,1985:34—38.

[141]沈永明.江苏沿海互花米草盐沼湿地的经济功能.生态经济,2001,9(9):72—73.

[142]石浩朋,于开芹,冯永军.基于景观结构的城乡结合部生态风险分析——以泰安市岱岳区为例.应用生态学报,2013,24(3):705—712.

[143]史经昊.胶州湾演变对人类活动的响应.青岛:中国海洋大学,2010.

[144]史培军,宫鹏,李晓兵,等.土地利用/覆盖变化研究的方法和实践.北京:科学出版社,2000.

[145]宋连清. 互花米草及其对海岸的防护作用. 东海海洋,1997,3(1):11—18.

[146]宋长青,冷疏影,吕克解. 地理学在全球变化研究中的学科地位及重要作用. 地球科学进展,2000,15(3):318—320.

[147]苏文静. 基于 GIS/RS 的左江流域生态风险评价. 南宁:广西师范学院,2012.

[148]孙才志,李明昱. 辽宁省海岸线时空变化及驱动因素分析. 地理与地理信息科学,2010,26(3):63—67.

[149]孙美仙,张伟. 福建省海岸线遥感调查方法及其应用研究. 台湾海峡,2004,23(2):213—218,261.

[150]孙书利. 浙江海洋经济发展示范区规划解读. 经营与管理,2013,31(1):21—23.

[151]孙伟富,马毅,张杰,等. 不同类型海岸线遥感解译标志建立和提取方法研究. 测绘通报,2011,49(3):41—44.

[152]孙伟富. 1978—2009 年莱州湾海岸线变迁研究. 青岛:国家海洋局第一海洋研究所,2010.

[153]孙云华,张安定,王庆. 基于 RS 和 GIS 的近 30 年来人类活动影响下莱州湾东南岸海岸湿地演变. 海洋通报,2011,30(1):65—72.

[154]田光进,张增祥,张国平,等. 基于遥感与 GIS 的海口市景观格局动态演化. 生态学报,2002,22(7):1028—1034.

[155]童远端,孟文新,徐琴. 大米草潮间带的动物调查:米草研究的进展——22 年来的研究成果论文集. 南京大学学报,1985:133—140.

[156]涂振顺,赵东波,杨顺良,等. 港口岸线资源综合评价方法研究及其应用. 水道港口,2010,31(4):297—301.

[157]汪小钦,陈崇成. 遥感在近岸海洋环境监测中的应用. 海洋环境科学,2000,19(4):72—76.

[158]汪小钦,王钦敏,励惠国,等. 黄河三角洲土地利用/覆盖变化驱动力分析. 资源科学,2007,29(5):175—181.

[159]王传胜,孙小伍,李建海. 基于 GIS 的内河岸线资源评价研究. 自然资源学报,2002,17(1):95—101.

[160]王道儒,温晶,龚文平,等. 非结构网格三维斜压模型研究人类活动对海南岛清澜潮汐汊道水动力影响. 海洋工程. 2011,29(1):53—60.

[161]王根绪,郭晓寅,程国栋. 黄河源区景观格局与生态功能的动态变化. 生态学报,2002,22(10):1587—1598.

[162]王洪翠,吴承祯,洪伟,等. P-S-R 指标体系模型在武夷山风景区生态安全评价中的应用. 安全与环境学报,2006,6(3):123—126.

[163]王建功.莱州湾地区海水入侵灾害与治理方略:摘要.中国减灾,1994,4(3):39—41.

[164]王介勇,赵庚星,杜春先.基于景观空间结构信息的区域生态脆弱性分析——以黄河三角洲垦利县为例.干旱区研究,2005,22(3):317—321.

[165]王琳,徐涵秋,李胜.厦门岛及其邻域海岸线变化的遥感动态监测.遥感技术与应用,2005,20(4):404—410.

[166]王蔚,张凯,汝少国.米草生物入侵现状及技术研究进展.海洋科学,2003,27(7):38—42.

[167]王晓波.象山港浮游动物群落结构与时空分布研究.杭州:浙江工业大学,2010.

[168]王艳红,温永宁,王建等.海岸滩涂围垦的适宜速度研究——以江苏淤泥质海岸为例.海洋通报,2006,25(2):16—19.

[169]王燕飞,王庆,战超,等.最近40年来人类活动影响下乳山湾海岸变迁与冲淤变化.海洋地质与第四纪地质,2013,33(2):41—50.

[170]王迎麟.景观生态分类的理论与方法.应用生态学报,1996,7(2):121—126.

[171]王颖,季小梅.中国海陆过渡带——海岸海洋环境特征与变化研究.地理科学,2011,31(2):129—135.

[172]魏伟,石培基,雷莉,等.基于景观结构和空间统计方法的绿洲区生态风险分析——以石羊河武威、民勤绿洲为例.自然资源学报,2014,29(12):2023—2035.

[173]邬建国.景观生态学——格局、过程、尺度与等级:第二版.北京:高等教育出版社,2007.

[174]巫丽芸,黄义雄.东山岛景观生态风险评价.台湾海峡,2005(1):35—42.

[175]吴计生.海南岛文昌市北部海岸带景观动态变化研究.长春:东北师范大学,2006.

[176]吴开亚.生态安全理论形成的背景探析.合肥工业大学学报:社会科学版,2003,17(5):24—27.

[177]吴莉,侯西勇,邸向红.山东省沿海区域景观生态风险评价.生态学杂志,2014,33(1):214—220.

[178]吴学军.城市TM遥感图像分类方法研究.南宁:广西师范大学,2007.

[179]吴迎雪.舟山港口岸线资源动态获取技术研究与实现.舟山:浙江海洋学院,2012.

[180]吴志峰,胡伟平.海岸带与地球系统科学研究.地理科学进展,1999,18(4):346—351.

[181]吴志峰.海岸带在地球系统科学研究中的作用.地球信息,1998,17(3,4):52—57.

[182]伍业钢,李哈滨.景观生态学的理论发展.北京:中国科学技术出版社,1992:30—39.

[183]向言词,彭少麟,周厚诚,等.生物入侵及其影响.生态科学 2001,20(4):68—72.

[184]肖笃宁,胡远满,李秀珍,等.环渤海三角洲湿地的景观生态学研究.北京:科学出版社,2001.

[185]谢花林,李波.基于 logistic 回归模型的农牧交错区土地利用变化驱动力分析.地理研究,2008,27(2):294—304.

[186]谢花林.基于景观结构和空间统计学的区域生态风险分析.生态学报,2008,28(10):5020—5026.

[187]谢花林.区域土地利用变化的生态效应研究.北京:中国环境科学出版社,2011.

[188]谢华亮,戴志军,彭伟,等.径向基神经网络模型在杭州湾北岸岸线变化中的应用.上海国土资源,2012,33(2):74—78.

[189]谢秀琴.基于遥感图像的海岸线提取方法研究.福建地质,2012,31(1):60—66.

[190]熊永柱.海岸带可持续发展评价模型及其应用研究.北京:中国地质大学出版社,2011.

[191]徐国万,卓荣宗,仲崇信.互花米草群落对东台边滩促淤效果的研究.南京大学学报,1993:228—231.

[192]徐国万,卓荣宗.我国引种互花米草的初步研究:米草研究的进展——22 年来的研究成果论文集.南京大学学报,1985:212—225.

[193]徐鸿儒.中国海洋学史.济南:山东教育出版社,2004.

[194]徐进勇,张增祥,赵晓丽,等.2000—2012 年中国北方海岸线时空变化分析.地理学报,2013,68(5):651—660.

[195]徐磊,侯立春,杨强,等.利用 TM 影像提取土地利用/覆被信息的最佳波段研究.湖北大学学报:自然科学版,2011,33(1):119—122.

[196]徐谅慧,李加林,李伟芳,等.人类活动对海岸带资源环境的影响研究综述.南京师大学报:自然科学版,2014,37(3):1—8.

[197]徐谅慧,李加林,马仁锋,等.浙江省海洋主导产业选择研究——基于国家海洋经济示范区建设视角.华东经济管理,2014,28(3):12—15.

[198]徐昕.上海滨海地区景观格局与生态风险评价研究.上海:上海师范大学,2008.

[199]许吉仁,董霁红.1987—2010年南四湖湿地景观格局变化及其驱动力研究.湿地科学,2013,11(4):438—445.

[200]许靖.浙江省海岸带旅游资源CSS评价.金华:浙江师范大学,2012.

[201]许妍,高俊峰,张宁红.太湖流域景观生态风险评估.环境监控与预警,2010,(6):1—4.

[202]续建伟.在保护中建设好象山港区域.宁波日报,2012-9-12(64).

[203]薛英,王让会,张慧芝,等.塔里木河干流生态风险评价.干旱区研究,2008,25(4):562—567.

[204]杨金中,李志中,赵玉灵.杭州湾南北两岸岸线变迁遥感动态调查.国土资源遥感,2002,15(1):23—28.

[205]杨沛,李天宏,毛小苓.基于PESR模型的深圳河流域生态风险分析.北京大学学报:自然科学版,2011,47(4):727—734.

[206]杨晓梅,钦佩.互花米草总黄酮抗肿瘤活性研究.南京大学学报:研究生文集,1998,33:202—208.

[207]杨毅柠,宋微.国土调查中的遥感目视解译与矢量化方法研究.环境保护与循环经济,2009,13(10):20—23.

[208]杨云龙,周小成,吴波.基于时空Logistic回归模型的漳州城市扩展预测分析.地球信息科学学报,2011,13(3):374—382.

[209]杨兆平,常禹,胡远满,等.岷江上游干旱河谷景观变化及驱动力分析.生态学杂志,2007,26(6):869—874.

[210]姚晓静,高义,杜云艳,等.基于遥感技术的近30年海南岛海岸线时空变化.自然资源学报,2013,28(1):114—125.

[211]叶鸿达.海洋浙江.杭州:杭州出版社,2005.

[212]叶延琼,陈国阶.GIS支持下的岷江上游流域景观格局分析.长江流域资源与环境,2006,15(1):112—115.

[213]殷浩文.水环境生态风险评价程序.上海环境科学,1995,14(11):11—14.

[214]尹静秋.基于GIS的长江江苏段岸线资源演变研究.南京:南京师范大学,2004.

[215]尤仲杰,焦海峰.象山港生态环境保护与修复技术研究.北京:海洋出版社,2011.

[216]于杰,杜飞雁,陈国宝,等.基于遥感技术的大亚湾海岸线的变迁研究.遥感技术与应用,2009,24(4):512—516.

[217]余云军.胶州湾流域与海岸带综合管理研究.青岛:中国海洋大学,2010.

[218]袁麒翔,李加林,徐谅慧等.象山港流域河流形态特征定量分析.海洋学研究,2014,32(3):50—57.

[219]张海生.浙江省海洋环境资源基本现状:上册.北京:海洋出版社,2013.

[220]张康宣,钦佩.互花米草总黄酮对小鼠免疫功能的影响.海洋科学,1989,13(6):23—27.

[221]张明慧,陈昌平,索安宁,等.围填海的海洋环境影响国内外研究进展.生态环境学报,2012,21(8):1509—1513.

[222]张乔民,于红兵,陈欣树,等.红树林生长带与潮汐水位关系的研究.生态学报,1997,17(3):258—265.

[223]张忍顺,陈才俊,等.江苏岸外洲演变与条子泥并陆前景研究.北京:海洋出版社,1992.

[224]张忍顺,陆丽云,王艳红.江苏沿海侵蚀过程与趋势.地理研究,2002,21(4):469—478.

[225]张忍顺,王雪瑜.江苏省泥质海岸潮沟系统.地理学报,1991,46(2):195—205.

[226]张忍顺,燕守广,沈永明,等.江苏淤长型潮滩的围垦活动与盐沼植被的消长,中国人口资源与环境:专刊,2003(13):118—120.

[227]张晟途,钦佩,万树文.从能值效益角度研究互花米草生态工程资源配置.生态学报,2000,20(6):1045—1049.

[228]张学斌,石培基,罗君,等.基于景观格局的干旱内陆河流域生态风险分析——以石羊河流域为例.自然资源学报,2014,29(3):410—419.

[229]张征云,李小宁,孙贻超,等.我国海岸滩涂引入大米草的利弊分析.农业环境与发展,2004,21(1):22—25.

[230]张志龙,张炎,沈振康.基于特征谱的高分辨率遥感图像港口识别方法.电子学报,2010,38(9):2184—2188.

[231]赵迎东,马康,宋新.围填海对海岸带生境的综合生态影响.齐鲁渔业,2010,27(8):57—58.

[232]赵玉灵,杨金中.浙东象山港岸线及潮滩变迁遥感调查.国土资源遥感,2007,20(4):114—117.

[233]浙江地理简志.杭州:浙江人民出版社,1985.

[234]浙江省海岸带和海涂资源综合调查报告编写委员会.浙江省海岸带和海涂资源综合调查报告.北京:海洋出版社,1988.

[235]郑魁浩,刘键初,乔观民.未来海洋大省的构建——浙江海洋经济研究.宁波:宁波出版社,2001.

[236]郑重.海洋浮游生物生态学文集.厦门:厦门大学出版社,1996.

[237]中国海湾志编纂委员会.中国海湾志:第五分册.北京:海洋出版社,1992.

[238]中国生物多样性国情研究报告编写组.中国生物多样性国情研究报告.
北京:中国环境科学出版社,1998.

[239]钟兆站.中国海岸带自然灾害与环境评估.地理科学进展,1997,16(1):
47—53.

[240]周成虎,孙战利,谢一春.地理元胞自动机研究.北京:科学出版社,1999.

[241]周建飞,曾光明,黄国和,等.基于不确定性的城市扩展用地生态适宜性
评价.生态学报,2007,27(2):774—783.

[242]周娟,陈彬,俞炜炜,等.泉州湾景观格局分析及动态变化研究.海洋环境
科学,2011,30(3):370—375.

[243]朱洪光,钦佩,万树文,等.江苏海涂两种水生利用模式的能值分析.
生态学杂志,2001,20(1):38—44.

[244]朱小鸽.珠江口海岸线变化的遥感监测.海洋环境科学,2002,21(2):19—22.

[245]朱晓佳,钦佩.外来种互花米草及米草生态工程.海洋科学,2003,27
(12):14—19.

[246]朱长明,张新,骆剑承,等.基于样本自动选择与SVM结合的海岸线遥
感自动提取.国土资源遥感,2013,25(2):69—74.

[247]宗良纲,刘存丽,董雅文.南京市景观空间格局演变及驱动力分析.南京
农业大学学报,2006,51(3):49—53.

[248]宗秀影,刘高焕,乔玉良,等.黄河三角洲湿地景观格局动态变化分析.地
球信息科学学报,2009,11(1):91—97.

索　引

图书在版编目(CIP)数据

人类活动影响下的浙江省海岸线与海岸带景观资源演
化:兼论象山港与坦帕湾岸线及景观资源的演化对比 /
李加林等著. —杭州:浙江大学出版社,2017.6
(海洋资源环境与浙江海洋经济丛书)
ISBN 978-7-308-15834-3

I. ①人… II. ①李… III. ①人类活动影响—海岸线
—景观资源—研究—浙江省 ②人类活动影响—海岸带—
景观资源—研究—浙江省 IV. ①P737.11

中国版本图书馆 CIP 数据核字(2016)第 100998 号

人类活动影响下的浙江省海岸线与海岸带景观资源演化
——兼论象山港与坦帕湾岸线及景观资源的演化对比
李加林 徐谅慧 袁麒翔 刘永超 著

责任编辑	傅百荣	
责任校对	潘晶晶 秦 瑕	
封面设计	刘依群	
出版发行	浙江大学出版社	
	(杭州市天目山路 148 号 邮政编码 310007)	
	(网址:http://www.zjupress.com)	
排 版	杭州隆盛图文制作有限公司	
印 刷	浙江省良渚印刷厂	
开 本	710mm×1000mm 1/16	
印 张	21	
字 数	401 千	
版 印 次	2017 年 6 月第 1 版 2017 年 6 月第 1 次印刷	
书 号	ISBN 978-7-308-15834-3	
定 价	68.00 元	